Neue Verfahren in der Technik
der chemischen Veredlung der Textilfasern

DR. LOUIS DISERENS

Ing.-Chem. ETH, Generaldirektor der Manufacture d'impression
Scheurer, Lauth & Co., Thann im Elsass

Neueste Fortschritte und Verfahren in der chemischen Technologie der Textilfasern

In zwei Teilen

Erster Teil:

Die neuesten Fortschritte in der Anwendung der Farbstoffe

in drei Bänden

Zweiter Teil:

Neue Verfahren in der Technik der chemischen Veredlung
der Textilfasern

in drei Bänden

Springer Basel AG

Neueste Fortschritte und Verfahren
in der chemischen Technologie der Textilfasern

ZWEITER TEIL:

Neue Verfahren in der Technik der chemischen Veredlung der Textilfasern

Hilfsmittel in der Textilindustrie

Zweiter Band

Von

DR. LOUIS DISERENS
Ing.-Chem. ETH, Generaldirektor der Manufacture d'impression
Scheurer, Lauth & Co., Thann im Elsass

Springer Basel AG

1953

ISBN 978-3-0348-4062-0   ISBN 978-3-0348-4136-8 (eBook)
DOI 10.1007/978-3-0348-4136-8

Inhaltsverzeichnis.

IX. KAPITEL

Verschiedene in der Textilappretur verwendete Produkte.

In diesem Kapitel sollen verschiedene Produkte und Verfahren behandelt werden, die im Rahmen der beiden vorhergehenden Kapitel nicht erwähnt werden konnten, da sie weder unter die Verdickungen oder Steifappreturen, Kunstharze und Zellulosederivate noch unter die Weichmachungsmittel, Fette, Seifen, sulfurierten Öle, Fettalkoholsulfate usw. fallen.

Dieses Kapitel soll daher die folgenden Gruppen umfassen:

1. Beschwerungen,
2. Füllmittel (Kaolin, Talk, China-clay),
3. Verschiedene Produkte:
   a) Formaldehyd,
   b) Hygroskopische Substanzen,
      1. Alkohole (Glyzerin),
      2. Kohlenhydrate,
   c) Phosphatide,
4. Weisstönungsmittel,
5. Produkte zur Verringerung oder Verhütung einer elektrostatischen Aufladung der Textilfasern.

1. Die Beschwerungen.

Das Beschweren der Textilien verfolgt den Zweck, das Gewicht der Ware zu erhöhen, um sie so in den Augen der Kundschaft wertvoller erscheinen zu lassen.

Man kann zwei Klassen von Beschwerungen unterscheiden:

a) Das Beschweren von Baumwolle und gelegentlich auch von Wolle.

Das Verfahren für Baumwolle beruht auf der Verwendung von Körpern, die das Gewicht der Ware erhöhen, wie z. B. Magnesiumsulfat und Natriumsulfat. Für Wolle verwendet man sehr hygroskopische Salze, wie Magnesiumchlorid, Zink- oder Kalziumchlorid.

b) Das Beschweren der Seide.

Dieses Verfahren beruht auf der Affinität der Seide gegenüber Zinnverbindungen. Diese Prozesse wurden bereits im ersten Band dieses Werkes, Kap. IV, S. 355 behandelt, weshalb hier nicht mehr darauf zurückgekommen wird. Das Beschweren der Seide erfolgt im allgemeinen vor dem Drucken oder Färben und musste daher logischerweise bei den Vorbehandlungen, die den Inhalt des ersten Bandes ausmachen, behandelt werden.

Das Beschweren der Zellulosefasern und der Kunstseiden.

Das Beschweren der Textilien aus Baumwolle ist in der Praxis üblich, um das Gewicht der Ware zu erhöhen, ohne dabei den Griff zu verändern. Die am häufigsten verwendeten Produkte für diese Beschwerungen sind:

| Magnesiumsulfat | $MgSO_4 \cdot H_2O$ | Bittersalz (Sel d'Epsom) |
| Natriumsulfat | Na_2SO_4 | Glaubersalz |

Diese beiden Salze sind sehr gut wasserlöslich, so dass sie in sehr konzentrierter Lösung angewendet werden können.

Die beschwerende Wirkung dieser beiden Salze beruht auf der Tatsache, dass die Zellulosefaser in solchen Salzlösungen quillt, d. h. die Lösungen dringen in das Faserinnere ein, und die Salze kristallisieren dann beim Trocknen dort aus, wobei sie dem Textilmaterial Gewicht und Halt verleihen.

Ferner beruht der Beschwerungseffekt auch auf einem Anziehen von Feuchtigkeit aus der Luft, ändert sich also mit der Luftfeuchtigkeit.

Diese beiden Salze besitzen die folgende Löslichkeit in Wasser:

g wasserfreie Substanz, die sich in 100 g Wasser löst

Temp.	$Na_2SO_4 \cdot 10\ H_2O$	Na_2SO_4	$MgSO_4 \cdot H_2O$	$MgSO_4 \cdot 7\ H_2O$
30°	40,8	—	—	40,9
40°	—	48,8	—	45,6
50°	—	46,7	—	—
80°	—	43,7	62,9	—

— bedeutet, dass bei einer Lösung obigen Salzes der mit der gesättigten Lösung im Gleichgewicht befindliche Bodenkörper nicht der oben angeführten Hydratstufe entspricht.

Das Magnesiumsulfat oder Bittersalz kommt in der Natur als Kieserit vor und kann aus diesem durch Auslaugen und Filtrieren gewonnen werden. Kieserit kristallisiert mit einem Mol Kristallwasser und ist schwerlöslich. Das ausgelaugte Produkt, das Bittersalz, kristallisiert mit 7 Mol Kristallwasser und ist leicht löslich. Für die Appretur verwendetes Bittersalz muss frei von Chlormagnesium sein, da letzteres beim Trocknen Salzsäure abspaltet.

Magnesiumsulfat wird kaum in Lösungen von einer höheren Konzentration als 60—70° Tw (= 33,3 bis 37,4° Bé oder 1,30 bis

1,35 spez. Gew.) angewendet, da bei einer höhern Konzentration die Neigung zum Auskristallisieren zu gross wird.

Man verwendet üblicherweise Lösungen von 20 bis 30° Tw (13,0 bis 18,8° Bé oder 1,10 bis 1,15 spez. Gew.) oder auch von 40° Tw (24,0° Bé oder 1,20 spez. Gew.). Mit einer Lösung von 20° Tw lässt sich eine Gewichtszunahme zwischen 10 und 15% erreichen.

Es wurde festgestellt, dass die Behandlung mit Magnesiumsulfat gelegentlich eine Schwächung der Faser mit sich bringen kann, was sehr wahrscheinlich auf die Tatsache zurückgeführt werden kann, dass die Salzkristalle, die sich in der Faser bilden, diese bei der nachträglichen Behandlung auf dem Zylinder zu zerschneiden vermögen. Man hat ebenfalls angenommen, dass die Faserschwächung, die man manchmal nach dem heissen Kalandern beobachten kann, auf die Anwesenheit von Magnesiumchlorid, das eine der Verunreinigungen des Magnesiumsulfats darstellt, zurückzuführen ist. Die Gefahr der Faserschädigung kann jedoch durch Zugabe von 3 bis 5% Borax (auf das Gewicht des Magnesiumsulfats berechnet) verringert werden. Peper stellte genaue Untersuchungen über die Schädigung der Baumwollgewebe durch Magnesiumsulfat an, die in M. T. 1935, *1*, S. 19, und 1936, *2*, S. 42, erschienen. Es wurde dabei festgestellt, dass schon reines Magnesiumsulfat, also Bittersalz, mit nur Spuren von Chlorid zu einer Faserschädigung führen kann. Ein Glukosezusatz wirkt wasserbindend, wodurch das Trocknen verzögert wird, was zu einer Faserschonung führt. Wird jedoch das Gewebe zuerst bei 100° C getrocknet und dann erst höheren Temperaturen ausgesetzt, so ist der Festigkeitsverlust gleich wie ohne Verwendung eines Glukosezusatzes. Wird die mit Magnesiumsulfat imprägnierte Ware auf Temperaturen über 140° C erhitzt, so tritt eine Faserschädigung unter allen Umständen ein, doch schädigen Magnesiumchlorid oder Alaun unter diesen Bedingungen die Faser in einem höheren Masse. Gleich verhält es sich auch beim heissen Pressen einer solchen Ware.

Die mit Magnesiumsalzen und Glaubersalz beschwerte Ware erhält in gewissen Fällen einen unebenen Griff, welcher dann durch Zugabe eines Weichmachungsmittels korrigiert werden muss. Es werden hiezu im allgemeinen sulfurierte Öle verwendet, die gegenüber Magnesiumsalzen beständig sind.

Die hochsulfurierten Öle und die Fettalkoholsulfate können zusammen mit Magnesiumsulfat verwendet werden.

So lautet z. B. die Zusammensetzung eines Beschwerungsbades:

20 kg Magnesiumsulfat
 1 l   Glukose von 60° Tw
 1 l   Zinkchlorid von 102° Tw
       mit Wasser auf
100 l stellen.

Auch Glaubersalz, $Na_2SO_4 \cdot 10\,H_2O$, wird in der Appretur zum Beschweren verwendet. Beim Trocknen bei 100° C gehen von den 10 Mol Kristallwasser 9 weg. Das billigere kalzinierte Salz eignet sich weniger, weil es meist noch etwas Bisulfat enthält. Verwendet man Magnesiumsulfat und Natriumsulfat zusammen, so bildet sich ein Doppelsalz, nämlich $MgSO_4 \cdot Na_2SO_4 \cdot 4\,H_2O$.

Ein Appreturmittel, welches sich besonders für Baumwollsamt, aber auch für Flanell eignet, also eine weiche, geschmeidige und dabei gefüllte Appretur ergeben soll, leistet bei folgender Zusammensetzung gute Dienste (für 300 l):

70 kg	weisses Dextrin
20 kg	Glaubersalz
5 kg	Leim (über Nacht quellen lassen)
15 kg	Softening
15 l	Appreturöl 50%ig
165 l	Wasser.

Als weitere Beschwerungsmittel seien Magnesium-, Barium- und Kalziumchlorid erwähnt. Ferner werden auch Bariumsulfat und -karbonat, Magnesiumkarbonat, Magnesiumsilikat, Natrium- und Kaliumsilikat sowie Zinkchlorid hiezu verwendet.

Magnesiumchlorid oder Chlormagnesium, $MgCl_2$, ist ein äusserst stark hygroskopischer Körper. Es wird daher hauptsächlich für solche Baumwollwaren verwendet, die beim Lagern in trockenen Räumen nicht hart werden sollen. Das Magnesiumchlorid wird dabei z. B. mit Stärke, Dextrin, Leim usw. vermischt. Natürlich kann nur ein beschränkter Chlormagnesiumzusatz gemacht werden, der nicht mehr als 3 bis 4% des Gesamtvolumens der Appreturmasse betragen soll. Bei Schafwollwaren kann der Zusatz jedoch erhöht werden, da auf diese das Magnesiumchlorid nicht schädigend wirkt, während dies bei Baumwolle durch konzentrierte Magnesiumchloridlösungen beim Trocknen der Fall ist.

Das geschmolzene Magnesiumchlorid eignet sich nicht gut zur Herstellung von Appreturmitteln und Schlichten, da es sich wegen seiner Härte nur schwer zerschlagen bzw. aus den Fässern bringen lässt. Am bequemsten lässt sich mit kristallisiertem Chlormagnesium arbeiten, welches in der Praxis stets dem geschmolzenen vorgezogen wird.

Mit Magnesium- oder Zinkchlorid appretierte Gewebe werden nie von Pilzen befallen, und zwar selbst wenn das Appreturmittel noch so viel Mehl, Talg usw. enthält.

Wird das Chlormagnesium in der richtigen Dosierung angewendet, so ist es ein vorzügliches Appreturmittel. Es vermag bis zu einem gewissen Grade Öle und Fette zu ersetzen. Es führt zu den bereits be-

kannten Eigenschaften derart appretierter Gewebe; es mässigt die
Wirkung des Kalanders und der Mangel. Der gequetschte Faden ver-
mag dabei wieder aufzustehen. Durch regelmässige Erhaltung der
Feuchtigkeit in den Geweben wird auch der Faden beim Schliessen
der Maschen unterstützt. Aus dem gleichen Grunde nimmt es an der
Moirébildung teil und ist infolge dieser Wirkung in England, vorzugs-
weise bei Mängelwaren, in Appreturen angewendet worden. Diese
Waren erhalten bekanntlich unter der hydraulischen Mangel nicht nur
Wasserstreifen sondern auch Moiré.

Die Haupteigenschaft des Chlormagnesiums, die es für Appreturen
geeignet macht, ist seine Hygroskopizität, so dass auch mit grossen
Mengen Stärke appretierte Stoffe trotz einer gewissen Griffigkeit
weich erhalten bleiben.

Im *D.R.P. 710.661*, 1941, von Zschimmer & Schwarz, wird bemerkt, dass die Verwendung von Magnesiumchlorid als Beschwerungsmittel eine Faserschädigung mit sich bringt, was auf die Bildung von
Salzsäure zurückgeführt werden kann. Eine solche Faserschädigung
kann verhütet werden durch Zugabe von Harnstoff, Hexamethylentetramin oder Ammoniumsalzen von Karbonsäuren (Ammonium-
zitrat) zum Imprägnierungsbade.

Es muss jedoch noch erwähnt werden, dass man in der Praxis
die Anwesenheit freier Säure nicht feststellen kann und die Fälle, in
denen die Faser geschädigt wird, eher dann auftreten, wenn die
Fasern durch kleine Kriställchen der verwendeten Metallsalze zer-
schnitten werden.

Das *D.R.P. 724.611*, 1942, von Rotta-Quehl bringt eigentlich nichts
Neues. Es ist dabei die Rede von Beschwerungen, die aus sehr konzen-
trierten Lösungen von Magnesiumchlorid in Gegenwart von Zinkchlorid oder Kalziumrhodanid erhalten werden.

B a r i u m c h l o r i d, $BaCl_2$, erhält man durch Auflösen von kohlensaurem Barium in Salzsäure und Eindampfen der Lösung. Diese Verbindung hat für die Appreturindustrie nur wenig Bedeutung. Damit
appretierte Waren erhalten eine grosse Gewichtszunahme.

Bariumchlorid bildet farblose, tafelförmige, luftbeständige Kristalle von bitterem Geschmack. Dieses Salz ist leicht wasserlöslich.

B a r i u m k a r b o n a t $BaCO_3$. Dieses unwichtige Appreturmittel
kommt in rechteckigen Kristallen als W i t h e r i t in der Natur vor.
Kohlensaures Barium erhält man auch, wenn man die Lösungen eines
Barytsalzes mit kohlensaurem Ammoniak oder Soda versetzt. Der
dabei erhältliche Niederschlag ist ein weisses Pulver ohne Geruch
und Geschmack. Bariumkarbonat ist in Wasser unlöslich.

B a r i u m s u l f a t, $BaSO_4$, erhält man als Niederschlag, wenn man
zu einer Bariumsalzlösung Schwefelsäure zugibt. Bariumsulfat kommt

auch im Schwerspat (Bolognesersteine) kristallin vor. Das am meisten geschätzte schwefelsaure Barium ist völlig weiss und wird daher gerne als Beimischung zu Weisswarenappreturen usw. verwendet. Das Bariumsulfat wird auch unter den Namen Blanc fixe und Permanentweiss gehandelt.

Die beschwerten Baumwollgewebe werden im allgemeinen auf Trommeln getrocknet und dann auf dem Kalander behandelt. Unter gewissen Umständen kann eine teilweise Zerstörung der Fasern eintreten, die der Bildung kleiner Kristalle zugeschrieben wird.

Die Beschwerung der Gewebe mit Metallsalzen kann hauptsächlich bei Kunstseidengeweben durch eine solche mit Harnstoff ersetzt werden, der eine sehr merkliche Erhöhung des Gewichts mit sich bringen kann; das Gewicht kann dabei bis zu 10% zunehmen. Man verwendet den Harnstoff zusammen mit Weichmachungsmitteln, wie z. B. Velan PF (0,1%).

Dauerhafte Beschwerungen können mit Zelluloselösungen in Natriumzinkat oder Kuoxam (Kupferoxydammoniaklösung) oder aber durch eine Harzauflagerung erzielt werden (Knitterecht-, Permanent-, Wasserdicht-, Schrumpfechtappreturen, siehe diesbezüglich die entsprechenden Kapitel).

Ein Verfahren zur Beschwerung von Geweben wird im *amer. P. 2.281.599*, 1942, von Hoffman beschrieben. Es besteht in einer Behandlung des Gewebes mit einer Lösung folgender Zusammensetzung:

	85%	Harnstoff
	11%	Weinsäure
	2%	Natriumpyrophosphat
	2%	Natriumstearat
oder	50%	Harnstoff
	50%	Magnesiumsulfat.

Nach dem Imprägnieren wird ausgequetscht und getrocknet.

Tootal erwähnt im *amer. P. 2.416.988*, 1947, die Behandlung der Gewebe mit Harnstoff und anschliessend mit einer sauren Formaldehydlösung.

Den gleichen Gedankengang findet man auch im *amer. P. 2.423.556*, 1947, von Heyden, welches die Verwendung eines Gemisches aus einem Mol Harnstoff und zwei Molen Kaliumformiat empfiehlt. Die Gewebe werden in einer Lösung dieses Gemisches behandelt, wobei etwa 10% auf das Warengewicht berechnet verwendet werden.

Die Imp. Chem. Ind. empfehlen im *brit. P. 535.261*, 1942, als Beschwerungsmittel die Glyzerinester der Naturharze in einem organischen Lösungsmittel gelöst. Zschimmer und Schwarz (Chemische Fabrik Dölau) haben mehrere Patente genommen, die sich auf Beschwerungen für Textilien beziehen: im *D.R.P. 708.869*, 1941, werden wässerige Lösungen oder Dispersionen von Esterkarbonsäuren beschrieben, wie man sie durch Kondensation wasserlöslicher, mehrwertiger aliphatischer Alkohole mit wasserlöslichen, mehrbasischen aliphatischen Karbonsäuren erhält. Beispiele für solche Ester sind Weinsäureglyzerinester, Methyladipinsäureglyzerinester u. dgl. Mit Verbindungen dieser Art kann Textilgut bis zu einer mehrprozentigen Gewichtszunahme beladen werden. Das so behandelte Gut weist einen schönen vollen Griff auf. Das Verfahren eignet sich sowohl für tierische als auch für pflanzliche Fasern. Das *D.R.P. 731.971*, 1942, erwähnt ein Verfahren, welches Meta- und Polyphosphate zusammen mit Talg, Harnstoff, Glyzerin und Zucker verwendet.

Im *schweiz. P. 222.779*, 1942, von Rotta-Quehl werden Beschwerungsappreturen behandelt, die nicht stäuben. Sie bestehen aus löslichen Salzen schwacher Säuren, wie z. B. Borsäure, mit einem Zusatz einer Natronseife aus Kokosöl oder Stearin.

Die Oil Refinery Co. empfiehlt im *brit. P. 574.842* ein Verfahren, welches sich von den üblichen Beschwerungsverfahren unterscheidet. Diese Beschwerungen sind jedoch nicht auf Basis von Magnesium- und andern Salzen aufgebaut. Man verwendet Sulfurierungsprodukte, die man durch Einwirkenlassen von Schwefelsäure, Oleum oder Schwefelsäureanhydrid auf die sauren Rückstände der Petrolraffinerien erhält. Man gelangt so zu einem Gemisch anorganischer Salze mit einem kleinen Gehalt organischer Sulfonate, die sich sehr gut als Füllmittel und Beschwerungen eignen.

Die Appreturen auf Basis von Zelluloselösungen (Kupferoxyd-ammoniaklösungen, Viskose oder andere Lösungen) gehören eher zu den Permanentappreturen und werden in Kapitel XIII dieses Werkes behandelt.

Nach dem *franz. P. 920.615* der Rhodiaceta (eingereicht am 23. Januar 1946, erteilt am 4. Januar 1947, veröffentl. am 14. April 1947) kann man auf Polyvinylderivaten beruhende Artikel dadurch beschweren, dass man sie mit wässerigen Lösungen von Metallverbindungen und Quellmitteln und mit Lösungsmitteln oder Weichmachern für das zu behandelnde Polyvinylderivat behandelt. Als Metallverbindungen verwendet man Zinn-, Blei-, Titan-, Zink-, Antimon-, Aluminiumsalze usw., jedoch hauptsächlich Zinn-4-chlorid, $SnCl_4$. Als Quellmittel werden Azeton, Zyklohexanon, Methyläthylketon usw. genannt.

Die Beschwerung wird durch eine Behandlung in einer Phosphatlösung fixiert, der eine Imprägnierung mit Silikaten folgt. Hiezu verwendet man Trinatriumphosphat und Natriumsilikat (Wasserglas).

Auf dem Gebiete des Beschwerens der Wolle ist besonders eine Erfindung, nämlich jene des *D.R.P. 640.508* von Stockhausen, zu nennen. Darnach ist es gelungen, eine waschbeständige, einen guten Griff ergebende Beschwerung von Wollgeweben zu erhalten. Die hochsulfurierten Öle ergeben wohl an sich schon bei der Behandlung der Wollgewebe eine Gewichtszunahme, doch ist diese verhältnismässig nur gering. Das Warengewicht und die Fülle des Stoffes steigt jedoch ganz erheblich, wenn man mit Bleisalzen (Bleiazetat) nachbehandelt. Es bildet sich dabei eine unlösliche Ablagerung von hohem Ölgehalt, so dass damit auch eine entsprechende Weichheit erhalten werden kann.

Ob sich die Angaben des *amer. P. 2.083.982* von Stein und Hall hauptsächlich auf Wolle beziehen oder allgemein auf vorgereinigte Gewebe, lässt sich nicht genau feststellen. Dieses Verfahren bedient sich zur Erhöhung des Warengewichts eines Reaktionsproduktes aus Harnstoff und modifizierter Stärke, d. h. Dextrin oder lösliche Stärke. Durch gemeinsames Erhitzen dieser beiden Komponenten auf 80 bis 90° C soll sich ein fein dispergiertes, am Gewebe gut haftendes Kondensationsprodukt abscheiden.

2. Füllmittel[1]).

Durch die Verwendung von Füllmitteln wird bezweckt, das unansehnliche Aussehen eines Gewebes minderer Qualität dadurch zu verbessern, dass man ihm eine gewisse Menge unlöslicher und inerter Substanzen einverleibt, welche die sehr leicht sichtbaren Zwischenräume zwischen den einzelnen Fäden verstopfen und überdecken und so den Anschein erwecken, als ob ein dichteres und qualitativ höherstehendes Gewebe vorliege.

Zu diesem Zwecke kommen hauptsächlich die folgenden Produkte in Betracht:

a) Kaolin, China-clay oder Pfeifenerde,

b) Bariumsulfat,

c) Kalziumsulfat.

Die Aufbringung dieser Mittel erfolgt im allgemeinen in einem Spezialbehälter, der z. B. mit dem Kaolin enthaltenden Appret gefüllt ist. Die rechte Seite des Gewebes liegt auf einem Zylinder auf. Während der Stoff durch die Beschwerungsmasse hindurchgeht, wird die überschüssige Appretur mit Hilfe einer Rakel entfernt. Die Gefahr dieser Arbeitsweise zum Füllen von Geweben besteht in einem Durchschlagen der Appretur von der linken Seite auf die rechte des Stoffes, wobei die Farben verschleiert werden und weisse Stellen auftreten können.

Diese nachteilige Erscheinung kann bei dunklen Färbungen nur schwer vermieden werden, besonders wenn man lockere Gewebe zu

---

[1]) H. Seiche, Füllappreturen, Textil-Praxis 1950, *5*, S. 662.

behandeln hat. Man kann jedoch diesen ungünstigen Effekt abschwächen, wenn man die Gewebe vor der Appretur noch kalandert.

Das in der Appretur am meisten verwendete und gelegentlich auch im Zeugdruck gebrauchte Füllmittel ist der Kaolin, Chinaclay oder Porzellanerde. Er entsteht durch Verwitterung von feldspathaltigem Urgestein und wird in der Natur ziemlich selten angetroffen im Gegensatz zu den gewöhnlichen, mehr oder weniger stark eisenhaltigen Tonen. Der Kaolin kann als ein basisches Aluminiumsalz der Dikieselsäure aufgefasst werden, dem die folgende Formel zukommt:

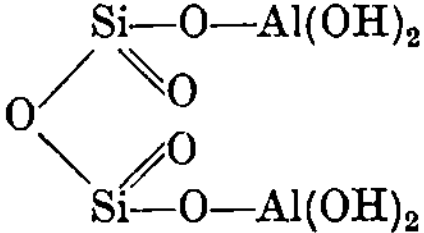

Die chemische Analyse ergibt 39,5 % Tonerde (Al_2O_3), 46,6 % Kieselsäure (SiO_2) und 13,9 % chemisch gebundenes Wasser.

Dabei kann ein Teil des Aluminiums durch Eisen und ein Teil des Siliziums durch Titan ersetzt werden. Ein Eisengehalt ist unerwünscht wegen der Farbe und kann bei der Aufarbeitung durch eine Schwefelsäurebehandlung entfernt werden.

Kaolin besitzt ein spezifisches Gewicht von 2,2. Er weist ein gutes Deckvermögen auf. Mit Stärkeappreturen lässt er sich gut mischen und ergibt einen volleren Griff als mit einer unbeschwerten Stärkeappretur erzielt werden kann. Mit wenig Wasser lässt sich Kaolin nicht gleichmässig anteigen, weshalb es empfehlenswert ist, ihn mit einer reichlichen Menge Wassers aufzuschlämmen, absitzen zu lassen und dann das überschüssige Wasser abzugiessen.

Der Gips, $CaSO_4 \cdot 2\,H_2O$, dessen beste Qualität mit Alabasterweiss bezeichnet wird, besitzt eine reinweisse Farbe und kann wie Porzellanerde verwendet werden. Er weist jedoch gegenüber dieser keine Vorteile in der Appretur auf, und zwar weder bezüglich der Wirkung noch des Preises. Gips deckt und füllt die Gewebe. Gips, d. h. schwefelsauren Kalk, stellt man in der Art und Weise her, dass man konzentrierte Kalziumchloridlösungen mit verdünnter Schwefelsäure versetzt, den entstandenen Niederschlag filtriert und mit Wasser wäscht.

Talk oder Talkum ist ein in der Natur vorkommendes Magnesiumsilikat, das als sehr feines Pulver erhältlich ist. Das spezifische Gewicht beträgt 2,5. Sein Deckvermögen ist geringer als jenes des Kaolins. Talk mischt sich mit Stärke schlechter als Porzellanerde und verlangt mehr Bindemittel. Ferner neigen die so beschwerten Gewebe zum Stäuben. Aus diesen Gründen wird er seltener verwendet.

Dieses Mineral besteht aus kieselsaurer Magnesia und 5 % Wasser. Es zeichnet sich durch einen besonders festen, weichen und geschmeidigen Griff aus. Es sei auch erwähnt, dass Talk in zwei verschiedenen Modifikationen vorkommt, nämlich in einer scheinbar amorphen, kryptokristallinen Form als Speckstein und einer deutlich kristallisierten Form als Talkstein. Letzterer ist in reinem Zustand völlig weiss, jedoch meist durch Verunreinigungen, hauptsächlich Eisenoxydul, schwach grünlich, gelblich oder gräulich gefärbt. Dieses Mineral besteht aus sehr weichen, grossblättrigen, biegsamen, dünnen Kristallblättchen und weist an den frischen Bruchflächen einen Perlmutterglanz auf. Es fühlt sich eigentümlich fettig an.

Die Verwendung des Talks in der Ausrüstindustrie erfolgte in Deutschland erst vor einigen Jahrzehnten, doch soll er in Frankreich zur Appretur von Batistleinen und feinen Taschentüchern schon seit langer Zeit in Gebrauch sein.

Interessante aus der Praxis entnommene Angaben über die Verwendung von Talkum stammen aus Österreich-Ungarn, denen man folgendes entnehmen kann:

Man verwendet Talkum zur Erzielung eines geschmeidigen, vollen Griffs bei hoher Füllung. Seine Verwendung nimmt immer mehr zu, da die Mode, die früher den harten, steifen, bockigen Griff bevorzugte, heute einen geschmeidigen und weichen Griff verlangt. Der Baumwolle verleiht Talkum einen schönen Glanz. Verschiedene Appreturanstalten verwenden den Talk auch für farbige Gewebe.

Talkum wird vielfach auch als Schlichte verwendet. In Frankreich wurde Talkum auch mit China-clay und Stärke gemischt verwendet. So sei nachstehend folgende Rezeptur für eine Appretur für Taschentücher (Typ Cambrai und Cholet) aufgeführt.

4	kg	Stärkemehl
3	kg	Reismehl
2	kg	Talkum
2	kg	Bariumsulfat
400	g	neutrale Seife
2	l	Glyzerin
auf 100	l	Appreturmasse auffüllen.

Die Grundlage all dieser Appreturen ist das Stärkemehl, dem man mehrere Produkte beimengt, um Schwere und Geschmeidigkeit zu erzielen. Dabei kennt jede Appreturanstalt ihre eigene Appreturzusammensetzung, die auch den zur Verfügung stehenden Maschinen angepasst wird. Es kommt dabei oft vor, dass ein und dasselbe Appreturmittel in einem Betrieb zu sehr guten Resultaten führt, während in einem andern Betrieb damit nicht zufriedenstellend gearbeitet werden kann, da es an beiden Orten nicht unter den gleichen Bedingungen angewandt werden kann.

Die Stärke und das Reismehl geben dabei dem Gewebe Halt, Talk und Bariumsulfat das erwünschte Gewicht und die Seife und das Glyzerin die Weichheit.

Bariumsulfat, $BaSO_4$, ist das schwerste aller Füllmittel mit einem spez. Gewicht von 4,5. Es ergibt einen rauheren Griff als Kaolin oder Talkum. Bariumsulfat kommt in der Natur als Schwerspat vor. Anderseits kann es auch aus Lösungen löslicher Bariumsalze durch Ausfällen mit Schwefelsäure oder Sulfaten erhalten werden. Künstlich hergestelltes Bariumsulfat wird mit Blanc fixe bezeichnet.

Der Griff eines so gefüllten Gewebes ist weitgehend vom Verteilungsgrad abhängig und ist daher bei Verwendung des natürlichen Schwerspats im allgemeinen rauher.

Kalziumsulfat, $CaSO_4$, wird als billigstes Füllmittel benutzt. Sein spez. Gewicht liegt bei 2,3. Seine Deckkraft ist ungefähr so gross wie jene von China-clay, doch ist der Griff schlechter. Bei seiner Verwendung in der Papierindustrie ist jedoch darauf Rücksicht zu nehmen, dass Kalziumsulfat etwas wasserlöslich ist, so dass sich bei den dort angewandten grossen Wassermengen der Preisvorteil gegenüber Bariumsulfat ausgleichen kann. Es gibt zwei Sorten von Kalziumsulfat, nämlich den in der Natur vorkommenden Kalkspat und das gefällte Satinweiss. Beide haben die Zusammensetzung $CaSO_4 \cdot 2\,H_2O$ und sind nicht mit dem gebrannten Gips, $CaSO_4 \cdot \frac{1}{2}\,H_2O$, zu verwechseln.

3. Verschiedene Produkte.

a) Formaldehyd[1]).

Formaldehyd wird bei verschiedenen Appreturvorgängen verwendet, so ganz speziell bei der Schrumpfechtappretur (Kap. XVII), der Knitterfreiappretur (Kap. XIV), dem Stenosieren (Kap. XII) als kräftiges Antiseptikum (Kap. X). Ferner verwendet man Formaldehyd auch bei der Herstellung synthetischer Fasern, wie Kaseinfasern, Nylon usw., um die Widerstandsfähigkeit zu erhöhen (Teil I, Bd. *2*, Kap. X), als Stabilisierungsmittel für Naphtol AS-Lösungen (Teil I, Bd. *1*, Kap. IV), als Fixiermittel für Direktfarbstoffe (Teil I, Bd. *2*, Kap. VI), für die Herstellung von Verdickungen (formalisierte Stärke, Teil II, Bd. *2*, Kap. VII). Mit der Entwicklung der Kunstharze und der verschiedenen Kunstharzanwendungen haben auch jene plastischen Massen einen grossen Aufschwung genommen, die vom Formaldehyd ausgehen, nämlich die Phenoplaste, die Aminoplaste, die formalisierten Kaseine, die Ketonharze usw. (siehe Kap. VII dieses Werkes).

---

[1]) Formalin, Methanal; in Frankreich von den Usines Chimiques de Mazingarbe hergestellt. J. F. Walker, Formaldehyde, New-York 1945; Formaldehyd und seine Anwendung in der Färberei, Appretur und Druckerei, Tiba 1948, *25*, S. 36.
Siehe Ullmann, Enzyklopädie der Technischen Chemie, 2. Aufl., Bd. *5*, S. 413 uff.

Formaldehyd wird industriell ausschliesslich durch Oxydation des Methylalkohols gewonnen. Als Oxydationsmittel dient dabei der Luftsauerstoff. Man lässt ein Alkohol-Luft-Gemisch durch eine warme Kontaktmasse (Platin, Kupfer, Aluminiumoxyd, Holzkohle) strömen.

$$CH_3OH + O \rightarrow H-C\!\!\begin{array}{c} \diagup H \\ \diagdown O \end{array} + H_2O$$

Ebenfalls gelangt man durch Reduktion von Kohlenoxyd mit Wasserstoff, bzw. aus Wassergas, d. h. Kohlenmonoxyd und Wasserstoff (CO + H_2) zu Formaldehyd. Das Verfahren, das durch Erhitzen von trockenem Zinkformiat Formaldehyd erzeugt, hat noch keinen Eingang in die Technik gefunden.

$$\begin{array}{c} HCOO \diagdown \\ \qquad\quad Zn \rightarrow ZnCO_3 + HCHO \\ HCOO \diagup \end{array}$$

Bei gewöhnlicher Temperatur ist Formaldehyd gasförmig, farblos und von stechendem Geruch. Er siedet bei — 21^0 C und ist ziemlich unbeständig. In der Praxis wird eine wässerige Lösung verwendet, deren Konzentration bis zu 50% betragen kann. Diese wässerigen Lösungen enthalten zur Hauptsache das Hydrat

$$CH_2(OH)_2$$

und die löslichen Polymerisationsprodukte, wie

$$(CH_2O)_3$$

Verschiedene Faktoren und vor allem eine Herabsetzung der Temperatur bewirken, dass die Formaldehydlösungen gerne polymerisieren. Die sich dabei bildenden Polymere sind nur mehr wenig löslich und setzen sich dann am Boden ab. Zur Vermeidung einer solchen Polymerisation und um die Lösungen beständiger zu machen, fügt man eine gewisse Menge Methanol zu, die je nach der Jahreszeit etwas verschieden ist.

Hat sich bereits ein Bodensatz gebildet, so kann er durch mässiges Erwärmen wieder in Lösung gebracht werden. Dabei verwandeln sich die Polymerisationsprodukte wiederum in das Monomere.

Das beständigste und bestbekannte Polymere ist das α-Trioxymethylen oder Trioxan[1]), eine kristallisierte, nicht reduzierend wirkende Verbindung folgender Formel

$$(CH_2O)_3$$

$$\begin{array}{c} \diagup O-H_2C \diagdown \\ CH_2 \qquad\quad O \\ \diagdown O-H_2C \diagup \end{array}$$

Smp. $61,2^0$ C
Siedepkt. $114,5^0$ C

---

[1]) Homer, J. Soc. Chem. Ind. 1941, *60*, S. 213.

In kaltem Wasser ist diese Verbindung nur wenig löslich, löst sich jedoch in warmem Wasser sehr gut.

Dieses Polymerisationsprodukt lässt sich ohne Zersetzung destillieren. Daneben kennt man auch ein kristallisiertes Tetrameres, das Tetraoxymethylen, das dem Trimeren sehr ähnliche Eigenschaften besitzt. Ihm kommt die Formel

$$O—CH_2—O—CH_2$$
$$CH_2—O—CH_2—O$$

zu.

Beim Eindampfen einer wässerigen Formaldehydlösung erhält man auch noch andere Polymerisationsprodukte, die Polyoxymethylene oder Paraformaldehyd[1]).

Nach Arbeiten von H. Staudinger handelt es sich hier um verschiedene Polymerisationsprodukte, die sich teilweise voneinander trennen lassen. Die Verknüpfung der einzelnen Formaldehydreste erfolgt bei diesen Polymeren mit Hilfe von Sauerstoffatomen, und die Kettenenden sind durch die Bestandteile des Wassers abgesättigt. Es handelt sich also hier um Polyoxymethylenhydrate.

$$HOCH_2OH + x(HOCH_2OH) + HOCH_2OH \xrightarrow{-(x+1)\,H_2O} HOCH_2O(CH_2O)_xCH_2OH$$

Polyoxymethylene reduzieren Fehling'sche Lösung und zerfallen leicht beim Erhitzen in monomeren Formaldehyd. Je nach dem Polymerisationsgrad sind diese Verbindungen in Wasser löslich oder unlöslich.

Das Trioxymethylen oder der Paraformaldehyd $(CH_2O)_n +$ H_2O des Handels ist ein Gemisch verschiedener Polymeren, wobei n zwischen 2 und 100 liegen kann.

Es ist ein weisser, fester Körper mit einem Formaldehydgehalt von ungefähr 95%. Durch Erhitzen tritt allmählich eine Zersetzung ein und von 100° C an entwickelt sich gasförmiges Formaldehyd. Dieses Produkt wird üblicherweise zur Desinfektion verwendet. Interessant an diesem Produkt ist vor allem die dadurch mögliche Ersparnis an Transportmaterial, da es praktisch reinen Formaldehyd darstellt.

Es erlaubt daher auch den Ersatz der Formaldehydlösungen bei der Kunstharzdarstellung und bei all jenen Reaktionen, bei denen Wasser unerwünscht ist.

Im Handel befinden sich zwei Arten von wässerigen Lösungen, nämlich

1. eine 30%ige Formaldehydlösung, d.h. 30 g Formaldehyd in 100 g Lösung. Die Dichte dieser Lösung beträgt in Abwesenheit eines Methylalkoholzusatzes bei 15° C 1,093 g/cm³. Im Winter gibt man 4 bis 5% Methanol zu, um eine Polymerisation zu verhindern. In diesem Falle beträgt die Dichte dann 1,085 g/cm³.

---

[1]) Niacet Paraldehyd der Union Carbide Intern. Co.

2. Eine 40%ige Formaldehydlösung (Volumenprozente), d. h. 400 g Formaldehyd im Liter Lösung, was 36 Gewichtsprozenten entspricht. Diese Lösung wird auch mit Formalin bezeichnet. Die Dichte beträgt bei 15° C ohne Methanolzusatz 1,111 g/cm³. Je nach der Jahreszeit kann der Methanolzusatz jedoch bis 15% betragen, wobei dann die Dichte zwischen 1,100 und 1,090 g/cm³ schwanken kann.

Isobutyl Formcel (Celanese) ist eine praktisch wasserfreie Lösung von Formaldehyd in Isobutylalkohol und wird in Verbindung mit alkohollöslichen härtbaren Harnstoff- oder Melaminharzen verwendet.

Methyl Formcel (Celanese) ist eine wasserfreie Lösung von Formaldehyd und Methylalkohol, welche für verschiedene Anwendungen in Verbindung mit Kunstharzen empfohlen wird.

Butyl Formcel (Celanese) ist eine praktisch wasserfreie Lösung von Formaldehyd in primärem Butylalkohol, die zur Herstellung von modifizierten Harnstoffharzen und Phenollacken empfohlen wird.

Lässt man Formaldehyd auf Ammoniak einwirken, so gelangt man zum Hexamethylentetramin (Urotropin, Hexamin, Formin). Diese Verbindung hat in der Textilindustrie verschiedenartige Verwendung gefunden.

$$6\ CH_2O + 4\ NH_3 \rightarrow C_6H_{12}N_4 + 6\ H_2O$$
$$\text{oder}$$
$$(CH_2)_6N_4$$

Die Konstitutionsformel des Urotropins ist sehr wahrscheinlich die folgende:

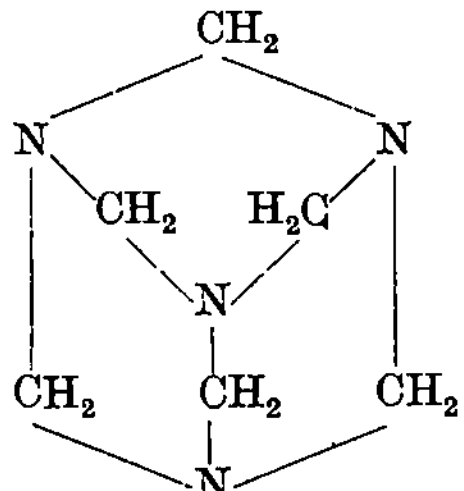

Diese Verbindung bildet farblose, in kaltem Wasser sehr leicht lösliche (81 g in 100 cm³ bei 20° C), in warmem Wasser weniger lösliche Kristalle. Sie besitzt einen zuckerartigen Geschmack und reagiert gegenüber Lackmus alkalisch.

Beim Erhitzen sublimiert Urotropin ohne zu schmelzen und zersetzt sich teilweise oberhalb 100° C.

b) Hygroskopische Verbindungen.

1. Die Alkohole.

Die Bedeutung des Glyzerins und seine vielseitige Verwendung in der Textilindustrie ist auf seine mannigfaltigen chemischen und physikalischen Eigenschaften zurückzuführen. Besondere Wichtigkeit hat das Glyzerin im Textildruck erlangt, wo es einen wesentlichen Bestandteil der Druckpasten bildet, und zwar besonders für Küpenfarben. Im Film- und Spritzdruck, beim Seiden- und Wolldruck ist es unentbehrlich geworden.

So wird Glyzerin in zahlreichen Druckfarben verwendet[1]) und stellt ein billiges Universallösungsmittel dar. Die hygroskopischen Eigenschaften machen das Glyzerin besonders schätzenswert und rechtfertigen seine Verwendung in Küpendruckfarben. Um jedoch besonders wirkungsvoll zu sein, ist es nötig, grössere Mengen zuzusetzen, wie z. B. 100 bis 150 g pro kg Druckfarbe.

Das Glyzerin ist sicherlich das wichtigste in der Appretur verwendete hygroskopische Mittel.

Bei Schlichten erwies sich das Glyzerin ebenfalls als ein wertvolles Hilfsmittel. Es fördert das Ein- und Durchdringen der Gelatinelösungen in die Garne und vermag gleichzeitig ein Hart-, bzw. Steifwerden der Gewebe zu verhindern, was natürlich die Verarbeitung bedeutend erleichtert. Glyzerin kann daher in der Schlichte die sulfurierten Öle ersetzen. Aber auch für andere Appreturen kann es verwendet werden an Stelle der sulfurierten Öle.

Da der Glyzerinpreis während den Jahren des spanischen Bürgerkriegs 1936/37 äusserst stark stieg, kamen eine ganze Reihe von Firmen mit Glyzerinersatzprodukten auf den Markt.

Da Glyzerin, wie bereits oben ausgeführt, ein unentbehrliches hygroskopisches Zusatzmittel für Küpendruckfarben darstellt, ergab es sich, dass viele der angebotenen Glyzerinersatzprodukte mehr oder weniger reine Zuckerlösungen waren, die noch verschiedene Salze, wie Kochsalz, Magnesium- oder Kalziumchlorid, ameisensaure Salze usw. enthielten.

Andere solche Produkte bestehen zur Hauptsache aus wässerigen Lösungen milchsaurer Salze neben anorganischen Salzen.

Die I.G. Farbenindustrie hat in systematischer Forschung ein Austauschprodukt für Glyzerin ausgearbeitet, das unter dem Namen Glyzinal D auf den Markt gelangte. Glyzinal D ist eine Mischung aus 16,6% Glyecin A, 33,4% Harnstoff und 50% Wasser. Es stellt einen vollwertigen Glyzerinersatz dar.

Auch eine Mischung aus Harnstoff, Hexamethylentetramin und Natriummetaphosphat wurde von Gerber, Mell. 1937, S. 527, als Ersatz für Glyzerin vorgeschlagen.

---

[1]) Georgia Leffingwell und Milton A. Lesser, Neue Verwendungsweise des Glyzerins für Textilien, Rayon Text. Monthly 1940, 9, S. 89, und 1941, 10, S. 69; Mell. 1941, S. 166.

Ein sehr häufig verwendetes und von mehreren Firmen unter den verschiedensten Namen angebotenes Glyzerinersatzmittel stellt das milchsaure Natrium dar. So seien die folgenden Handelsprodukte erwähnt:

Lactolin von Böhringer & Sohn, Nieder-Ingelheim.

Dieses Produkt ist eine 60%ige konzentrierte Lösung von gereinigtem milchsaurem Natrium. Die Herstellerfirma empfiehlt dieses Produkt als Glyzerinersatz im Zeugdruck mit substantiven, basischen und Küpenfarbstoffen auf Baumwolle und Kunstseide. Es findet auch in der Appretur, beim Schlichten und beim Schmälzen der Wolle Verwendung.

Encorin von Biesinger, Chem. Fabrik in Stuttgart.

E.R.C.E.-Glyzerinersatz der Lixuranwerke Reimann & Co., Oldendorf a. M.

Perca-Glyzerin oder Perglyzerin der Byk-Guldenwerke, Berlin.

Es ist auch noch interessant, die nachstehend erwähnten Verbindungen als Glyzerinersatzprodukte aufzuführen:

Dibutylaminoäthylglykol
Dibutylamino-2,3-propandiol
Morpholin
Dipropylformamid, Dibutylformamid
Oxyäthylpyrrolidon aus Äthanolamin und Butyrolacton; glykolsaures Natrium (46,3%ige Lösung)
Triäthanolammoniumoxyäthyläther (21,1%ig)
Trimethylolpropanmonobuttersäureester
Trimethylolpropan + 3 Mol Äthylenoxyd
Dimethylpropandiol
Äthylhexylurethan.

Ein ausgezeichnetes Glyzerinersatzmittel ist auch das Dimethylolpropan folgender Formel

$$\begin{array}{c} HO-CH_2 \\ {\diagdown}\!\!CH-CH_2-CH_3 \\ HO-CH_2 \end{array}$$

2. Kohlenhydrate.

Traubenzucker oder Glukose stellt man in technischem Maßstabe aus Kartoffelstärkemehl durch Behandeln mit Schwefelsäure oder Malz her. Man verrührt dabei z. B. 1 kg Kartoffelstärkemehl mit 4 Liter kaltem Wasser, setzt 40 g Schwefelsäure von 66° Bé hinzu und erhitzt zum Kochen. Es bildet sich zunächst Dextrin, welches durch weiteres Kochen in Traubenzucker übergeführt wird. Solange sich die Lösung mit Jod violett färbt, ist die Reaktion nicht zu Ende, und es befindet sich immer noch Stärkemehl in der Lösung. Färbt sich bei Alkoholzugabe die Lösung weiss, so ist noch Dextrin vorhanden. Es ist erst dann alle Stärke in Traubenzucker übergeführt, wenn mit Alkohol kein Niederschlag mehr entsteht.

Die Schwefelsäure, die sich bei dieser Umsetzung in keiner Art und Weise verändert, bindet man nachträglich am besten mit Kalk, von dem man so viel zusetzt, bis die Reaktionsmasse keine saure Reaktion mehr zeigt. Dabei entweicht die Kohlensäure des kohlensauren Kalziums, während sich das Kalzium mit der Schwefelsäure zu Kalziumsulfat verbindet, das sich nach einigen Stunden vollkommen absetzt. Die überstehende klare Traubenzuckerlösung wird vom Niederschlag abgetrennt und zur Entfärbung durch Knochenkohle filtriert.

Den so erhaltenen Traubenzucker kann man auch noch weiter eindampfen, und zwar gewöhnlich bis zu einer Konzentration von 30° Bé, und dann nochmals über gekörnter Knochenkohle filtrieren.

Für die Appretur ist beim Traubenzucker besonders die Eigenschaft, die Ware sowohl zu füllen und daher weich und geschmeidig zu erhalten als auch dem Gewebe einen fettigen Griff zu verleihen, interessant. Aus diesem Grunde wurde angeregt, den Traubenzucker als Ersatzmittel für Glyzerin oder Türkischrotöl zu verwenden.

Glyzerin lässt sich durch Sorbit, einen aus Maiszucker gewonnenen Alkohol folgender Konstitutionsformel, ersetzen:

$$\text{HO}-\text{CH}_2-\overset{\overset{\text{H}}{|}}{\underset{\underset{\text{OH}}{|}}{\text{C}}}-\overset{\overset{\text{OH}}{|}}{\underset{\underset{\text{H}}{|}}{\text{C}}}-\overset{\overset{\text{H}}{|}}{\underset{\underset{\text{OH}}{|}}{\text{C}}}-\overset{\overset{\text{H}}{|}}{\underset{\underset{\text{OH}}{|}}{\text{C}}}-\text{CH}_2-\text{OH}$$

Technisch wird Sorbit unter dem Namen Sorbitol von der Atlas Powder Co. durch ein elektrolytisches Verfahren hergestellt. Seit einigen Jahren wird Sorbit von der Rhône-Poulenc als 70 bis 75 %iges zähflüssiges Produkt auf den Markt gebracht[1]).

Gegenüber dem Glyzerin bietet dieses Produkt die folgenden Vorteile:

In feuchter Atmosphäre nimmt Sorbit die Feuchtigkeit weniger rasch als Glyzerin auf, während es in trockener Luft auch die Feuchtigkeit weniger rasch wieder an die Umgebung abgibt. Es ist also Feuchtigkeitsschwankungen gegenüber weniger empfindlich als Glyzerin, d. h. also, dass eine mit Sorbit behandelte Ware einen konstanteren Feuchtigkeitsgehalt aufweist als eine solche, die mit Glyzerin appretiert wurde.

---

[1]) Andere Handelsmarke: Sorbex der Dr. Hefti AG., Zürich.

Sorbit wird als Glyzerinersatz für Druckfarben, zum Weichmachen des Leders, des Packpapiers aus Zellulose oder Zellulosederivaten gebraucht. Ferner dient es auch als Weichmacher für Klebstoffe und Schlichten aus Pflanzengummen und Leimen sowie zum Feuchthalten von Gelatineschichten.

Aus Sorbit können auch Kunstharze hergestellt werden, indem man es mit zweibasischen Säuren, Estern oder Ätherderivaten kondensiert.

Als Ausgangsmaterial für die Sorbitherstellung kommen Zuckerrüben und Mais in Betracht, so dass der Gestehungspreis des Sorbits wesentlich niedriger zu stehen kommt als jener des Glyzerins.

Zellulose-Sulfitablauge (Dekol)[1]) ist ein wertvolles Dispergiermittel und findet oft Verwendung bei der Herstellung von Farbstoffteigen.

Das *schweiz. P. 148.451* der Ciba empfiehlt die Sulfitablauge nicht nur für die Herstellung von Küpenfarbstoffpräparaten sondern auch für die Dispergierung wasserunlöslicher Azetatfarbstoffe. Denselben Hinweis findet man auch im *amer. P. 1.828.592* und im *D.R.P. 548.870* der gleichen Firma. Der Farbstoff wird in konzentrierter Schwefelsäure gelöst, mit Eiswasser ausgefällt und mit Sulfitablauge vermischt getrocknet. Diese Masse wird darauf fein gemahlen, wobei ein sehr feines und leicht reduzierbares Pulver erhalten wird. Da die Rückstände der gewöhnlichen Sulfitablauge (Schwarzlauge) sehr hygroskopisch sind, muss die Lauge vor dem Eindampfen zur Trockene zuerst mit Säure neutralisiert werden. Bei der Herstellung solcher Farbstoffpulver werden besonders die sich vom Benzochinon ableitenden Küpenfarbstoffe erwähnt, die sich üblicherweise nur schwer mit nichtkaustischen Alkalien verküpen lassen. Es lassen sich dadurch von diesen Farbstoffgruppen auch Präparate herstellen, die sich für die Ausfärbung von tierischen Fasern eignen.

Ein beständiger Klebstoff lässt sich dadurch erhalten, dass man 90 Teile Zellulose-Sulfitablauge in 45 Teilen Wasser löst, 1 Teil gebrannte Magnesia zufügt und mit weiteren 30 Teilen Wasser verdünnt. Diese Mischung wird dann noch eine Stunde gekocht.

---

[1]) Handelsmarken:

Unisol N, S, DL	Francolor
Levana	Sandoz
Sulfitablauge, Pulver . .	Ciba
Protectol I und II . . .	I. G. Farbenindustrie
Pulver und Pulver dopp.	
Dekol	I. G. Farbenindustrie
Cellex, Pulver	Ciba
Egalin A	A. Th. Böhme.

Eine andere Rezeptur verwendet 50 Teile Zellulose-Sulfitablauge mit 4 Teilen Kalkhydrat und 25 Teilen Pfeifenton vermengt, denen man noch 35 Teile Wasser zusetzt.

Das *D.R.P. 339.741* von L. Stein in Fulda erwähnt einen weiteren Verwendungszweck für die üblicherweise als Abfallprodukt anzusehende Zellulose-Sulfitablauge. Dabei wird die Ablauge nach vorhergehendem Erwärmen mit einer solchen Menge eines leimartigen Stoffes versetzt, die bei weitem nicht ausreicht zur vollständigen Bindung und Abscheidung der Gerbstoffe und Ligninstoffe der Ablauge. Nach der Abtrennung des Niederschlags soll eine helle Flüssigkeit erhalten werden, die noch grosse Mengen dieser wertvollen organischen Stoffe enthält. Diese Präparate eignen sich vorzüglich für Appreturschlichten und ähnliche Zwecke.

Nach dem *D.R.P. 72.161* dampft man dialysierte Sulfitablaugen nach Entfernung der gelösten schwefligen Säure durch Kalkmilch oder feinverteilten kohlensauren Kalk bis zur Dickflüssigkeit ein und vermischt das Produkt mit Kalkbrei, bis ein knetbares Gemenge entsteht. Dieses Produkt stellt ein wirksames, wenig hygroskopisches Appreturmittel dar.

c) Phosphatide.

Die Phosphatide (Lezithine) gehören zur Klasse der Lipoide, d.h. fettähnlichen Körper. Wegen des Phosphorgehalts zählt man das Lezithin auch zu den Phosphatiden. Bei diesem Phosphor handelt es sich um organisch gebundenen Phosphor.

Das Lezithin ist von wachsartiger Konsistenz und bräunlicher Farbe. In Wasser quillt es langsam und bildet mit diesem haltbare Emulsionen. In Fetten löst es sich schon bei mässigem Erwärmen leicht auf. Lezithin ist jedoch selbst weder ein Fett noch ein Eiweisskörper. Es ist in den meisten organischen Lösungsmitteln leicht löslich, wie z. B. Äther, Benzin, Benzol, Trichloräthylen, Tetrachlorkohlenstoff usw.

Lezithin und auch die andern Phosphatide sind in der Natur sehr verbreitet, da es weder tierische noch pflanzliche Lebewesen gibt, die es nicht enthalten. Es kommt jedoch stets nur in geringen Mengen vor. In grösseren Mengen kommt es besonders in den Eiern und manchen Samen, besonders jenen der Hülsenfrüchte, vor. Das Lezithin aus Eigelb ist ein teures pharmazeutisches Präparat, während die Pflanzenlezithine, besonders dasjenige aus Sojabohnen, heute ein billiges Produkt mit verschiedenartigsten technischen Verwendungsmöglichkeiten darstellt.

Lezithin wird von den Hansawerken nach einem durch ein Patent geschützten Verfahren hergestellt, und zwar ausschliesslich aus Sojabohnen, von denen täglich etwa 600 Tonnen von dieser Firma verarbeitet werden.

Nach den Angaben des *öst. P. 138.874* der Hansawerke sind die Phosphatide aus der Sojabohnenölproduktion gute Aviviermittel, doch wird empfohlen, die noch anhaftenden Öle mit Lösungsmitteln zu entfernen. Als Lösungsmittel kommen dabei Azeton oder Essigester in Frage, die die Phosphatide nicht zu lösen vermögen. Hierauf wird mit einem gebleichten Sojabohnenöl oder einem andern gereinigten Öl vermischt. Der Sojabohnenölschlamm selbst, der leicht in Gärung übergeht, wird nach einem Verfahren des *brit. P. 417.552* der Metallgesellschaft-Datz mit Kasein, Gelatine oder dergleichen in einer heissen Atmosphäre zur Trockene versprüht, wobei ein feines, stabiles Pulver entsteht.

Nach dem *amer. P. 1.986.360* der Hansawerke wird eine Stärkeverdickung durch einen Zusatz von pflanzlichen Phosphatiden, z. B. Lezithin aus Sojabohnenöl, qualitativ wesentlich verbessert. Es wird so z. B. eine bessere Zügigkeit und ein erhöhtes Bindevermögen erreicht. Die Hansawerke bringen ein Lezithinpräparat unter dem Namen Splendicithin in den Handel.

60—80 Teile Lezithin werden in 300 Teile Mineralöl eingerührt und dieses Gemisch einem auf 60° C nach dem Verkochen abgekühlten Stärkekleister zugegeben (*D.R.P.566.149*,1931; R.G.M.C.1932, S.262; *brit. P. 353.873*).

Das Lezithin kommt auch im Eigelb vor. Es gehört zu den Lipoiden und ist der Distearylglyzerophosphorsäureester des Cholins:

$$CH_2\!-\!O\!-\!CO\!-\!C_{17}H_{35}$$
$$CH\!-\!O\!-\!CO\!-\!C_{17}H_{35}$$
$$CH_2\!-\!O\!-\!P\!\overset{O}{\diagdown}\!\overset{OH}{\diagup}\;O\!-\!CH_2\!-\!CH_2\!-\!N\overset{CH_3}{\underset{CH_3}{\diagdown}}\;CH_3$$
$$OH$$

Durch Behandeln von Lezithin mit Salzsäure bildet sich Cholin und der Distearylglyzerinester der Phosphorsäure (Mell. 1931, S. 123; Tiba *12*, S. 427):

$$CH_2\!-\!O\!-\!CO\!-\!C_{17}H_{35}$$
$$CH\!-\!O\!-\!CO\!-\!C_{17}H_{35}$$
$$CH_2\!-\!O\!-\!P\!\overset{OH}{\underset{OH}{\diagup}}\!=\!O$$

Distearylglyzerophosphorsäure.

Da die wässerigen Emulsionen des Lezithins nicht genügend beständig sind, werden durch einen Zusatz kleiner Mengen von Alkaliperoxyden nach den Angaben des *amer. P. 1.972.764* von Engelmann diese Eigenschaften verbessert.

Durch Sulfurierung der Phosphatide vegetabilischer oder animalischer Herkunft, und zwar in erster Linie durch Sulfurierung des Lezithins aus dem Sojabohnenöl, kann man nach dem *amer. P. 2.079.973* von Stockhausen-Strauch zu wasserlöslichen, gutschäumenden Textilhilfsmitteln gelangen. Sojabohnenöl wurde aber auch oft als Emulgiermittel ohne Einführung wasserlöslich machender Reste verwendet.

Ein guter Emulgator wird auch nach dem *amer. P. 2.090.537* von Lund aus dem handelsüblichen Lezithin durch Behandlung mit Alkohol und Wasser und Erhitzen dieses Gemisches gewonnen. Man nimmt dabei an, dass das Lezithin in eine andere Verbindung (hydratisiertes Lezithin) übergeht, die sich später als rotbraune, ölige unterste Schicht des Gemisches abscheidet. Dieses Öl soll gute netzende und emulgierende Eigenschaften besitzen.

Nach dem *amer. P. 2.062.782* von Epstein und Harris kann man Lezithin viel leichter und dauerhafter emulgieren, wenn man es mit Diglyzeriden höherer Fettsäuren, wie z. B. dem Distearin, Diolein und ähnlichen, zugleich in eine wässerige Emulsion überführt. Dies ist um so bemerkenswerter, als jede einzelne Komponente des Gemisches für sich nur unbeständige Emulsionen mit Wasser bildet.

Lezithinemulsionen werden nach dem Verfahren des *brit. P. 464.100* von Rewald ebenfalls mit Milchsäure oder andern Oxysäuren versetzt. Hier wird aber im Gegensatz zur vorherigen Veröffentlichung angenommen, dass man unter Einhaltung bestimmter Mengenverhältnisse zu beständigeren Emulsionen gelangt. Es bilden sich dabei sehr wahrscheinlich molekulare Verbindungen zwischen der organischen Säure und den Phosphatiden.

Die Hansawerke empfehlen eine Mischung von etwa 30 Teilen Sojabohnenöl und 70 Teilen Pflanzenlezithin als Beuchzusatz. Nach dem *D.R.P. 579.218* der gleichen Firma eignet sich die gleiche Mischung zum Avivieren von Geweben, was auch durch eine spätere Mitteilung von Tatu bestätigt wird. Nach seinen Untersuchungen liegt gerade in der Eignung zum Avivieren der Hauptwert der Sojabohnenölpräparate in der Textilindustrie.

Es sei hier auch noch auf das ältere Patent dieser als Produzentin von Lezithin aus dem Sojabohnenöl bekannten Firma, nämlich das *D.R.P. 548.258*, hingewiesen. Nach diesem Patent können Pflanzenphosphatide, wie z. B. Sojaphosphatide, der Appretur zugesetzt werden.

Beständige wässerige Lezithinemulsionen, wie sie besonders zu Avivagezwecken gebraucht werden, erhält man nach dem *franz. P. 788.632* von Noblee und Thörl durch Verarbeitung mit Wasserglas ($\frac{1}{4}$ des Lezithingehalts). Eventuell kann vorgängig noch eine Superoxydbleiche des Ausgangsmaterials durchgeführt werden.

Das *D.R.P. 615.962* von H. Th. Böhme beschreibt eine Emulsion aus Lezithin mit Fettalkoholsulfaten. Das Lezithin ist als solches nach älteren Patenten der Hansawerke für dieselben Zwecke empfohlen worden, soll aber nach den Angaben der vorliegenden Patentschrift einen klebrigen Griff verleihen.

Name	Erzeugerfirma	Zusammensetzung
		Beschwerungs- und
Gravidol FL Gravidol NBS, N 2, 3 W	Th. Rotta Th. Rotta	Kokoseife + Stearin + Natrium- borat.
Fulgayne 270	Burkart-Schier	
Conco Resin A	Continental	
Atco Weighter	Atlantic Chem. Co.	Kohlenhydratderivat
Abopon	Glyco Prod. Co.	Boro-phosphorsaures Natrium
Brytexgum 813 N	Bryant Chem. Corp.	Modifizierte Stärke und Harz
Nytal	R. F. Vanderbilt Co.	Talkum
Lezithin Splendicithin	Hansa-Werke	Phosphatid
Sorbex	Dr. Hefti AG., Zürich	Mehrwertiger Alkohol $C_6H_{14}O_6$
Carregan W und V	Maag	
Pyran KN, AD Pyran FG, FT Pyran 2 G, A Pyran WV Pyran WN	Th. Rotta Th. Rotta Th. Rotta Th. Rotta Th. Rotta	

Quaker
  Pro-So-Tex 143
Quaker
  Pro-So-Tex 145
	Quaker
	
	Quaker	

Literatur und Eigenschaften	Verwendungsgebiete
Füllmittel.	
In kaltem Wasser leicht löslich. Es tritt kein Belegen der Farbe ein.	Beschwerungsmittel.
Ist nicht hygroskopisch. Verträgt sich mit den gewöhnlich verwendeten Appreturmitteln.	Billiges Füll- und Beschwerungsmittel. Gibt der Ware einen guten Griff.
Conco Finish 22 T (Continental) ist ein wasserlösliches Harzprodukt.	Beschwerungs- und Füllmittel.
	Beschwerungsmittel.
	Beschwerungsmittel.
	Füllmittel.
	Füllmittel.
	Weichmachungsmittel für die Reyonveredlung.
S.V.F. Fachorgan 5, S. 272; Textil Rdsch. 1950, 5, S. 420.	Als Feuchtigkeitsstabilisator und Weichmacher in Appreturflotten und Druckfarben. Weichmachungsmittel.
	Beschwerungsmittel für Textilien aller Art. Gewichtserhöhung von 10% und mehr ohne Beeinträchtigung des Griffes der Ware.
	Stärkefreie Füllmittel, in der Foulard-Appretur ergeben sie kräftige Quelleffekte.
Quaker Pro-So-Tex 87 = sulfuriertes Olivenöl + Stearinsäure. Weichmachungsmittel. Andere Handelsmarken: Quaker Pro-So-Tex 181 und 86. Wachsemulsionen.	Beschwerungsmittel für Baumwolle und Reyon. Geben einen schönen, vollen Griff.

4. Weisstönungsmittel.

Bläuen und Aufhellmittel (optische Bleichmittel)[1].

Die gebleichte Ware besitzt im allgemeinen einen schwach gelblichen Stich, der dem Aussehen der Ware schädlich ist. Die Verbesserung der Qualität des Weiss erfolgt im Verlaufe der Appretur. Man verfolgt dabei das Ziel, die gelbliche Färbung auszuschalten und der ausgerüsteten Ware ein ansprechenderes Aussehen zu verleihen.

Diese Behandlung, die immer nach der Appretur ausgeführt wird, wird mit Bläuen bezeichnet. Sie besteht darin, dass man der Appretur eine ganz kleine Menge Ultramarin zufügt, welcher Säuren gegenüber beständig ist und die gelbliche Nuance des Gewebes zu neutralisieren vermag. Nur fehlt dabei die zusätzliche, sehr lebhafte Strahlung, so dass der Endeffekt nicht ein leuchtendes Weiss, sondern ein helles Grau ist.

Man hat versucht, Ultramarin durch Farbstoffe zu ersetzen, und zwar besonders durch Alizarinfarbstoffe, deren Haupteigenschaft die gute Lichtechtheit ist.

Ein neues Verfahren, welches sehr rasch sich in der Praxis einzuführen vermochte, erschien im Jahre 1942. Das Prinzip dieser Methode liegt in der Verwendung einer Substanz, die eine gewisse Affinität zu den Fasern besitzt, und zwar sowohl für animalische als auch vegetabilische Fasern. Zudem soll diese Substanz noch bei Tageslicht und bei ultraviolettem Licht fluoreszierend sein. Das Absorptionsmaximum liegt dabei zwischen 3000 und 4000 Å. Diese

---

[1] F. Weber und A. Martina, Die neuzeitlichen Textilveredlungsverfahren der Kunstfasern, S. 139, Springer-Verlag, Wien 1951; F. Weber, Zur neueren Entwicklung der optischen Bleichmittel, Mell. 1951, *32*, S. 383; Petersen, Organische Fluoreszenzfarbstoffe und ihre technische Verwertung, Z. f. ang. Chem. 1949, *61*, S. 17; Entwicklung der neuen fluoreszierenden Weissfarbstoffe, Silk & Rayon 1950, *24*, S. 246; Richardson, Optische Bleichmittel, J. Soc. D. and Col. 1948, *64*, S. 315; Samuels, Textildruck in Deutschland, J. Soc. D. and Col. 1947, *63*, S. 186; Weber, Weissfärben von Zellulosefasern mit optischen Aufhellmitteln, S.V.F. 1949, *4*, S. 98; H.B. Hass, Aufhellmittel, Rayon & Synth. Text. 1950, *31*, S. 115; Landolt, Über das Bleichen mit Fluoreszenzbleichmittel, Text. Rdsch. 1948, *2*, S. 376; Pinte, Photokolorimetrische Bestimmung der Fluoreszenz der optischen Bleichmittel, Bull. Inst. Text. France 1951, Nr. 27, 28, 29; Weisstöner von Faserstoffen, Chem. Ztg. 1942, *66*, S. 333; Moncrieff, Text. Manuf. 1950, *76*, S. 186; Kayser, Mell. 1949, *30*, S. 161; Yates, Text. Rec. 1947, *65*, S. 46; Caspar, J. Soc. D. and Col. 1950, *66*, S. 101, 177 und Text. Rdsch. 1947, *2*, S. 212; Teintex, 1943, S. 123, und 1945, S. 49; B.I.O.S., Nr. 259, 1154; J. Soc. D. and Col. 1946, *62*, S. 322; 1948, *64*, S. 35; Weber, Die optischen Bleichmittel, Öst. Chem. Ztg. 1949, *51*, S. 13; K. Wojatschek, Über die Wirkungsweise und Anwendung optischer Aufhellungsverbindungen, Mell. 1951, *32*, S. 546; N. Barnabé, Die praktischen Möglichkeiten des optischen Bleichens auf dem Gebiete der Kunstseide, Rayonne et Fibres Synthétiques 1951, Nr. 8, S. 41; Optische Aufhellmittel, Textil Praxis 1950, *5*, S. 128; E. Köster, Über Blankophore als optische Aufhellungsmittel in der Textilindustrie, Textil Praxis 1950, *5*, S. 304; Mell. 1949, *30*, S. 432; H. Seiche, Optische Aufhellmittel, Textil Praxis 1949, *4*, S. 568; Landolt, Amer. Dyest Rep. 1949, *38*, S. 353; Millson u. Stearns, Amer. Dyest Rep. 1948, *37*, S. 423.

Fluoreszenz bringt es mit sich, dass der Stoff, auf welchem sich eine solche Substanz abgelagert hat, dem Auge weisser erscheint, als er in Wirklichkeit ist. Dies beruht darauf, dass das entstehende Blau-violett die Komplementärfarbe zum Gelb des Stoffes ist. Diese Verbindungen werden durch ein dem Färben ähnliches Verfahren auf die Fasern gebracht. Sie vermögen auch einen Teil der ultravioletten Strahlen in blaues oder violettes Licht zu verwandeln, welches seinerseits den gelben Grund des Stoffes neutralisiert, ohne dass eine Absorption im sichtbaren Bereich des Spektrums erfolgt.

Die optischen Aufhellungsmittel sind wasserlösliche, farblose oder schwach gelblich gefärbte Verbindungen, die die Eigenschaft besitzen, wie ein Direktfarbstoff auf Zellulosefasern wie Baumwolle, Kunstseide, Zellwolle u. a. sowie auch auf Wolle, Seide und andere Fasern aufzuziehen. Mit solchen Verbindungen behandelte Fasern erscheinen bedeutend heller und stärker gebleicht als die unbehandelten. Der so durchgeführte Aufhellungsprozess ist ein rein physikalischer Vorgang, der sich wie folgt erklären lässt: Beim Behandeln vergilbter Textilien mit einem blauen, wasserlöslichen oder wasserunlöslichen Farbstoff entsteht aus dem Gelb der Textilware und dem daraufgebrachten Blau entsprechend den Gesetzen der subtraktiven Farbenmischung ein Grau, d. h. das Gelb verschwindet. Da meist der zum Bläuen verwendete Farbstoff im Überschuss vorhanden ist, erhält die Textilware nun dadurch einen blauen Schimmer. Es ist jedoch eine Eigenschaft des menschlichen Auges, eine blaustichige Ware immer als weisser zu betrachten als eine gelbstichige gleichen Graugehalts.

Auch das Aufhellen oder Weisstönen mit optischen Weisstönungsmitteln ist ein physikalischer Vorgang, nur kommt hier der Weisston durch einen andern optischen Effekt als beim Bläuen zustande. Die in jeder Lichtquelle vorhandenen, für das menschliche Auge nicht wahrnehmbaren ultravioletten Strahlen werden vom optischen Weisstönungsmittel absorbiert. Die dabei vom Aufhellungsmittel aufgenommene Lichtenergie kurzwelliger Strahlen wird nun vom Aufhellungsmittel wiederum abgegeben, und zwar in Form von Lichtstrahlen grösserer Wellenlängen, die für das menschliche Auge sichtbar sind. Diese Strahlung äussert sich in einer bläulichvioletten oder rötlich-violetten Fluoreszenz. Ein vergilbtes, aber mit einem optischen Weisstönungsmittel behandeltes Gewebe sendet somit zwei verschiedene Strahlenarten aus, die sich bezüglich ihrer Wellenlängen unterscheiden, nämlich die vom vergilbten Textilmaterial herrührenden gelben Lichtstrahlen und die violetten des Weisstönungsmittels. Beide Strahlen gelangen gleichzeitig in das menschliche Auge und ergeben, sofern sie in gleich grossen Mengen vorhanden sind, entsprechend den Gesetzen der additiven Farbenmischung ein Weiss. Ist jedoch die Intensität der vom Aufhellungsmittel herrührenden

Strahlen grösser, so erhält die Ware einen bläulich-violett oder rötlich-violett fluoreszierenden Ton. Da hier der Aufhellungseffekt durch eine rein additive Farbenmischung zustande kommt, ist das durch den Weisstöner erzielte Weiss besonders rein und leuchtend. Es findet also im Gegensatz zu der subtraktiven Farbmischung beim Bläuen mit Farbstoffen keine Trübung durch Bildung eines Graus statt.

Der Ursprung dieses Verfahrens scheint auf das Jahr 1937 zurückzugehen. Um diese Zeit brachte die Ultrazell AG. ein Produkt unter dem Namen Ultralin auf den Markt, welches das Azetat des β-Methylumbelliferons ist[1]).

Das β-Umbelliferon ist ein Derivat des Kumarins. Seine Verwendung geht auf eine Beobachtung von Krais[2]) zurück, welcher rohe Baumwolle in Gegenwart sehr kleiner Mengen von Rosskastanienmehl beim Kochen vollkommen weiss erhielt. Es konnte gezeigt werden, dass die Wirkung des Rosskastanienmehls auf der Gegenwart von Eskulin, einem Glukosid des Eskuletins beruht. Eskuletin ist eine Dioxyverbindung des Kumarons. Es wird sich dann noch zeigen, dass die Kumarinderivate den Gegenstand von Arbeiten bildeten, die zum Ziele hatten, die fluoreszierenden Eigenschaften für die Verbesserung der Weissgehalte zu verwenden.

Es scheint, dass die I.G. Farbenindustrie die Initiative bei den Untersuchungen auf diesem Gebiete ergriff. Diese Arbeiten sind besonders für die Appreturanstalten von grosser Bedeutung, sind aber auch in der Druckerei von bedeutendem Interesse.

In diesem Sinne brachte diese Firma verschiedene Produkte auf den Markt, und zwar unter der Bezeichnung Blankophor B, R und WT. Alle drei Derivate sind Stilbenderivate. Die Grundlage dieser Produkte bilden die in den folgenden Patenten niedergelegten Arbeiten: *franz. P. 851.904, 870.470, 874.939, 877.596, 877.623* und *brit. P. 491.539.*

Die schweizerischen Farbenfabriken ihrerseits beschäftigten sich ebenfalls intensiv mit diesen interessanten Fragen und brachten den Produkten der I. G. Farbenindustrie ähnliche Präparate in den Handel, und zwar

Tinopal BV, WR, BVA	der Geigy A.G.
Uvitex WS, RS, RBS, GS, RT, NA, RSW, TW	der Ciba
Leukophor B, W, S, R	von Sandoz

Auch amerikanische, englische und französische Produkte befinden sich auf dem Markt, wie

Hiltamine Arctic White extra	der Hilton-Davis Chem. Co., Cincinnati
Calco Fluor White B, RW und 3 R	der Calco Chem. Div.
Fluotex CB	der C.F.M.C.-Francolor
Celumyl L	der S.P.C.S., Bezons

---

[1]) *Öst. P. 151.635; schweiz. P. 192.557.*
[2]) Krais, Mell. 1929, *10*, S. 468; G. G. Taylor, J. Soc. D. and Col. 1950, *66*, S. 181.

Die wichtigste Eigenschaft all dieser Produkte ist ihre Fluoreszenz am Tageslicht und bei Einwirkung ultravioletter Strahlen bei einem Absorptionsmaximum zwischen 3000 und 4000 Å, so dass die mit diesen Produkten behandelte Ware dem Auge weisser erscheint, als sie in Wirklichkeit ist. Die gelbliche Färbung des Gewebes wird durch die blauviolette oder rotviolette Fluoreszenz absorbiert, die diesen Verbindungen eigen ist. Es ist noch zu bemerken, dass die Wirkung dieser Produkte bei künstlichem Licht, welches arm an violetten Lichtstrahlen ist, nur gering ist.

Das Interesse, welches diesem Verfahren entgegengebracht wurde, hat gewisse Firmen zu angestrengten Forschungsarbeiten angespornt, so besonders zuerst die I.G. Farbenindustrie und dann vor allem die Firmen J. R. Geigy A.G., Ciba und Unilever. Die dabei auftretenden Probleme waren in Wirklichkeit jedoch nicht so einfach, wie es anfänglich erschien. Die Fluoreszenz und eine gewisse Affinität zur Faser sind nicht die einzigen unerlässlichen Eigenschaften für ein gutes optisches Weisstönungsmittel. Die Praxis verlangte rasch noch nach andern Eigenschaften, denen man in den ersten Jahren nur wenig Bedeutung zumass. Man verlangte, dass ein optisches Weisstönungsmittel eine gute Lichtechtheit besass, um so während des Gebrauchs die Weissgehalte des Gewebes erhalten zu können. Anderseits verlangte man neben der Substantivität des Weisstönungsmittels auch noch eine gute Wasser- und Waschechtheit sowie Säure- und Alkalibeständigkeit.

Die sich so ergebende Vielfalt des Problems der Schaffung von Aufhellmitteln auf dieser Basis vermag leicht die Wichtigkeit der Untersuchungen zu erklären, die hierüber gemacht wurden. Ein Beweis hiefür sind auch die zahlreichen Patente, die von der I.G. Farbenindustrie, J. R. Geigy A.G., der Ciba und der Unilever genommen wurden.

Vom chemischen Standpunkt aus gesehen, können die Produkte, die als Weisstönungsmittel in Betracht fallen, verschiedenen Verbindungsklassen angehören. Man unterscheidet daher:

1. Stilbenderivate, besonders die 4,4′-Diaminostilben-2,2′-disulfonsäure und ihre Derivate

$$H_2N-\bigcirc-CH=CH-\bigcirc-NH_2$$
$$SO_3H \qquad SO_3H$$

2. Benzthiazolderivate, z. B. das 1-(p-Aminophenyl)-5-methylbenzthiazol

Benzthiazol.

1-(p-Aminophenyl)-5-methylbenzthiazol.

42

Diese Verbindungen besitzen eine ausgezeichnete Substantivität für tierische Fasern.

3. Dibenzimidazolderivate, die besonders von der Ciba bearbeitet wurden. Zu dieser Klasse gehören Verbindungen folgender Formeln:

und ganz im besonderen die Derivate des 1,1′disubstituierten Dibenzimidazolyläthylens

4. Benzimidazolderivate. Diese Gruppe von Produkten wie jene der Dibenzimidazolderivate war Gegenstand sehr ausgedehnter Untersuchungen der Ciba, die schon mit diesen Verbindungen andere interessante Textilhilfsmittel erhielten, und zwar ganz besonders die unter dem Namen Ultravon (Ultravon K, W und FA) bekannten Reinigungs- und Waschmittel.

Als Beispiel sei das Natriumsalz der N-Methylheptadecylbenzimidazolsulfosäure erwähnt:

Ultravon K[1]).

Die Derivate, die als optische Weisstönungsmittel in Betracht kommen, entsprechen der allgemeinen Formel:

wobei R = Alkylrest
       Ar = aromatischer Kern
       R_1 = Arylrest

____

[1]) Siehe dieses Werk, Kap. VIII, S. 382.

Die einfachste Verbindung dieser Gruppe ist das Benzimidazol selbst:

$$\text{Benzimidazol: } C_6H_4 \overset{-NH}{\underset{-N}{\diagdown}} CH$$

5. Kumarinderivate sowie Derivate des Aminokumarins. Die Idee der Ultrazell A.G., das β-Methylumbelliferon, ein Kumarinderivat, zu verwenden, hat die Ciba zu Forschungsarbeiten auf diesem Gebiete veranlasst.

6. Verschiedene Verbindungen. Auch andere Produkte wurden als geeignet befunden, optische Weisstönungsmittel zu liefern. Ein Aufhellungsmittel stellt so z. B. das nicht diazotierte Diazolichtgelb dar (D.R.P. 250.342).

$$H_2N-\langle\ \rangle-CO-NH-\overset{SO_3Na}{\langle\ \rangle}-NH-CO-NH-\overset{SO_3Na}{\langle\ \rangle}-NH-CO-\langle\ \rangle-NH_2$$

Man hat ebenfalls die 2,5-Dioxyterephtalsäure, das Natriumsalz der Anthrachinon-2-sulfosäure, gewisse Amino- oder Oxynaphtalinsulfosäuren als Weisstönungsmittel empfohlen.

Die Ciba stellte die Hypothese auf, dass die Fluoreszenz dieser optischen Aufhellmittel eine Funktion der Konstitution und der Anwesenheit von vier Doppelbindungen im Molekül ist. Als wesentliche Merkmale werden dabei die folgenden Formulierungen angegeben:

$$-C=C-C=C-C=C-C=C-\ \text{ oder }\ -N=C-C=C-C=N-C=C-$$

Die Anwendung dieser Aufhellmittel ist sehr einfach. Der Vorgang umfasst eine Passage der zu appretierenden Ware durch eine sehr verdünnte Lösung eines dieser Produkte (ungefähr 0,01 bis 0,3 g im Liter).

Wie bereits weiter oben ausgeführt wurde, werden an ein Weisstönungsmittel gewisse Echtheitsanforderungen gestellt, nämlich

a) Licht- und Waschechtheit,

b) Beständigkeit gegen Säuren und in gewissen Fällen auch gegen Alkalien,

c) Eine gute Substantivität für die Fasern. Anderseits wird eine allzu grosse Substantivität nicht gewünscht, um keine Anhäufung dieser Produkte auf dem Textilmaterial infolge wiederholten Waschens mit weisstönungsmittelhaltigen Waschpulvern zu erhalten. Das Vorhandensein einer zu grossen Auflagerung infolge einer sehr grossen Substantivität kann dazu führen, dass die Ware ein violett-gräuliches Aussehen erhält.

d) Genügende Löslichkeit in gewissen Fällen, besonders für das Blankophor R. Das Anwendungsgebiet dieser Produkte ist gross. Es sei jedoch die Aufmerksamkeit noch auf die Tatsache gelenkt, dass es kaum möglich ist, es als ein Universalmittel zu betrachten. So entsteht der Aufhelleffekt in Wirklichkeit nur am Tageslicht, d. h. beim Vorhandensein einer an ultraviolettem Licht reichen Lichtquelle. Ohne Ausnahme verlieren alle optischen Weisstönungsmittel ihre Wirksamkeit bei künstlicher Belichtung, die arm an ultravioletten Strahlen ist (z. B. in den Schaufenstern). Infolgedessen ist die Verbesserung des Weiss mit diesen Produkten bei künstlicher Belichtung geringer als bei Verwendung von Farbstoffen oder von Ultramarin.

Es ist daher wichtig, diese Produkte nur in jenen Fällen anzuwenden, wo sie wirklich zur Geltung kommen, so z. B. bei Geweben, die man nur einer teilweisen Bleiche unterwirft, um sie zu schonen. In diesem Falle kann der leicht gelbliche Stich der Ware durch Zugabe eines Aufhellungsmittels zum Waschbad ausgelöscht werden. Die Qualität der Ätz- und Reserviereffekte kann damit ebenfalls nach der Ausrüstung noch verbessert werden. Ein interessantes Resultat kann erzielt werden, wenn man diese Produkte dazu verwendet, die hellen Färbungen noch klarer zu machen, und zwar besonders Pastellfarben (Himmelblau, Grünlich, Jade).

Das interessanteste Verwendungsgebiet scheint bei der Hauswäsche zu liegen. In diesem Falle gibt man diese Produkte zum Seifenbad oder zur Bleichlauge. Das Aussehen der Ware lässt sich dadurch ganz deutlich verbessern, ohne dass man dabei zu Bleichmitteln wie Javel-Wasser oder Perborat Zuflucht nehmen muss.

Bei der Gewebeappretur werden die Weisstönungsmittel jedoch üblicherweise zur Verbesserung der Qualität gewisser Weisstöne verwendet, die einen leichten Gelbstich zu besitzen scheinen. Die Verbesserung, die sich dabei erzielen lässt, erlaubt in den meisten Fällen eine befriedigende Art der Anbietung der Waren an die Kundschaft.

Die optischen Bleichmittel besitzen eine verschiedene Fluoreszenz, die von Rotviolett bis Blau und Blaugrünlich geht. Die rotviolette Fluoreszenz scheint dabei nicht besonders geschätzt zu sein. Vielmehr versucht man, Produkte herzustellen, die eine blaue oder noch besser eine blaugrünliche Fluoreszenz aufweisen. Die rötlich fluoreszierenden Produkte können durch Zugabe gewisser grüner Farbstoffe verbessert werden, wie dies z. B. beim Blankophor R der I.G. Farbenindustrie der Fall ist, dessen rötliche Fluoreszenz durch Zusatz eines grünen Farbstoffes, des Anthralangrüns GR, abgetönt wird. Das so erhältliche Produkt kommt dann unter der Bezeichnung Blankophor R G auf den Markt.

Man ging auch dazu über, eine ziemlich grosse Menge Harnstoff zuzusetzen, welcher als hydrotroper Körper wirkt und die Auflösung des optischen Aufhellungsmittels ermöglicht oder verbessert.

Gruppe I. Derivate der 4,4'-Diamino-2,2'-stilbendisulfonsäure.

Die 4,4'-Diamino-2,2'-stilbendisulfonsäure

$$H_2N-\langle\ \rangle(SO_3Na)-CH=CH-\langle\ \rangle(SO_3Na)-NH_2$$

ist ein Ausgangsprodukt zahlreicher Weisstönungsmittel. Man stellte fest, dass die Diaminostilbendisulfonsäure selbst sowie all ihre Derivate, bei denen die Aminogruppe, die direkt an einen Benzolkern gebunden ist, nicht substituiert ist, eine sehr schlechte Lichtechtheit besitzen. Man hat sich daher bemüht, die Lichtbeständigkeit durch Ersatz der Wasserstoffatome der Aminogruppe durch andere Reste zu verbessern. Eine solche Substitution wurde ebenfalls für die Verbesserung der Wasserechtheit ins Auge gefasst. In der Tat brachte dann auch eine Substitution der Wasserstoffatome der Aminogruppen durch Benzoyl-, Harnstoff-, Triazin-, Polymethyloltriazin-Reste den gewünschten Erfolg, da dadurch Produkte erhalten wurden, die eine ausgezeichnete Wasser- und Lichtechtheit sowie eine sehr gute Affinität zu den Textilfasern aufweisen.

Indem man von der Diaminostilbendisulfonsäure ausging, gelangte man durch Variation der Reste R und R_1 zu interessanten Verbindungen:

$$R-NH-\langle\ \rangle(SO_3Na)-CH=CH-\langle\ \rangle(SO_3Na)-NH-R_1$$

R und R_1 können dabei zum Beispiel die folgenden Reste bedeuten:

$H_2N-\langle\ \rangle-CO-$ *(schweiz. P. 223.536)*

$X-NH-CO-$, z. B. $\langle\ \rangle-NH-CO-$

CH_3-CO- *(amer. P. 2.080.413)*

$\langle\ \rangle-CO-$

$H_2N-CO-\langle\ \rangle-$

$\langle\ \rangle-CO-NH-\langle\ \rangle-$

$H_3C-\langle\ \rangle-CO-NH-\langle\ \rangle-$

$\langle\ \rangle-NH-CO-NH-\langle\ \rangle-$

Die Diaminostilbendisulfonsäure wurde überdies auch als Papierhilfsmittel verwendet und kann nach *brit. P. 422.530* als fluoreszierendes Mittel dem Papier zugegeben werden, um so Fälschungen von Banknoten rasch zu erkennen.

Stilbenderivate waren bereits früher zur Herstellung von Färbungen verwendet worden, die dann unter dem Einfluss des ultravioletten Lichts zu fluoreszieren vermochten.

Ein solches Substitutionsprodukt der Diaminostilbendisulfonsäure stellt auch das Blankophor R[1]) der I.G. Farbenindustrie dar, welches folgender Formel entspricht:

$$\text{C}_6\text{H}_4-\text{NH}-\text{CO}-\text{NH}-\underset{\text{SO}_3\text{Na}}{\text{C}_6\text{H}_3}-\text{CH}=\text{CH}-\underset{\text{SO}_3\text{Na}}{\text{C}_6\text{H}_3}-\text{NH}-\text{CO}-\text{NH}-\text{C}_6\text{H}_4$$

4,4′-Di-(anilido-karbamido)-stilbendisulfonsäure

R und R_1 sind also eine

$$-\text{CO}-\text{NH}-\text{C}_6\text{H}_5 \quad \text{Gruppe,}$$

d. h. es handelt sich um ein Anilid. Es wird aus 2 Mol Phenylisocyanat und 1 Mol Diaminostilbendisulfonsäure erhalten.

Das entsprechende Produkt von Sandoz ist das Leukophor R.

Die Blankophormarken R und B werden zur Zeit von den Farbenfabriken Bayer in Leverkusen hergestellt.

Auf das Blankophor R bezieht sich eine Reihe von Patenten der I.G. Farbenindustrie, nämlich *schweiz. P. 223.536*, 1942; *D.R.P. 746.569*, 1944, und *brit. P. 522.672*, welche Substitutionsprodukte behandeln, bei denen der Rest R die allgemeine Formel

$$R = X-NH-CO-$$

hat. X kann dabei ein Wasserstoffatom oder ein organischer Rest sein. Diese Produkte werden dann also der folgenden Formel entsprechen:

$$\text{X}-\text{NH}-\text{CO}-\text{NH}-\underset{\text{SO}_3\text{Na}}{\text{C}_6\text{H}_3}-\text{CH}=\text{CH}-\underset{\text{SO}_3\text{Na}}{\text{C}_6\text{H}_3}-\text{NH}-\text{CO}-\text{NH}-\text{X}$$

Blankophor R ist sehr schlecht löslich und ist daher eine Mischung von 74% Harnstoff und 7,4% des obigen Weisstönungsmittels. Man stellt Blankophor aus p-Nitrotoluol-2-sulfonsäure her, das man in Gegenwart von Natronlauge und Mangansulfat mit Oxydationsmitteln behandelt. Es bildet sich dann die Dinitrostilbendisulfonsäure, welche mit Eisen zu Diaminostilbendisulfonsäure reduziert wird. Hierauf gelangt man durch Behandlung mit Phenylisocyanat zum

---

[1]) *Amer. P. 2.089.413* der I.G. Farbenindustrie.

Blankophor R. Dieses Weisstönungsmittel besitzt eine rotviolette Fluoreszenz, die nur wenig geschätzt wird, sich aber leicht durch Zugabe eines grünen Farbstoffes, in diesem Falle von Anthralangrün, korrigieren lässt. Diese verbesserte neue Marke befindet sich unter der Bezeichnung Blankophor R G auf dem Markt.

Blankophor R ist gut licht-, wasser- und waschecht, aber nur schlecht alkali- und säurebeständig.

In den *D.A. 68.293, 68.416 68.644,* und *68.685*[1]) der I.G. Farbenindustrie werden die Abkömmlinge des Äskulins, der Diaminostilbendisulfonsäure, der Benzidinsulfonsäuren, der Thiazole, der Terephtalsäure, der Amino- oder Oxynaphtalinsulfonsäuren und des Anthrachinons ganz allgemein erwähnt. Im speziellen wird dann noch auf die Verbindungen eingegangen, die vom Typus des Blankophor R sind und sich allgemein so formulieren lassen:

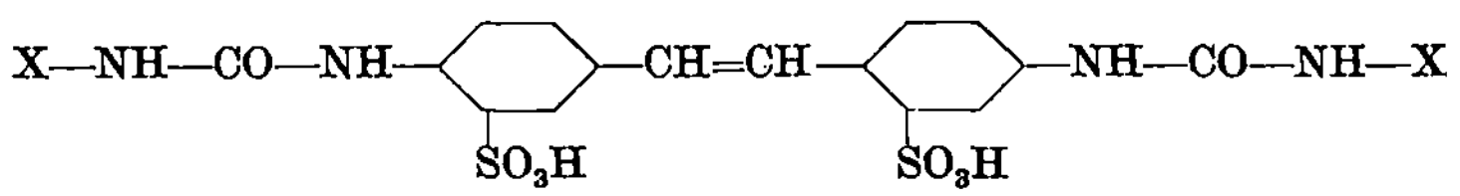

$$X-NH-CO-NH-\langle\rangle-CH=CH-\langle\rangle-NH-CO-NH-X$$

X = Wasserstoff oder organischer Rest.

Ist X ein Triazylrest

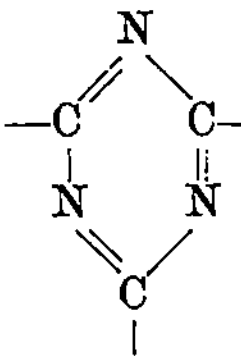

z. B.

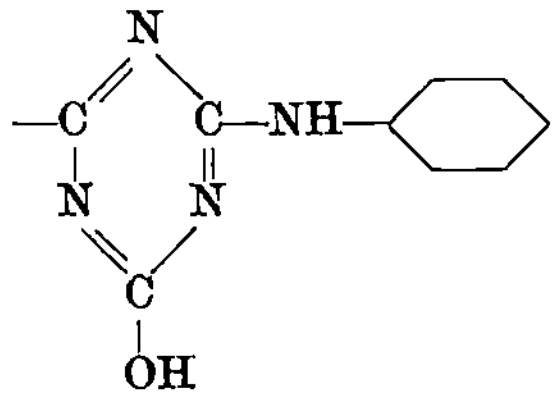

2-Oxy-4-phenylamino-1,3,5-triazylrest

so gelangt man zu Produkten wie dem Blankophor B der I.G. Farbenindustrie, d. h. zur 4,4'-bis(2-oxy-4-phenylamino-1,3,5-triazyl-(6))-diaminostilbendisulfonsäure

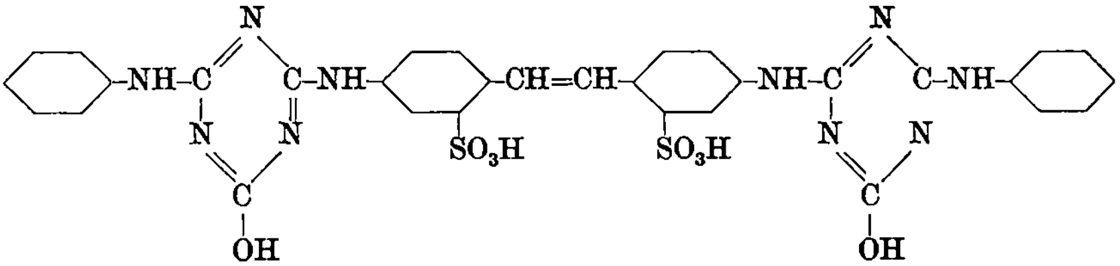

Die Patente[2]), die diese Gruppe von Produkten schützen, sind die *franz. P. 851.904, 870.470, 874.939, 877.596, 877.623, 888.623, 1942; brit. P. 471.866, 491.539; schweiz. P. 224.613, 1943, 225.337, 1943.*

---

[1]) *D. A. 68.685* erwähnt die Bis-(p-diaminobenzoyl)-benzidin-3,3'-disulfonsäure.
[2]) Teintex 1943, S. 123, und 1945, S. 49; B.I.O.S. Reports Nr. 259, 1088, 1154, 1455, 1574; J. Soc. D. and Col. 1946, *62,* S. 322, und 1948, *64,* S. 35.

Blankophor B wird durch Umsetzung von 2 Mol Cyanurchlorid mit 1 Mol Diaminostilbendisulfonsäure und 2 Mol Anilin erhalten.

Das *schweiz. P. 224.613* der I.G. Farbenindustrie erwähnt besonders die 4,4'-bis(2-oxy-4-phenylamino-1,3,5-triazyl-(6)-diaminostilbendisulfonsäure, d. h. das Blankophor B selbst. Daneben wird noch eine kompliziertere Verbindung der folgenden Formel angegeben:

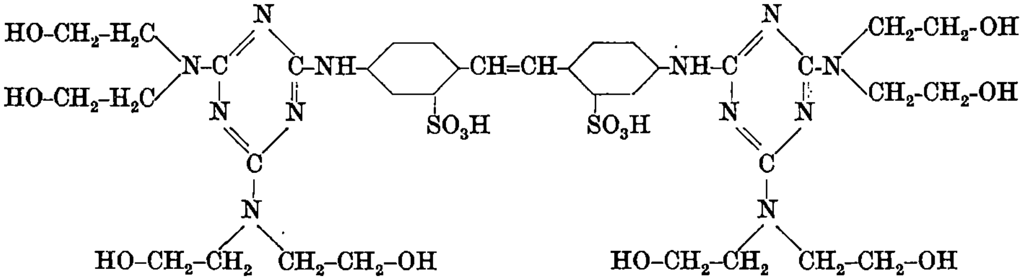
HO-CH2-H2C
HO-CH2-H2C
N-C
C-NH
N
N
N
C
N
CH=CH
SO3H
SO3H
NH-C
C-N
CH2-CH2-OH
CH2-CH2-OH
HO-CH2-CH2
CH2-CH2-OH
HO-CH2-CH2
CH2-CH2-OH

Blankophor B besitzt eine blaue Fluoreszenz, die leicht gegen das Violett hin geht. Seine Affinität zu den Zellulosefasern darf als gut bezeichnet werden. Die Licht-, Wasser- und Waschechtheit ist gut, hingegen ist es gegenüber der Einwirkung von Säuren und Alkalien empfindlich.

Die Diaminostilbendisulfonsäurederivate waren ebenfalls Gegenstand von Untersuchungen der Imp. Chem. Ind., die in den *brit. P. 624.051, 624.052,* und *623.849* sowie im *schweiz. P. 269.482* Äthanolaminotriazylderivate der Diaminostilbendisulfonsäure empfehlen:

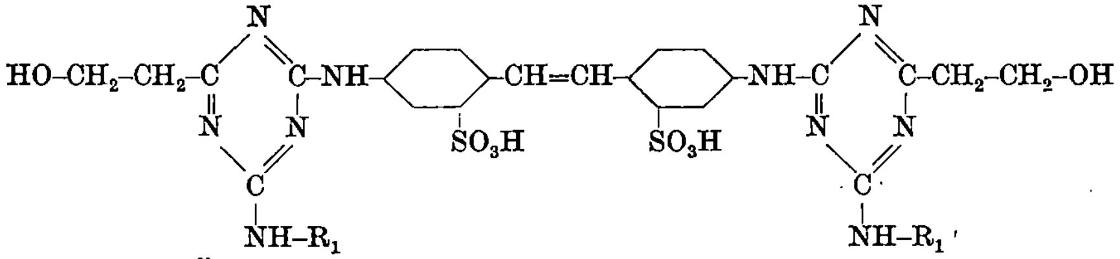
HO-CH2-CH2-C
C-NH
N
N
N
C
NH-R1
CH=CH
SO3H
SO3H
NH-C
C-CH2-CH2-OH
NH-R1
Äthanolaminotriazyldiaminostilbendisulfonsäurederivat

In die gleiche Gruppe gehören auch noch die Arbeiten von Geigy, die sich auf solche Produkte beziehen, die unter dem Namen Tinopal BV und BVA in den Handel gebracht wurden. Nach den Angaben der *schweiz. P. 237.394, 239.478, 239.479, 239.480; brit. P. 472.473* und *öst. P. 162.947* sind dies Derivate mit Aminotriazylgruppen, die nachträglich noch mit Formaldehyd behandelt werden, so z. B. das Kondensationsprodukt von 4,4'-bis-(2-amino-4-phenylamino-1,3,5-triazyl-(6))-diaminostilbendisulfonsäure mit zwei Molekülen Formaldehyd.

So gelangt man nach den Angaben der *öst. P. 162.947*, 1949 und *brit. P. 595.065*, 1947[1]) zu blau fluoreszierenden Produkten von sehr

[1]) Siehe auch *franz. P. 987.803* (eingereicht 3. 6. 1949, veröff. am 20. 8. 1951).

guter Licht-, Wasser- und Waschechtheit. Überdies ist die Säure- und Alkaliechtheit infolge der Kondensation mit Formaldehyd gut. Es handelt sich hier um Derivate der Aminostilbendisulfonsäure, die eine oder mehrere 1,3,5-Triazylgruppen enthalten, von denen mindestens eine eine freie Aminogruppe besitzt, z. B.

R = 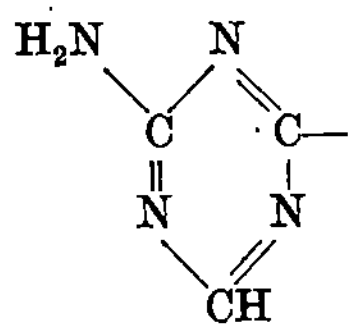 nachträglich mit Formaldehyd kondensiert

oder

R = 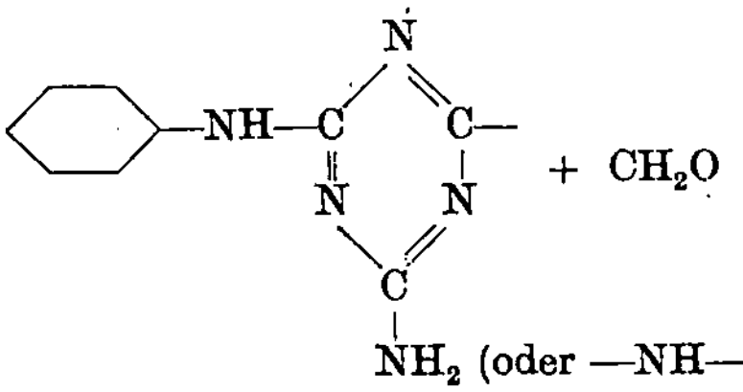

So eignet sich z. B. zur Bildung eines Kondensationsprodukts mit Formaldehyd die 4,4'- bis-(2-amino-4-phenylamino-1,3,5-triazyl-(6))-diaminostilben-2,2'-disulfonsäure:

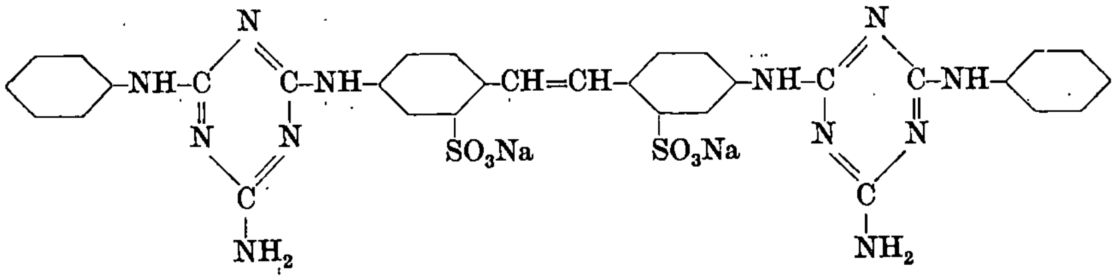

Geigy empfiehlt im *franz. P. 987.803* Verbindungen der allgemeinen Formel

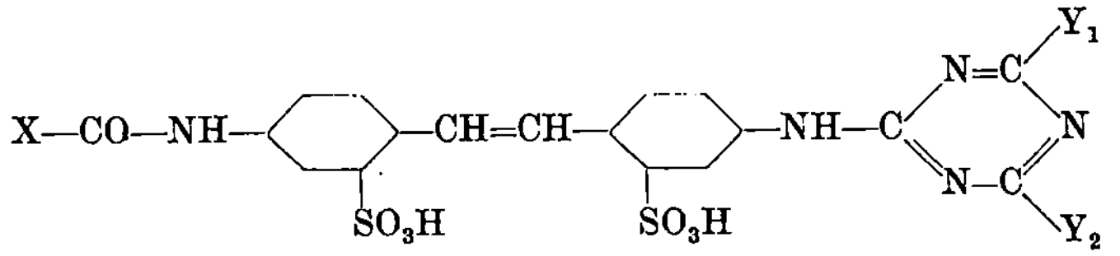

wobei X einen Alkyl- oder Oxyalkylrest von niederem Molekulargewicht, Y_1 und Y_2 primäre, sekundäre oder tertiäre Aminogruppen bedeuten.

Diese Produkte erhält man durch Kondensation von Aminonitrostilbendisulfonsäure mit Cyanurchlorid beim Arbeiten mit äquimolaren Verhältnissen. Hierauf lässt man ein Molekül dieses Kondensationsprodukts mit zwei Molekülen einer Stickstoffbase reagieren und reduziert anschliessend die Nitrogruppe zur Aminogruppe, die dann mit Hilfe eines aktiven Fettsäurederivats oder eines Esters azyliert wird.

Zum Schluss wird noch mit Formaldehyd behandelt, um die mit dem Cyanurchlorid eingeführten primären Aminogruppen zu verändern.

In der Patentschrift findet sich das folgende Beispiel:

Man kondensiert bei einer Temperatur zwischen 0 und 4° C 18,5 Teile Cyanurchlorid mit einer wässerigen Lösung von 41,2 Teilen 4-Amino-4'-azetylaminostilbendisulfonsäure. Das Reaktionsprodukt enthält dann noch am 1,3,5-Triazinring zwei Chloratome, die man nun mit 21,4 Teilen Methylanilin in schwach saurer Lösung zur Reaktion bringt. Dabei arbeitet man zuerst bei 20 bis 22° C und steigert dann die Temperatur auf 90 bis 95° C. Durch Aussalzen wird diese Verbindung abgeschieden und abgetrennt und, wenn nötig, durch Umkristallisation gereinigt, wobei man noch Stoffe zugibt, die entweder die schwach gefärbten Nebenprodukte absorbieren oder zerstören. Das getrocknete Produkt ist ein schwach gelbliches Pulver, zieht aus einem wässerigen, schwach sauren oder neutralen Bade auf die Wolle und verleiht ihr eine vollkommen weisse Farbe beim Tageslicht, wenn die Wolle vorgängig gebleicht wurde. Die Wasch- und Nassechtheiten des Aufhelleffektes sind befriedigend. Auch die Lichtechtheit ist gut, und die Säure- und Alkaliechtheit sind geradezu hervorragend.

Diese Verbindung lässt sich ferner nach dem folgenden Herstellungsverfahren gewinnen: Man lässt unter den oben angegebenen Bedingungen Cyanurchlorid mit 4-Amino-4'-nitrostilben-2,2'-disulfonsäure reagieren, fügt das Methylanilin zu und reduziert nach Beendigung der Kondensation die Nitrogruppe mit Eisen und Salzsäure nach dem Verfahren von Béchamp und azetyliert das Reduktionsprodukt mit Essigsäureanhydrid in wässeriger Lösung.

In den *öst. P. 164.035* und *164.036*, 1949, hat Geigy auch die Verwendung von Derivaten der 4,4'-Diaminostilbendisulfonsäure-(2,2'), bei denen ein Wasserstoffatom einer Aminogruppe durch den Rest

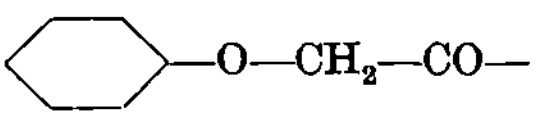

$$\text{\Large⬡}\text{—O—CH}_2\text{—CO—}$$

substituiert ist, während ein Wasserstoffatom der andern Aminogruppe durch einen Triaminotriazyl-(1,3,5)-Rest ersetzt wird, als optische Weisstönungsmittel empfohlen. Man gelangt also zu Körpern der allgemeinen Formel

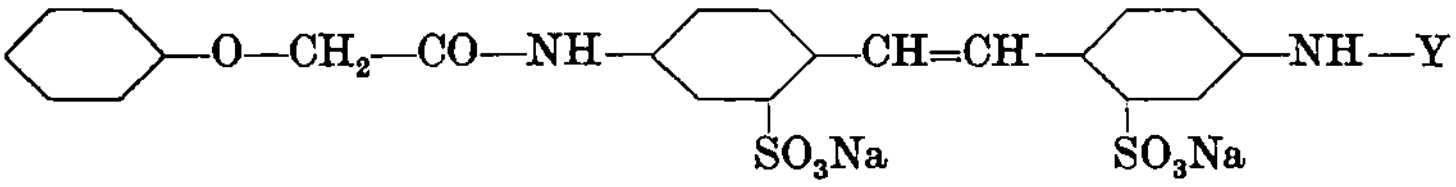

$$\text{\Large⬡}\text{—O—CH}_2\text{—CO—NH—}\underset{\text{SO}_3\text{Na}}{\text{\Large⬡}}\text{—CH=CH—}\underset{\text{SO}_3\text{Na}}{\text{\Large⬡}}\text{—NH—Y}$$

wobei Y ein mit Aminogruppen substituierter Triazin-(1,3,5)-Ring darstellt.

Im gleichen Patent ist auch die Rede von Verbindungen wie

$$Y-NH-\langle\rangle-CH=CH-\langle\rangle-NH-CO-X-R$$
$$SO_3H \qquad SO_3H$$

wobei R = Alkyl- oder Arylrest

Y = mit einer niedermolekularen Aryloxyfettsäure azylierte Gruppe.

X = direkte Bindung an Kohlenstoff oder —O—, —NH—, —CH$_2$—O— usw.-Brücke.

Die aus dem Jahre 1950 stammenden *amer. P. 2.527.425, 2.527.426* und *2.527.427* stellen eine Erweiterung in den Arbeiten der Firma Geigy auf dem Gebiete der optischen Aufhellungsmittel dar, die einen Teil der Diaminostilbendisulfonsäurederivate bilden. Es handelt sich in diesem Falle um Verbindungen, bei denen die polaren Substituenten einerseits z. B. Azylreste oder Aryloxyazetylreste (Y) und andererseits Alkyl-, Aryl- oder Alkoxyreste oder auch Aralkyl-, Azylamino- oder Oxyalkylreste (Z) sind, so z. B.

$$Y-NH-\langle\rangle-CH=CH-\langle\rangle-NH-CO-Z$$
$$SO_3H \qquad SO_3H$$

Im *amer. P. 2.521.665*, 1950, von Geigy wird ein optisches Aufhellungsmittel beschrieben, das ein Derivat der Diaminostilbendisulfonsäure ist, die einen Substituenten R =

$$CH_3-\langle\rangle-CO-$$
$$OR$$

trägt. So besitzt z. B. die Verbindung folgender Formel

$$CH_3-\langle\rangle-CO-NH-\langle\rangle-CH=CH-\langle\rangle-NH-CO-\langle\rangle-CH_3$$
$$OR \qquad SO_3Na \qquad SO_3Na \qquad OR$$

eine rein blaue Fluoreszenz und eine gute Affinität gegenüber pflanzlichen Fasern.

In den *franz. P. 973.938*, 1951; *schweiz. P. 263.256, 263.935,* (1949) und *öst. P. 164.035, 164.036*, 1949, machte Geigy die interessante Beobachtung, dass die Abkömmlinge der 4,4′-Diaminostilbendisulfonsäure der allgemeinen Formel

$$Aryl-X-CO-NH-\langle\rangle-CH=CH-\langle\rangle-NH-Y$$
$$SO_3H \qquad SO_3H$$

ausgezeichnete optische Bleichmittel sind. X bedeutet dabei eine zweiwertige Atomgruppierung und Y einen in 3,5-Stellung substituierten 1,3,5-Triazinkern. Diese Weisstönungsmittel besitzen eine gute Affinität zur Wolle. Sie zeichnen sich durch eine reinblaue oder eine grünblaue Fluoreszenz aus und besitzen eine gute Beständigkeit gegen Licht und Feuchtigkeit.

Das Aryl-X—CO-Radikal sowie die zweiwertige Atomgruppierung X zwischen dem Arylrest und der Karbonylgruppe kennzeichnen diese neuen Verbindungen.

X kann hier die folgenden Atomgruppierungen umfassen: —O—, —NH—, —Alkylen—: (—CH_2—), —O-Alkylen—, —S-Alkylen—, aber ganz besonders —O— und —O—CH_2—.

Diese neuen Verbindungen eignen sich speziell zum Aufhellen der Wolle nach den Methoden des sauren Färbens der Wolle, indem man sie aus einem warmen, sauren Farbbad aufziehen lässt.

Im *franz. P. 974.438* (eingereicht am 29. Oktober 1948, veröff. am 22. Februar 1951), einem Zusatz zu den vorherigen Patenten, findet man eine Tabelle, die die verschiedenen Substitutionsmöglichkeiten erläutert, wenn man von der allgemeinen Formel

$$Y—NH—\langle \bigcirc \rangle—CH{=}CH—\langle \bigcirc \rangle—NH—CO—X—R$$

ausgeht. (mit SO_3H an beiden Ringen)

Nr.	Y	–X–R
1.	$\langle \bigcirc \rangle$–O–CH_2–CO–	–CH_3
2.	CH_3–$\langle \bigcirc \rangle$–O–CH_2–CO–	–CH_3
3.	$\langle \bigcirc \rangle$–O–CH_2–CO– (OCH$_3$)	–CH_3
4.	Cl–$\langle \bigcirc \rangle$–O–CH_2–CO–	–CH_3
5.	Cl–$\langle \bigcirc \rangle$–O–CH_2–CO– (Cl)	–CH_3
6.	CH_3–$\langle \bigcirc \rangle$–O–CH_2–CO–NH–$\langle \bigcirc \rangle$–O–CH_2–CO–	–CH_3
7.	Cl–$\langle \bigcirc \rangle$–O–CH_2–CO–NH–$\langle \bigcirc \rangle$–O–CH_2–CO–	–CH_3
8.	Cl–$\langle \bigcirc \rangle$–O–CH_2–CO–	–CH_2–CH_3
9.	Cl–$\langle \bigcirc \rangle$–O–CH_2–CO–	–CH_2–CH_2–CH_3
10.	Cl–$\langle \bigcirc \rangle$–O–CH_2–CO–	–CH$\begin{smallmatrix}CH_3\\CH_3\end{smallmatrix}$
11.	$\langle \bigcirc \rangle$–O–CH_2–CO–	–$\langle \bigcirc \rangle$

Geigy hat beobachtet, dass die Derivate des 4, 4′-Diaminostilbens, die der allgemeinen Formel

$$Y-NH-\langle\rangle-CH=CH-\langle\rangle-NH-X-R$$
$$Z \qquad Z$$

gehorchen, verschiedene gute Eigenschaften besitzen. Dabei bedeuten X eine direkte Kohlenstoffverbindung oder eine Atomgruppierung mit zwei Wertigkeiten, wie z. B. —O—, —NH—, Alkylen —O—, Alkylen —S— und Alkylen —SO$_2$—, Y ein Azylrest einer Oxyarylfettsäure niederen Molekulargewichts, R ein Alkyl- oder Arylrest, der mit irgendeiner Gruppe substituiert sein kann mit Ausnahme einer Sulfonsäure, und Z eine Sulfo- oder Karboxylgruppe.

Diese Verbindungen sind durch eine gute Wasserlöslichkeit, eine hohe Affinität zu den Textilfasern, eine blaue bis blaugrüne Fluoreszenz, eine bessere Lichtechtheit und eine mittlere Beständigkeit gegen Feuchtigkeit gekennzeichnet. Aus diesen Gründen eignen sich diese Produkte sehr gut zum Aufhellen sowohl der Wolle als auch der Zellulosefasern oder von Fasermischungen dieser beiden Fasertypen. Die mit den besagten Mitteln behandelten Fasern haben eine sehr gute Weissqualität. Bei leichtem Waschen mit Seife ergibt sich eine gute Beständigkeit in feuchtem Zustande. Immer lösen sich zum grössten Teil diese Produkte beim kochenden Waschen mit Seife ab. Auf diese Art besteht keine Gefahr, dass sich die Weisstönungsmittel bei häufigem Gebrauch auf der Faser ansammeln. Sie können sehr gut den Waschmitteln für die Hauswäsche zugegeben werden. Auch eignen sie sich als Zusatz zu den Spülwassern bei der Weisswäsche.

Man erhält diese neuen Aufhellmittel durch vollständige Azylierung, und zwar entweder mit Hilfe von Azylierungsmitteln, die sich für die Einführung eines Radikals der allgemeinen Formel R—X—CO— in die 4,4′-Diaminostilbensulfonsäure oder die monoazylierte Monokarbonsäure eignen, oder mit Hilfe eines oxyarylierten Fettsäurederivates. Unter den Azylierungsmitteln zur Einführung des R—X—CO— Radikals seien die niedermolekularen Fettsäureanhydride sowie die Halogenide dieser Säuren genannt.

Bedeutet X ein Sauerstoffatom, so verwendet man als Azylierungsmittel Ester einer Chlorkarbonsäure, wie z. B. den Äthylester.

Die Amer. Cyanamid Corp. hat ihrerseits im *amer. P. 2.468.431,* 1949, die Verbindungen empfohlen, die o-Alkoxybenzoylreste enthalten, wie

$$\langle\rangle-CO- \text{ oder } \langle\rangle-CO-$$
$$OCH_3 \qquad OC_2H_5$$

Die gleichen Gedankengänge findet man in den Arbeiten der Unilever (Lever Brothers), die den Gegenstand der *brit. P. 584.435* 1947, *584.436*, 1947, *585.549*, 1947; *schweiz. P. 252.517, 252.518,* 1948, *270.035; franz. P. 925.640, 925.641,* 1947 bilden. Diese Patente beziehen sich alle auf Abkömmlinge der Diaminostilbendisulfonsäure, die an den Aminogruppen durch p-Aminobenzoyl- oder p-Azetyl-aminobenzoylreste substituiert sind. Es werden dabei die folgenden optischen Bleichmittel empfohlen:

$$H_3C{\diagdown}N{-}CO{-}\langle\rangle{-}NH{-}\langle\rangle(SO_3Na){-}CH{=}CH{-}\langle\rangle(SO_3Na){-}NH{-}\langle\rangle{-}CO{-}N{\diagup}^{CH_3}_{CH_3}$$

Natriumsalz der 4,4′-Di-(-p-dimethylaminobenzoylamino)-stilbendisulfonsäure
(franz. P. 925.640; brit. P. 584.435)

oder

$$H_2N{-}\langle\rangle{-}CO{-}NH{-}\langle\rangle(SO_3Na){-}CH{=}CH{-}\langle\rangle(SO_3Na){-}NH{-}CO{-}\langle\rangle{-}NH_2$$

Natriumsalz der 4,4′-Di-(p-aminobenzoylamino)-stilben-2,2′-disulfonsäure
(brit. P. 584.436)

oder

$$\langle\rangle{-}CO{-}NH{-}\langle\rangle(SO_3H){-}CH{=}CH{-}\langle\rangle(SO_3H){-}NH{-}CO{-}\langle\rangle$$

4,4′-Di-benzoylaminostilben-2,2′-disulfonsäure *(brit. P. 585.549)*

oder

$$CH_3{-}CO{-}NH{-}\langle\rangle{-}CO{-}NH{-}\langle\rangle(SO_3H){-}CH{=}CH{-}\langle\rangle(SO_3H){-}NH{-}CO{-}\langle\rangle{-}NH{-}CO{-}CH_3$$

4,4′-Di-(p-azetylaminobenzoylamino)-stilben-2,2′-disulfonsäure
(schweiz. P. 252.517, 252.518; franz. P. 925.641)

Im *brit. P. 584.435*, 1947, empfiehlt Unilever als Hilfsmittel für Spülwässer für die Wäsche die Verbindung, die sich von der Diamino-stilbendisulfonsäure ableitet und deren Rest R eine p-Methylbenzoyl-gruppe ist

$$CH_3{-}\langle\rangle{-}CO{-}\quad\text{oder}\quad H_2N{-}CO{-}$$

z. B. 4,4′-Di-(p-methylbenzoylamino)-stilben-2,2′-disulfonsäure

Anderseits erwähnt die gleiche Firma im *brit. P. 585.549*, 1947, ein Benzoylaminoderivat, z. B. das Natriumsalz der 4,4′-Di-(p-amino-benzoylamino)stilben-2,2′-disulfonsäure.

Die gleiche Firma ging auch dazu über, rein blau fluoreszierende Weisstönungsmittel herzustellen, die Komplexverbindungen aus Harn-stoff und der 4-Amino-4′-benzoylamino-stilben-2,2′-disulfonsäure sind.

Diese Körper werden in den *brit. P. 584.484*, 1947, und *596.324*, 1948, beschrieben (siehe ebenfalls das *brit. P. 596.405*).

Es handelt sich um ein Produkt der folgenden Formel:

$$O=C \begin{cases} NH-\langle\ \rangle-CH=CH-\langle\ \rangle-NH-CO-\langle\ \rangle \\ NH-\langle\ \rangle-CH=CH-\langle\ \rangle-NH-CO-\langle\ \rangle \end{cases}$$

(mit SO_3Na-Gruppen an den inneren Ringen)

Ackermann der Sun Chemical Corp. fand, dass gewisse Aldehyd- und Ketonharze des Guanidins und Cyanoguanidins, wenn sie unter alkalischen oder fast neutralen Bedingungen kondensiert werden, farblose Öle liefern, die am gewöhnlichen Tageslicht gelblich, im ultravioletten Licht aber sehr lebhaft blaugrün fluoreszieren.

Nach seinen Angaben im *amer. P. 2.541.184*, 1951, sind diese Harze wasserlöslich, können aber durch Methanol ausgefällt werden und unter alkalischen Bedingungen zu unlöslichen Körpern kondensiert werden. Diese Harze kann man in Lösung oder Dispersion mit andern Harzen mischen, wie sie etwa zur Herstellung von Schrumpffreiappreturen verwendet werden. Der Fluoreszenzeffekt ist dabei im Gegensatz zu den optischen Bleichmitteln permanent.

Von den Deutschen Hydrierwerken wird in der *D.A. 93.702* bemerkt, dass auch diazylimidgruppenhaltige Stilbenderivate eine blaue Fluoreszenz besitzen.

Es ist interessant, zu erwähnen, dass diese optischen Bleichmittel auch in der Druckerei verwendet werden können, und zwar besonders zur Verbesserung der Weissqualitäten, die durch Rongalitätzen auf Azodruckfarben erhalten werden (siehe Teil I, Bd. *3*, Aufl. 2, Kap. XIII).

In dieses Gebiet gehört das *brit. P. 580.205* von R. W. Hardacre und G. S. J. White[1]). Der Anspruch des Patentes erstreckt sich auf Weissätzen von Azofärbungen, die dadurch bessere Weisseffekte ergeben, dass man kleine Mengen von 4,4'-Bis-(p-aminobenzoylamino)-2,2'-disulfostilben oder ähnlicher Verbindungen in Form ihrer Natriumsalze zu den Ätzpasten gibt.

Im *brit. P. 581.090*[2]) erwähnt die gleiche Firma, dass wie beim Ätzdruck so auch beim Reservedruck der Reservefarbe ein Weisstönungsmittel zugesetzt werden kann. Dadurch sollen weissere und leuchtendere Weissreserven erzielt werden. Als Aufhellungsmittel

---

[1]) Dyer 1946, *96*, S. 508; J. Soc. D. and Col. 1947, *63*, S. 62.

[2]) J. Soc. D. and Col. 1949, *65*, S. 279; siehe auch *kan. P. 463.753* von Robert G. Dort und C. Dreyfus, Mell. 1951, *32*, S. 489.

werden auch hier Stilbenderivate vorgeschlagen. Im angeführten Beispiel wird eine ein Stilbenderivat enthaltende Anilinschwarzreserve auf Baumwollstoff aufgedruckt, getrocknet, überpflatscht mit Anilinschwarzdruckpaste, getrocknet, gedämpft und wie üblich fertiggemacht.

Gruppe II. Thiazolderivate.

Das Thiazol ist ein heterozyklischer Fünfring mit zwei Heteroatomen, und zwar einem Stickstoff- und einem Schwefelatom.

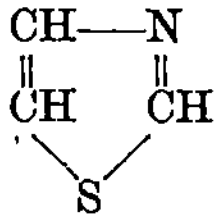

$$\text{CH–N / CH CH / S}$$

Beim Benzthiazol gehören zwei Kohlenstoffatome des Fünfrings ebenfalls noch einem Benzolring an, so dass sich dann die folgende Formel für das Benzthiazol ergibt

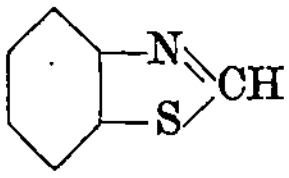

Benzthiazolderivate wurden ebenfalls als optische Bleichmittel vorgeschlagen, so z. B. die Verbindung

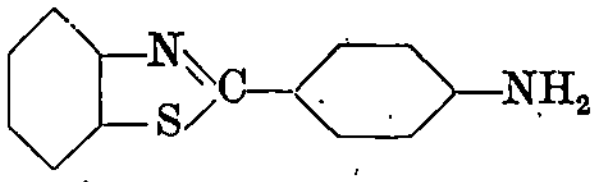

p-Aminophenylbenzthiazol

In diese Gruppe gehören die Verbindungen nach *brit. P. 584.489* der Lever Brothers. In den *schweiz. P. 265.816, 270.447, 270.448* und *270.449*, 1950, schlägt die Ciba das Reaktionsprodukt aus 2-(4-Aminophenyl)-benzthiazol und Natriumbisulfit-Formaldehyd vor.

Gruppe III. Benzimidazolderivate.

Der Imidazolring ist wie der Thiazolring ein heterozyklischer Fünfring mit zwei Heteroatomen, nur dass hier das Schwefelatom durch eine Iminiogruppe (NH) ersetzt ist.

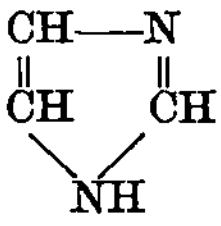

$$\text{CH–N / CH CH / NH}$$

Wie bei den Verbindungen der zweiten Gruppen spielen auch hier die Benzimidazole eine grosse Rolle.

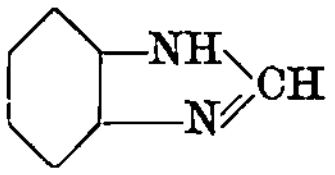

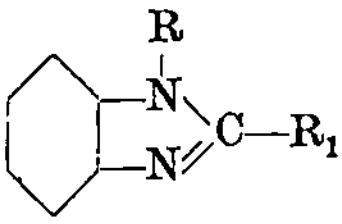

Ferner ist auch das Dibenzimidazol von Bedeutung, welchem die Formel

zukommt. Ebenfalls sei auf das Dibenzimidazyl-(2,2')-äthylen hingewiesen.

Die Weisstönungsmittel der Benzthiazolgruppe sowie der Benzimidazolgruppe bildeten den Gegenstand ausgedehnter Arbeiten der Ciba, die bereits aus den Derivaten dieser Grundkörper interessante Textilhilfsmittel auch für andere Zwecke herzustellen vermochte, so besonders Wasch- und Reinigungsmittel. Zu dieser Gruppe gehören auch die *schweiz. P. 234.509, 234.510*, 1945, und das *D.R.P. 735.478*, 1943, der I.G. Farbenindustrie, die als Aufhellungsmittel die $1,4,5$-Triphenylimidazolindisulfonsäure und ganz allgemein Sulfurierungsprodukte der 4,5-Diarylimidazoline vorschlagen.

Nach *franz. P. 988.852* (einger. am 22. Januar 1945, erteilt am 29. Oktober 1945, veröff. am 22. April 1946, schweiz. Prior. vom 29. September 1944) der Ciba kann man Fasermaterialien dadurch optisch bleichen, dass man auf ihnen wasserunlösliche Verbindungen fixiert, die eine blaue bis violette Fluoreszenz besitzen, aber das Material nicht anfärben. Solche Körper entsprechen der allgemeinen Formel

wobei Ar einen aromatischen Ring verkörpert, der unter Umständen substituiert sein kann. Zwei benachbarte Kohlenstoffatome dieses aromatischen Rings sind an zwei Stickstoffatome gebunden, die einem Imidazolring angehören. R_1 stellt eine Alkyl- oder Aralkylgruppe dar und R einen Rest mit mindestens vier aufeinanderfolgenden konjugierten Doppelbindungen, wobei die konjugierten Doppelbindungen unmittelbar an das Kohlenstoffatom des Imidazolrings anschliessen.

Diese Verbindungen verbessern die Weisseigenschaften nichtgefärbter Ware oder die Lebhaftigkeit gefärbter Materialien.

Als Beispiele für solche Weisstönungsmittel werden folgende Verbindungen genannt:

2-Styrylbenzimidazol,
1,4-Di-(benzimidazyl-(2))- benzol,
1,2-Di-(6-methylbenzimidazyl-(2))-äthylen.

Gruppe IV. Dibenzimidazolderivate[1]).

Die Dibenzimidazolderivate bildeten den Gegenstand ausgedehnter Arbeiten der Ciba. Die allgemeine Formel dieser Verbindungsklasse ist

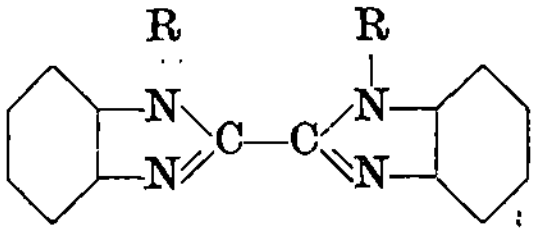

oder

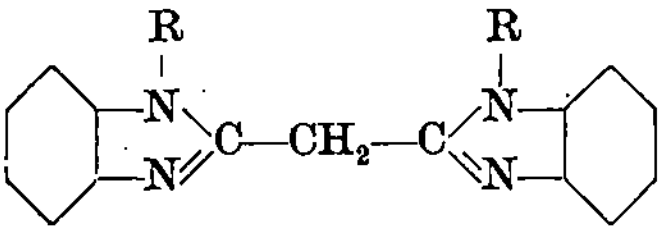

Di-(benzimidazyl (2))-methan

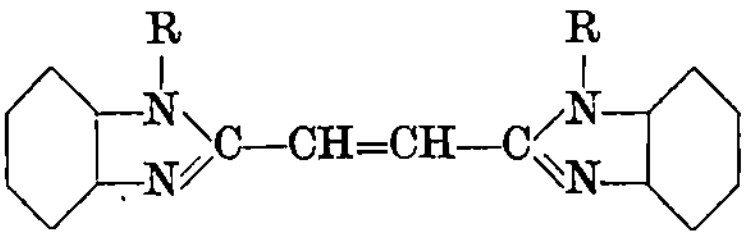

oder auch noch

1,2-Di-(benzimidazyl-(2))-äthylen

Die Grundpatente, die Verbindungen untenstehender Formeln behandeln, sind die *schweiz. P. 235.570, 238.148*, 1945, *251.643*, 1948; *brit. P. 600.696, 611.510*, 1948; *öst. P. 162.913*, 1949, *163.823; franz. P. 918.017*, 1947.

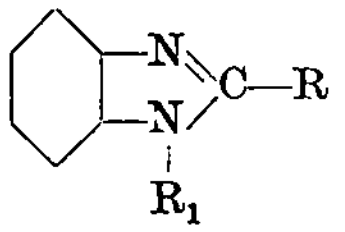

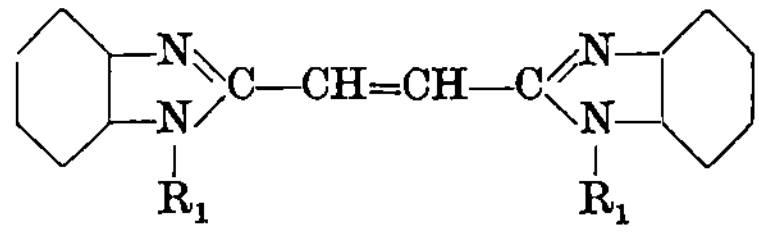

substituiertes 1,2-Di-(benzimidazyl-(2))-äthylen

Brit. P. 588.972, 1947, und *schweiz. P. 246.967*, 1947 der Ciba erwähnen Produkte mit vier konjugierten Doppelbindungen, so z. B.

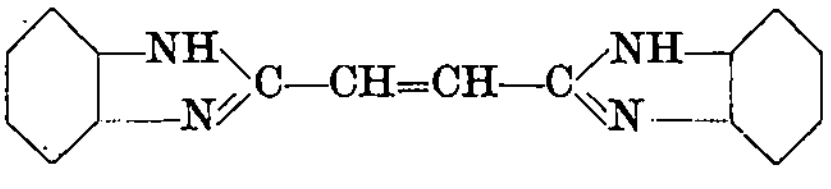

Diese Verbindungen besitzen eine gute Affinität zu den Zellulosefasern.

---

[1]) Siehe ebenfalls *schweiz. P. 246.967, 261.950, 262.958, 262.959, 263.489, 263.490, 263.491, 263.492, 263.493, 263.494*, 1947, *263.627, 267.582, 267.583, 267.584, 267.585; öst. P. 162.913*, 1949, *164.489*, sämtliche der Ciba. Diese Patente beziehen sich auf das 1,2-Di-(benzimidazyl-(2))-äthylen und seine Herstellung aus dem entsprechenden Äthanderivat mit Hilfe dehydrierender Mittel.

Diese Verbindungen werden durch Kondensation von Fumarsäure mit o-Phenylendiamin im Gemisch mit 2-Heptadecyl-N-benzylbenzimidazol erhalten.

. Die Kondensationsprodukte des 2-Methylbenzimidazols mit der Benzaldehyd-2,4-disulfonsäure bilden den Gegenstand des *schweiz. P. 238.842*, 1945.

Die *schweiz. P. 253.876*, 1948 und *261.950* der Ciba, erwähnen ihre Verwendung gemeinsam mit Reinigungs- und Waschmitteln. Die Patentschrift nennt dabei Produkte, die Derivate des Dibenzimidazols, des Dibenzimidazylmethans oder des Dibenzimidazyläthylens darstellen (siehe Formel S. 674).

Das *schweiz. P. 240.109*, 1946, der Ciba erwähnt das 1,2-Di-(benzimidazyl-(2))-äthylen, welches man erhält, wenn man o-Phenylendiamin auf Maleinsäure einwirken lässt. Siehe diesbezüglich ebenfalls die zusätzlichen *schweiz. P. 240.110, 240.111, 240.112.*

In das gleiche Gebiet gehören auch die *schweiz. P. 243.599* und *243.600*, 1947, in welchen von methylierten Derivaten des 1,2-Di-(benzimidazyl-(2))-äthylens die Rede ist. Durch Benzylierung gelangt man auch zum entsprechenden Benzylderivat. Das *schweiz. P. 243.782* 1947 sowie *schweiz. P. 243.961*, 1947 der Ciba erwähnen als optische Bleichmittel das 2,5-Di-(benzimidazyl-(2))-furan.

In den *schweiz. P. 235.570* und *243.779*, 1947, werden Sulfurierungsprodukte des 2,5-Di-(benzimidazyl-(2))-furans erwähnt, während das *schweiz. P. 243.780*, 1947, der Ciba ein Sulfurierungsprodukt des 1,4-Di-(benzimidazyl-(2))-benzols beschreibt. In einem Zusatzpatent zum *schweiz. P. 235.570*, dem *schweiz. P. 243.781*, 1947, erwähnt die Ciba das Reaktionsprodukt aus Trimethylamin und dem Amid der Methylchloressigsäure mit 1,2-Di-(benzimidazyl-(2))-äthylen.

In den *schweiz. P. 235.553* und *237.554* werden einerseits die Sulfonsäuren des 1,2-Di-(benzimidazyl-(2))-äthylens und anderseits die Kondensationsprodukte des 1,2-Di-(benzimidazyl-(2))-äthylens mit N-Methylolacetamidosulfonsäure beschrieben.

Es ist möglich, dass die sich auf diese Dibenzimidazolderivate beziehenden Arbeiten die Grundlage jener Produkte sind, die von der Ciba unter dem Namen U v i t e x auf den Markt gebracht werden.

Es kommen dabei die folgenden Marken vor:

Uvitex WS	für tierische Fasern
Uvitex RS, RBS und RT	für Zellulosefasern (RT und RS ebenfalls für Nylon)
Uvitex GS	für Zellulosefasern
Uvitex NA	für Wolle und Naturseide, Acetatkunstseide und Nylon
Uvitex TW und RSW	für Mischgewebe

Gruppe V. Kumarinderivate.

In diese Gruppe gehören besonders die Arbeiten der Unilever.

Das Kumarin ist das Lakton der Kumarinsäure, die nur in Form ihrer Salze bekannt ist, während die isomere ortho-Kumarsäure auch in freiem Zustande bekannt ist.

Kumarinsäure
cis-Form

ortho-Kumarsäure
trans-Form

Diese beiden Säuren sind o-Oxyzimtsäuren und existieren wie diese in zwei isomeren Formen (cis-trans-Isomerie).

Versucht man die Kumarinsäure rein darzustellen, so verwandelt sie sich sofort in das Lakton, welches das Kumarin darstellt.

Kumarin lässt sich nach der Methode von Perkin herstellen, wobei man von Salicylaldehyd ausgeht, den man in Gegenwart von Azetanhydrid auf Natriumazetat einwirken lässt.

Unilever empfiehlt in den *amer. P. 2.424.778*, 1947, und *öst. P. 151.635* sowie *franz. P. 928.830* zur Verbesserung des Weiss die Zugabe sehr kleiner Mengen von Kumarinderivaten zu den Bläuebädern, z. B. 0,01 g/l β-Methylumbelliferon[1]) und 0,01 g/l Ultramarin.

Das Natriumsalz der β-Methylumbelliferonessigsäure ist unter dem Namen Ultralin L bekannt, ein Produkt, welches im Jahre 1937 durch die Ultrazell AG. lanciert wurde. Man setzt Ultralin L Appreturmassen auf Stärkebasis zu (siehe diesbezüglich das *schweiz. P 192.557*, 1937, der Ultrazell AG.).

---

[1]) Betamethylumbelliferon der British Industrial Solvents Ltd. entspricht dem 7-Oxy-4-methylkumarin.

Das *franz. P. 947.589* der Ciba behandelt ebenfalls Verbindungen, die sich vom Kumarin ableiten lassen und die folgende allgemeine Formel aufweisen

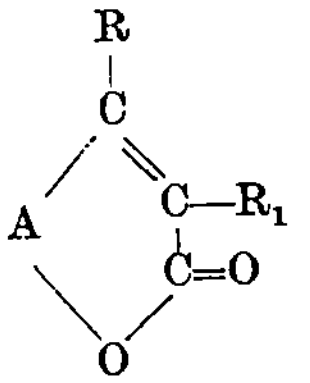

wobei A einen evtl. substituierten aromatischen Kern bedeutet, bei welchem zwei Kohlenstoffatome, die einander benachbart sind, am nicht gesättigten Laktonring teilnehmen. R und R_1 können Wasserstoffatome oder Alkyl-, Aryl- oder Aralkylreste mit oder ohne Substituenten sein, wobei mindestens einer eine Aminogruppe besitzt.

In der Patentschrift findet sich dabei folgendes Beispiel:

Man kocht 4-Methyl-7-amino-kumarin, Natriumbenzaldehyd-2,4-disulfonat in Gegenwart von Äthylalkohol und Eisessig. Nach beendeter Reaktion erhält man ein wasserlösliches Pulver von bläulicher Fluoreszenz.

Werden diese Produkte bei Geweben mit einer schmutzigen gelblichen Farbe angewendet, so wird das Weiss dieser Gewebe ganz deutlich verbessert.

Die Ciba hat Aminokumarinderivate studiert, und zwar in der Absicht, sie als Aufhellungsmittel zu verwenden. Die diesbezüglichen Patente sind die *schweiz. P. 265.707* bis *265.715*, die unter anderm auch die 1-Amino-3-benzoyl-4-methyl-7-äthyl-kumarinmonosulfonsäure erwähnen:

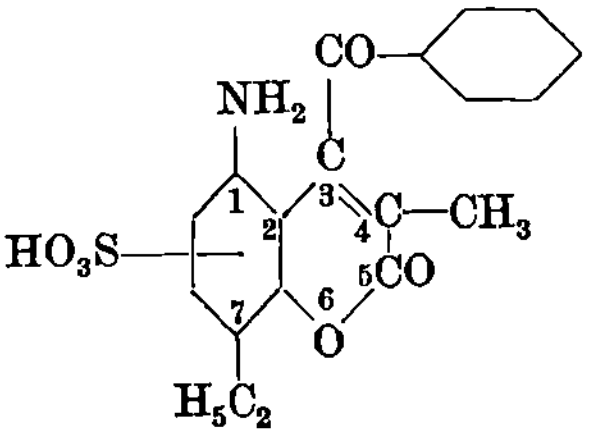

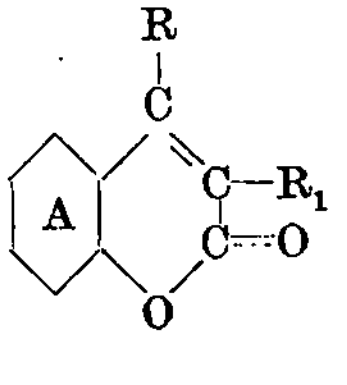

Im *franz. P. 947.589* nennt die Ciba ebenfalls Verbindungen, die sich vom Kumarin ableiten lassen und die allgemeine Formel besitzen, wobei A ein aromatischer Ring ist, der entweder substituiert sein kann oder nicht und von welchem zwei benachbarte Kohlenstoffatome am ungesättigten Laktonring teilnehmen. R und R_1 sind Alkyl-, Aryl- oder Aralkylreste.

Im *öst. P. 165.049*, 1950, der Ciba werden als optische Bleichmittel Kumarinderivate erwähnt, die die allgemeine Formel

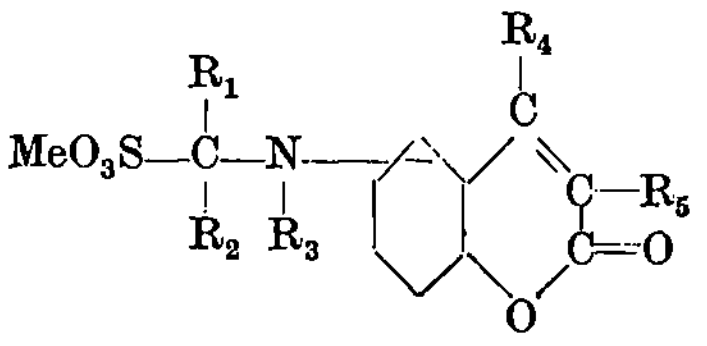

$$\mathrm{MeO_3S-\underset{R_2}{\overset{R_1}{C}}-\underset{R_3}{N}-}\text{[Ring]}\;\overset{R_4}{\underset{\underset{O}{C=O}}{C}}\!-R_5$$

besitzen, wobei R_1, R_2, R_3, R_4 und R_5 Reste sind, wie Alkyl- oder Benzoylreste.

Die Anwendung der optischen Bleichmittel[1].

Das Anwendungsgebiet dieser Aufhellungsmittel ist sehr verschiedenartig. Indessen darf man, wie bereits weiter oben ausgeführt wurde, in diesen Produkten keine Allerweltsheilmittel sehen, die geeignet sind, in allen Fällen gute Dienste zu leisten.

Die wichtigsten Anwendungsbereiche sind:

1. Aufhellen des Weiss gebleichter Textilien.

In den meisten Fällen kommen die Gewebe mit einer leicht gelblichen Färbung aus der Bleiche. Im Falle von weissen Waren können sie nicht in diesem Zustande der Kundschaft angeboten werden.

Die Verwendung von optischen Weisstönungsmitteln kann in diesem Falle sehr erfolgreich sein.

Die Anwendungsvorschriften sind von Marke zu Marke etwas verschieden.

Bei den Produkten, die zu Baumwolle, Leinen oder Viskosekunstseide eine Affinität besitzen, wie dies bei Leukophor B und R, Blankophor B und R, Uvitex RS, Tinopal BV der Fall ist, arbeitet man in einem kalten oder warmen Bad, welches Natriumsulfat enthält. Man behandelt während 20 Minuten, quetscht ab und trocknet.

Die Marken, die für die Behandlung der Wolle vorgesehen sind, werden in einem Bad angewendet, welches 0,2 bis 0,5 % Essigsäure (auf das Warengewicht berechnet) enthält. Z. B. behandelt man die Wolle in einer Lösung von 0,5 bis 4 % Uvitex WS (für Wolle, Seide,

---

[1] Ciba, Die optischen Aufhellmittel, Textil-Praxis 1949, *4*, S. 31; H. Seiche, Textil-Praxis 1949, *4*, S. 568.

Azetatseide und Nylon verwendbar) während 20 bis 30 Minuten bei 50° C. Zum Bad gibt man dabei noch 0,5% 40%ige Essigsäure.

Bei den Produkten mit einer rötlichen Fluoreszenz muss darauf geachtet werden, dass ein Überschuss vermieden wird, damit kein Weiss mit einem rötlichen Schimmer entsteht.

2. Verbesserung der Weissqualität der zu appretierenden Waren.

Die an bedruckten oder weissen Waren erhaltenen Resultate sind sehr interessant, und die Zugabe von 0,2 bis 1 g Blankophor WT, Tinopal BV oder Uvitex RS erlaubt in den meisten Fällen eine deutliche Verbesserung der Qualität.

3. Verwendung optischer Bleichmittel in den Farbbädern zur Erzielung von Pastelltönen.

Man gibt ungefähr 0,05 g/l Tinopal BV zum Färbebad und färbt wie üblich. Man kann ebenfalls besonders im Falle von mit Indigosolen und Küpenfarbstoffen gefärbter Ware ein optisches Weisstönungsmittel dem Seifbad zufügen.

4. Verwendung in der Druckerei.

Die Zugabe von 2 bis 3 g/l Tinopal BV zu einer Ätzpaste erlaubt die Qualität der Weissätze zu verbessern. Gleichzeitig ermöglicht diese Zugabe den Druck zu kontrollieren, indem die Rakelstreifen so im ultravioletten Licht sichtbar werden.

Die Anwendung der optischen Aufhellmittel ohne vorherige Bleiche kommt nur in den wenigsten Fällen in Frage, schon weil diese Produkte nicht gleichzeitig reinigend und auf die Hydrophilität der Ware steigernd wirken.

Wie bereits weiter oben ausgeführt wurde, ist der Aufhelleffekt von der Art der Lichtquelle abhängig und ist bei gewöhnlichem elektrischen Lampenlicht kaum sichtbar.

Eine Analysenmethode zur kolorimetrischen Bestimmung mit optischen Aufhellern behandelter Gewebe wird von Pinte und Rochas[1]) gegeben. Für eine solche Analyse benötigt man ein Spektrophotometer sowie ein mit geeigneten Filtern versehenes Kolorimeter. Die Messung der Fluoreszenz erfolgt dabei so, dass nur ultraviolettes Licht auf das behandelte Gewebe aufgestrahlt wird und das zurückgeworfene, d. h. in sichtbare Strahlen umgewandelte Licht mit einer Photozelle gemessen wird, vor die ein Filter für das ebenfalls reflektierte ultraviolette Licht geschaltet wird. Bei Verwendung eines Spektrophotometers ist es zudem noch möglich, die spektrale Verteilung des Fluoreszenzlichts zu bestimmen.

---

[1]) Bull. Inst. Text. France 1951, *27, 28* u. *29.*

Name	Erzeugerfirma	Zusammensetzung
Blankophor R Blankophor R extra Leukophor R Ultrosan Blancophor R	I. G. Farbenindustrie Farbenfabr. Bayer Sandoz I. G. Farbenindustrie G.D.C.	4,4′-di-(anilido-karbamido)-stil-ben-2,2′-disulfonsaures Natrium $\langle \rangle$-NH-CO-NH-$\langle \rangle$-CH=CH-$\langle \rangle$-NH-CO-NH-$\langle \rangle$ SO₃Na SO₃Na
Blankophor RG	I. G. Farbenindustrie	Blankophor R + Anthralangrün.
Blankophor B Blankophor B extra Leukophor B Uvitex RBS u. RBSN Lumisol BL	I. G. Farbenindustrie Farbenfabr. Bayer Sandoz Ciba Zimmerli	Natriumsalz der 4,4′-Bis-(2-oxy-4-phenylamino-1,3,5-triazyl-(6))-diaminostilben-2,2′-disulfon-säure
Blankophor WT Ultraphor WT Celumyl L Blancol TW Blancophor WT	I. G. Farbenindustrie B.A.S.F. S.P.C.S. Holliday G.D.C.	Natriumsalz der 4,5-Diphenylimi-dazolon-(2)-disulfosäure
Chemo Bleach P Chemo Bleach PG Chemo Bleach W	De Paul Chem. Co., Long Island N.Y.	
Uvitex RS, RT und GS	Ciba	Vermutlich Dibenzimidazoläthy-lenderivate
Uvitex WS, NA Uvitex TW Uvitex WR, RSW Leukophor WS	Ciba Ciba Ciba Sandoz	Dibenzimidazolderivate.

Literatur und Eigenschaften	Verwendungsgebiete
Schwach gelbliche, in Wasser sehr gut lösliche Pulver von anionaktivem Charakter. Sie können daher nicht zusammen mit kationaktiven Substanzen verwendet werden. Sind gegen Eisen empfindlich; Kupfer beeinträchtigt den Effekt nicht. Die Wasser- und Waschechtheit genügt nur leichten Anforderungen. Die Lichtechtheit ist begrenzt.	Ziehen wie substantive Farbstoffe aus wässerigen Flotten auf pflanzliche Fasern auf und reagieren sehr stark auf Salzzusätze. Zeigen nur wenig Affinität zu Azetatkunstseide und gar keine Affinität zu Wolle.
Schweiz. P. 223.536 (1942). *D.R.P. 746.569* (1944). *Brit. P. 522.672.* Landolt, Amer. Dyest. Rep. 1949, *38*, S. 353.	Aufhellungsmittel mit grünblauer Fluoreszenz. Besitzt Affinität zu pflanzlichen Fasern, ungeeignet für Wolle und Azetatseide.
Brit. P. 644.208, 645.413, 647.718, 647.759, 654.028, 656.110, 660.868. G. G. Taylor, J. Soc. D. and Col. 1950, *66*, S. 181. E. C. Caspar, J. Soc. D. and Col. 1950, *66*, S. 177 u. Text. Rdsch. 1948, *3*, S. 376. B. I. O. S. Reports Nr. 259, 1088, 1154, 1455, 1574.	Für Zellulosefasern, nicht aber für Zelluloseazetatfasern aus neutralem, glaubersalzhaltigem Bad. Für Wolle, Seide und Nylon aus saurem Bade.
Franz. P. 851.904, 870.470, 874.939, 877.596, 877.623, 888.623 (1942). *Brit. P. 471.866, 491.539.* *Schweiz. P. 224.613* (1943), *225.337* (1943). Mell. 1949, *30*, S. 432. F. I. A. T. Final Report Nr. 1302.	Optisches Bleichmittel für Wolle und Seide. Eignen sich auch zur Verbesserung von Weissätzen und vermögen die Brillanz der Pastellnuancen zu erhöhen.
	Die Marken P und PG sind für vegetabilische Fasern und Nylon. Die Marke W eignet sich für Wolle.
Die Marke RS ist in Wasser leicht löslich und reagiert neutral. Es ist schwach anionaktiv. Es soll nicht mit Hydrosulfit zusammen verwendet werden und ist für saure Bäder ungeeignet. Die Lichtechtheit lässt sich mit jener der Direktfarbstoffe vergleichen.	Für Zellulosefasern.
Die Marke WS ist leicht löslich; zieht bei 40° C in schwach essigsaurem Bade leicht auf die tierischen Fasern auf.	Für animalische Fasern, Azetatseide und Nylon. Für Mischgewebe.

Name	Erzeugerfirma	Zusammensetzung
Tinopal BV und BVA Tinopal WR	Geigy Geigy	Diaminostilbendisulfonsäure-derivate. Gelbliches Pulver; in kochendem Wasser löslich.
Tinopal ANA	Geigy	
Tinopal WGA	Geigy	
Calco Fluor White B, 3 R	Calco Chem. Co.	
Blankophor G extra	Farbenfabr. Bayer	
Fluotex CB	C.F.M.C.	
Calco Fluor White RW	Calco Chem. Co.	
Luminol	Onyx	
Hiltamine Arctic White extra	The Hilton-Davis Chem. Co.	
Aquatint Base Marcofluor W u. C	Maher Maher	
Blancophor SC new high conc.	G.D.C.	
Phorwite GG Phorwite RN	Pharma Pharma	

Literatur und Eigenschaften	Verwendungsgebiete
Öst. P. 162.947; schweiz. P. 237.394, 239.479, 239.480; brit. P. 472.473, 624.051, 624.052; amer. P. 2.089.413. Landolt, Amer. Dyest. Rep. 1949, *38*, S. 353; Krais, Mell. 1929, *10*, S. 468. Marke BV ist auf Zellulosefasern licht- und waschecht. Das Produkt ist beständig gegen Chlor, Superoxyde und Hydrosulfit, so dass es in Bleichbädern verwendet werden kann.	Optische Bleichmittel dieser Art geben auf Textilfasern eine bläuliche Fluoreszenz. Für Zellulosefasern, hingegen nicht für Zelluloseazetatfasern. Für Wolle und Seide Marke WR.
Besitzt eine sehr gute Lichtechtheit.	Aufhellungsmittel für Azetatreyon.
Beständig in Peroxydbleichbädern.	Aufhellungsmittel.
Alkaliecht, sollen auch nach mehreren Wäschen noch in ihrer Wirkung feststellbar sein. Chlor- und superoxydbleichecht.	Optische Bleichmittel, die Textilien aus Baumwolle oder Viskose bei ultravioletthaltigem Licht eine blaue Fluoreszenz erteilen.
Chlorbeständig; kann zu Hypochloritbleichbädern zugesetzt werden.	Aufhellungsmittel für Azetatkunstseide und Polyamidfasern.
Besitzt eine gute Affinität zu den vegetabilischen Fasern. Gibt eine bläuliche Fluoreszenz. Weisses bis gelbliches Pulver; in Wasser leicht löslich. Beständig gegen Chlor.	Aufhellungsmittel für vegetabilische Fasern und für Reyon.
Fluoreszierende Verbindung mit guter Affinität zu den meisten synthetischen und Proteinfasern. Gibt eine bläuliche Fluoreszenz, die den gelblichen Stich der Faser aufhebt. Beständig bei den verschiedenen p_H-Werten. Die Aufhellung kann mit anderen Behandlungen wie Abkochen, Bleichen, Färben und Spülen kombiniert werden. Das Produkt ist nicht wasserlöslich, aber mit Seife oder Alkoholsulfaten dispergierbar. Löst sich in Alkohol und in 10%iger Schwefelsäure.	Aufhellungsmittel, besonders zum Aufhellen von Nylon, Zelluloseazetat, Dynel, Orlon-Stapelfaser, Seide und Wolle empfohlen.
Grosse Substantivität für Baumwolle, Leinen und Reyon.	Aufhellungsmittel.
	Weisstönungsmittel für Wolle.
	Aufhellungsmittel.
	Aufhellungsmittel mit blau-grüner Fluoreszenz für Baumwolle und Reyon.

Nach dieser Methode ist es möglich, eine korrekte Analyse des mit optischen Bleichmitteln erzielten Aufhelleffektes zu erhalten. Eine qualitative und quantitative Analyse des Fluoreszenzlichtes, das von verschiedenen Handelsprodukten unter verschiedenen Anwendungsformen zurückgestrahlt wird, wird von den Verfassern gegeben. Die Farbe des Fluoreszenzlichtes erlaubt, die dominierende Farbe des fertigen Weiss vorauszusehen. Ferner wurden nach diesen Methoden auch die Lichtechtheiten verschiedener Aufheller bestimmt.

Im Grunde genommen handelt es sich hier um die Analyse eines Lichts, das auf Kosten einer unsichtbaren Strahlung des Spektrums entsteht und sich zur Farbe des Substrats hinzuaddiert.

5. Vermeidung von statischer Elektrizität auf Textilfasern.

Die Schwierigkeiten, welche durch die elektrostatische Aufladung der Textilien entstehen, wurden erst eigentlich als störend empfunden, als Fasern zur Verarbeitung kamen, deren geringe Wasseraufnahme die Bildung statischer Elektrizität begünstigt: Azetatkunstseide und vor allem die rein synthetischen Fasern. Die Entstehung dieser Ladungen wird stark begünstigt durch eine trockene Atmosphäre und vollzieht sich jedesmal, wenn zwei verschiedene Nichtleiter aufeinander gepresst, oder besser aneinander gerieben und wieder getrennt werden. Dabei hat immer der eine sozusagen eine höhere Affinität für die Elektronen und zieht sie an sich, wobei er sich negativ auflädt, während der andere durch den Mangel an Elektronen eine positive Ladung annimmt. Eine sichtbare Äusserung dieser Aufladung — wenn man von Funkenentladungen absieht — tritt auf, wenn der geladene Körper eine sehr geringe Masse aber grosse Oberfläche hat, wie dies z. B. bei Textilfasern, Geweben und Folien der Fall ist. Dann äussert sich die Ladung in Bewegung, indem die gleichmässig geladenen Teilchen sich abstossen und von ungleichmässiggeladenen Körpern angezogen werden. Beides kann den Lauf einer Maschine sehr stören. Die Nichtleiter der Elektrizität lassen sich in eine Reihe ordnen, wobei jeweils das dem positiven Ende nähere Material eine positive, das dem positiven Ende ferner liegende Material, wenn es mit dem ersten gerieben wird, eine negative Ladung annimmt. Die hier besonders interessierenden Materialien bilden folgende Reihe: + Ende, Glas, menschliches Haar, Nylon, Wolle, Seide, Viskosekunstseide, Baumwolle, Papier, Ramie, Hartgummi, Azetatkunstseide, synthetischer Gummi, Orlon, Saran, Polyäthylen, — Ende. Je weiter zwei Materialien in dieser Reihe auseinanderliegen, desto stärkere Ladungen sind zu erwarten, wenn diese beiden Materialien aneinander gerieben werden. Die dabei entstehende Spannung in Volt ist praktisch stark abhängig vom natürlichen Wassergehalt des betreffenden Materials. So wurden an konditionierten Garnsträngen, die zwischen Gummihandschuhen gerieben wurden, folgende Spannungen gemessen: Baumwolle 50 V, Viskose 100 V, Wolle 350 V, Azetatseide 550 V, Vinyon N 800 V, Seide 850 V, Orlon 900 V, Nylon 1050 V. Man sieht aus dieser letztern Reihe, dass Nylon eines der schlimmsten Materialien ist, was elektrische Aufladung anbetrifft. Die Schwierigkeiten beginnen schon beim Schmelzspinnprozess, sobald der Faden mit Führungsösen in Berührung kommt, ferner beim Verstrecken und Erteilen der Garndrehung. Man muss daher möglichst früh dem Nylongarn einen „antistatischen" Finish geben, sonst wiederholen sich dieselben Störungen beim Zetteln, Weben und Wirken. Dieselben Schwierigkeiten, wenn nicht noch in gesteigertem Ausmass, ergeben sich bei der Verarbeitung von Nylonstapelfaser.

Die Textilfasern neigen dazu, sich besonders in wenig feuchter Atmosphäre infolge von Reibung elektrisch aufzuladen[1]). Diese Eigenschaft, die in gewissen Fällen sehr unangenehm sich auswirken kann, stört hauptsächlich in der Spinnerei und Weberei die Verarbeitung, besonders nach dem Schlichten und hier wiederum ganz speziell bei den Nylon- und Zelluloseazetatfasern. Die statische Aufladung wird ebenfalls bei der Behandlung von Baumwoll- und Reyonwaren beobachtet, wo in einigen Spezialfällen die Reibung nur unangenehm ist, aber keinen schweren Nachteil darstellt (Trocknen der Gewebe auf dem Zylinder oder Spannrahmen). Hingegen gibt es auch einen Fall bei der Ausrüstung, wo die statische Aufladung gewisse Schwierigkeiten macht und zu Betriebsstörungen führen kann. Dies tritt ein, wenn, nachdem die Stücke die Schermaschine durchlaufen haben, sie infolge der elektrostatischen Aufladung an den Austrittswalzen kleben und der entfernte Flaum anstatt abgesogen zu werden, sich von neuem auf den Stücken niederschlägt.

Die Arbeiten über die Entfernung der statischen Elektrizität der Fasern sind sehr zahlreich und man findet in der Literatur eine ganze Anzahl von Artikeln und Patenten, die sich darauf beziehen. Das einfachste Mittel, um eine Anhäufung elektrischer Ladung auf den Fasern, Fäden und Geweben zu vermeiden, ist in sehr feuchter Atmosphäre zu arbeiten. Dies ist jedoch nicht immer möglich und auch nicht immer das ratsamste Verfahren.

Die wirksamsten Methoden, die zur Entfernung der statischen Elektrizität ins Auge gefasst wurden, lassen sich in zwei Gruppen unterteilen:

1. Methoden, die die Radioaktivität ausnützen und ganz allgemein auf einer Ionisation der Luft beruhen,

2. Methoden, die zur Bildung eines Niederschlages auf der Faser führen, der aus Produkten von guter elektrischer Leitfähigkeit besteht.

---

[1]) G. Bertolino, Rayonne 1951, Nr. 4, S. 41; J. F. Keggin, G. Morris und A. M. Yaill, J. Text. Inst. 1949, *40*, S. 402; Dyer 1950, *103*, S. 541; D. H. Lehmicke, Statische Elektrizität bei der Textilausrüstung, Amer. Dyest. Rep. 1949, *38*, S. 853; J. S. Scheider, Die Beseitigung statischer Elektrizität durch Eliminatoren, S.V.F. Fachorgan 1951, *6*, 303.

Gruppe 1.
Methoden, die die Radioaktivität ausnützen und auf einer Ionisation der Luft beruhen.

Die Methoden dieser Kategorie verwenden Einrichtungen mit radioaktiven Elementen, die dank der Ausstrahlung von Alphastrahlen die Luft zu ionisieren vermögen und dadurch die Bildung oder das Bestehenbleiben elektrischer Ladungen auf den Fasern verunmöglichen. Die Verwendung der Strahlen radioaktiver Isotope führt zu einer Ionisation der die Maschinen umgebenden Luft, auf welchen sich elektrostatische Aufladungen infolge der Reibung ausbilden. Es ist dabei von Nutzen, zu diesem Zwecke nur Isotope zu verwenden, die Alphateilchen ausstrahlen, Man ging nämlich von der Überlegung aus, dass die Luft nur gerade in der Nähe der Entstehung der elektrischen Ladung ionisiert werden soll und die Alphastrahlen nur eine kurze Reichweite (ungefähr 4 cm) besitzen.

Auch Betastrahler können in Betracht kommen und sind in gewissen Fällen den Alphastrahlern sogar überlegen, da ihre Reichweite eben deutlich grösser ist, nämlich ungefähr 1 Meter.

Die Soc. Eldorado Mining and Refining Ltd. in Ottawa hat eine antielektrostatische Einrichtung auf Basis von Polonium[1]) unter dem Namen Ionotron geschaffen.

Ionotron ist ein sehr wirksames Mittel, um elektrostatische Aufladungen, wie sie sich bei der Verarbeitung von Azetatkunstseide und Polyamidfasern bilden, zu beseitigen. Es besteht dieses Verfahren auf einer Ionisation der Luft, was bereits schon G. Neuhof vorschlug. Durch die von der Firma Eldorado Mining and Refining Ltd. Ottawa geschaffene Einrichtung ermöglichte man dann die technische Durchführung dieser Methode.

Der Apparat Ionotron der U.S. Radium Corp. N.Y. enthält radioaktive Substanzen, die gleichmässig über die Oberfläche einer Folie aus Gold oder Platin verteilt sind. Auf diese Folie ist eine zweite Edelmetallfolie gasdicht aufgebracht. Diese Doppelfolie wird auf eine bandförmige Metallunterlage gasdicht aufgeschweisst. Das so entstandene Band wird in ein Gehäuse eingebaut, damit die Strahlung in einer bestimmten Richtung erfolgt. Es kann den jeweiligen Anforderungen angepasst werden und in verschiedenen Formen und Grössen angefertigt werden. Beim Einbau in eine bestehende Maschine ist darauf zu achten, dass die Bestrahlung nicht auf das Bedienungspersonal gerichtet ist, damit keine gesundheitschädigenden Wirkungen eintreten. Der Apparat ist relativ billig, unterliegt keiner Abnützung, braucht keine Wartung, keine Energiezufuhr und besitzt praktisch eine unbegrenzte Lebensdauer.

---

[1]) Textil-Praxis 1950, *5*, S. 418.

Gruppe 2.
Methoden, die auf der Bildung eines Niederschlages auf der Faser beruhen, der aus Produkten von guter elektrischer Leitfähigkeit besteht.

Diese Methoden erlauben die Fasern sowohl beim Spinnen als auch beim Weben sowie in Form von Geweben gegenüber einer elektrostatischen Aufladung unempfindlich zu machen. Die Verwendung antielektrostatischer Mittel war Gegenstand einer Anzahl wichtiger Patente. Antielektrostatische Eigenschaften kommen Produkten verschiedenster Art zu, und zwar im speziellen[1)]

1. Salze der Amine der Sulfonate und Sulfate der Alkylreihe mit langen Kohlenstoffketten (*franz. P. 641.580* der British Celanese Ltd.; *amer. P. 2.406.407* der Celanese Corp. of America; *amer. P. 2.197.930* der Eastman Kodak Co.).

2. Dialkylester der ortho-Phosphorsäure mit langen Alkylketten, z. B. das Dodecylorthophosphat (*amer. P. 2.498.408* der Gen. Aniline and Film Corp.).

3. Die Alkali- oder Alkylaminsalze der Alkylphosphate (*amer. P. 2.413.428* der Monsanto Chem. Co.).

4. Höhermolekulare Fettalkohole oder Fettsäuren (*amer. P. 2.191.033* der Eastman Kodak Co.; *brit. P. 463.548* der British Celanese Ltd.).

5. Fettsäureester der Polyäthylenglykole (*brit. P. 563.725* der British Nylon Spinners Co.).

6. Kondensationsprodukte aus teilweise mit höhern Fettsäuren verestertem Äthylenoxyd mit innern Äthern des Hexitols (*amer. P. 2.461.043* der Amer. Viscose Corp.).

7. Höhere phosphatierte Alkohole.

8. Aminosalze des Azyltaurins mit einer langen Alkylkette im Azylrest.

9. Gemischte Phosphorsäure-Fettsäureester des Glyzerins (*amer. P. 2.498.408* der Gen. Aniline and Film Corp.).

Von den sich im Handel befindlichen antielektrostatischen Mitteln seien die folgenden Marken erwähnt:

Sprodcopen 7	Onyx International, Jersey
Kerosol T	Raffinerie Oil Lubrificant, Mailand
Tween 20	Atlas Powder Co.
Atcosol 104	Atlas Powder Co.
Ahco 111 Paste	Arnold, Hoffman[2)]

[1)] *Amer. P. 2.384.053, 2.150.568* der Celanese Corp. of America; *amer. P. 2.176.510, 2.191.033, 2.191.039, 2.197.930, 2.233.001, 2.256.380, 2.256.381, 2.289.760, 2.298.432, 2.331.664* der Eastman Kodak Co.; *brit. P. 431.964, 463.548, 477.639, 514.134* der British Celanese Ltd.; *brit. P. 346.912* der Aceta Gesellschaft; *brit. P. 488.945, 526.683* der Courtaulds Ltd.

[2)] Amer. Dyest. Rep. 1949, *38*, S. 890.

Ahco 111 Paste ist ein kationaktives Produkt mit substantiven Eigenschaften, das auf Nylon und Azetatkunstseide die Bildung statischer Elektrizität verhindert. Es ist zugleich auch ein Weichmachungsmittel. Die Anwendung erfolgt auf dem Foulard, auf der Strangquetsche oder nach dem Ausziehverfahren auf der Kufe. Es ist in zwei Konzentrationen im Handel, und zwar in einer mittleren und einer hohen Konzentration

Nopco NAP . . . .   Nopco Chemical Co.

ist ein kationaktives, wasserlösliches Hilfsmittel mit Affinität zu allen Fasern, das besonders beim Rauhen der Bildung statischer Elektrizität entgegenwirkt und auch als Weichmachungsmittel verwendet werden kann.

Atco Anti Static N-30 . . . . .   Atlantic Chemical Co.

wirkt dem Auftreten von statischer Elektrizität bei der Verarbeitung von Nylon, Azetatkunstseide und Wolle entgegen. Es wird in Mengen von 0,5 bis 2% vom Gewicht der Ware durch Foulardieren auf das Gewebe gebracht und dann getrocknet.

Anwendung der antielektrostatischen Produkte.

Die Verwendung dieser Mittel kann bei der Schlichte auf zwei Arten erfolgen, nämlich

a) Verwendung in Abwesenheit von Öl;

b) Verwendung zusammen mit Öl.

Im letzteren Falle kann man entweder mit Ölemulsionen oder mit nichtemulgierten Ölen arbeiten.

Arbeitet man nicht mit emulgierten Ölen, so müssen die Produkte, die man verwenden will, sich mit dem Öl vertragen und öllöslich sein. Sie müssen aber auch so noch genügend wirksam sein, um die Elektrizität abzuleiten. Nach den Angaben des *brit. P. 641.580* der British Celanese Ltd. hat die Verwendung von Diäthylaminlaurylsulfat zu sehr guten Resultaten geführt.

Bei den Ölemulsionen hat man zu Produkten Zuflucht genommen, die die Emulsion nicht trüben und sich mit dem Öl vertragen. Es scheint, dass sehr gute Resultate mit Tween 20 der Atlas Powder Co. erzielt werden konnten, wenn es allein oder zusammen mit Atcosol 104 zur Anwendung gelangte.

Zur Verhinderung einer statischen Aufladung wird im *amer. P. 2.381.020* der Carbid and Carbon Chem. Corp. angegeben, dass bei Vinylpolymeren in Form von Fasern, Geweben, Gewirken, Filzen usw., die die Eigenschaft besitzen, sich elektrostatisch aufzuladen, durch eine chemische Behandlung diese Aufladung ganz oder mindestens teilweise vermieden werden kann. Dieses Verfahren besteht in einer

Behandlung des Vinylpolymeren mit einem Polyäthylenamin und anschliessendem Präparieren mit einem mit Wasser mischbaren aliphatischen Aldehyd mit nicht mehr als sechs Kohlenstoffatomen im Molekül, was vorzugsweise bei höherer Temperatur erfolgt. Dieses Verfahren soll nicht zu einem unangenehmen Geruch der Ware führen und ferner den Vorteil besitzen, die Fasern für das Färben speziell geeignet zu machen. Modifikationen dieses Patentanspruchs umfassen noch Verbindungen mit einem oder mehreren Stickstoffatomen, Fettsäuregruppen usw. als Substituenten.

Nach den Angaben der *amer. P. 2.498.408* und *brit. P. 629.659* der Gen. Aniline and Film Corp.-A. L. Fox kann zu den gebräuchlichen Spinnölen aus Mineralöl und Olivenöl oder auch einer Lösung von Azetylzellulose in Azeton als antistatisches Mittel ein saures Dialkylorthophosphat, z. B. Lauryläthylorthophosphat, zugesetzt werden.

$$CH_3-(CH_2)_{11}-O-P\begin{smallmatrix}\diagup O\\ \diagdown OH\end{smallmatrix}$$
$$OC_2H_5$$

Bei frisch gesponnener Azetatseide kann auch ein Antistatikum durch Dochte aufgetragen werden, an welchen die Fäden vorbeigleiten.

Nach dem *franz. P. 937.525*[1]) der Gen. Aniline and Film Corp. ist es möglich, die Neigung der Fasern, elektrische Ladungen anzusammeln unter dem Einfluss der Reibung, zu verringern oder auszuschalten, indem man sie mit einer kleinen Menge eines sauren Lauryläthyl-o-phosphats behandelt. Dieses Verfahren ist ganz besonders geeignet für Zellulosederivate: Zelluloseester und -äther, die normalerweise nicht leitend sind oder nur schwach die Elektrizität leiten. Es reicht eine Menge von 0,3% an Lauryläthylorthophosphat auf das Gewicht der zu behandelnden Ware gerechnet. Diese Verbindung weist überdies den Vorteil auf, das Textilmaterial vollkommen zu netzen.

Die Schwierigkeiten, die durch eine Anreicherung elektrischer Ladungen auf den Fasern bei ihrer Behandlung auftreten, können so vermieden werden.

Von den British Nylon Spinners – Andrew wird im *brit. P. 649.877*[2]) als ein gutes antistatisches Mittel für Nylongarne, das die Fasern gleichmässig einhüllt, aber wieder leicht entfernbar ist, eine aliphatische Polyoxyverbindung mit einem Siedepunkt über 200° C empfohlen, wie etwa Glykol, in dem eine unter der Sättigungsgrenze liegende Menge Kochsalz aufgelöst ist, um dem Gemisch die nötige Leitfähigkeit zu verleihen. Praktisch verwendet man hiezu eine Mischung von 80% Diäthylenglykol und 20% Wasser, das 2% Kochsalz gelöst enthält.

---

[1]) Teintex 1948, S. 450.
[2]) Wengraf, Amer. Dyest. Rep. 1951, *40*, S. 357.

Name	Erzeugerfirma	Zusammensetzung
Atco Anti Static N-30 Atco Anti Static X-30 Anti-Static 571	Atlantic Chem. Co. Atlantic Chem. Co. Richmond	
Emka Non Static 25	Emkay	Klares, gelbliches Öl, leicht löslich in warmem Wasser.
Ahco 111 Paste Avitex R Appramine Onyxan	Arnold, Hoffman Du Pont Warwick Onyx	Kationaktives Produkt. Cetyltrimethylammoniumbromid.
Nopco 1656 – R Nopco NAP	Nopco Chem. Co. Nopco Chem. Co.	Kationaktives, wasserlösliches antistatisches Mittel.
Atcosol 104 Avcosol	Atlas Powder Co. Amer. Viscose Corp.	
Kerosol T	Rafin. Oil Lubrif. Mailand	
Tween 20	Atlas Powder Co.	Kondensationsprodukt des Monolaurats des Sorbitols mit Äthylenoxyd.
Sprodcopen 7	Onyx	
Dextrol Lektrostat B	Dexter	
Emulsion ASN konz.	Sandoz	
Syntharesin AST	Farbenfabr. Bayer	Polyglykoläther

Literatur und Eigenschaften	Verwendungsgebiete
	Wirkt dem Auftreten von statischer Elektrizität bei der Verarbeitung von Nylon entgegen. Wird durch Foulardieren in Mengen von 0,5 und 2% vom Gewicht der Ware auf die Faser gebracht. Wirkt gleichzeitig als Weichmachungsmittel.
	Wirkt der Entstehung von statischer Elektrizität entgegen.
Amer. Dyest. Rep. 1949, *38*, S. 890.	Verhindert die Bildung von statischer Elektrizität. Weichmachungsmittel. Antistatisches Mittel. Weichmachungsmittel.
Amer. P. 2.207.256, 2.285.357.	Antistatisches Schmälzmittel für die Kammgarnspinnerei.
Beständig gegen Trockenreinigung und Wäsche; beeinflusst die Echtheit von Färbungen nicht; hat dagegen einen weichmachenden Einfluss auf die Faser.	Mittel zur Verhinderung der statischen Aufladung von Nylon.
Dyer 1949, *101*, S. 383.	Mittel zur Verhinderung der elektrostatischen Aufladung von Textilien; allein oder als Zusatz zu Schlichten.
	Antistatikum; verhindert die elektrischen Aufladungen von synthetischen Fasern beim Spinnen und Weben.

Courtaulds Ltd. beschreibt im *brit. P. 662.542*[1]) ein antistatisches Mittel für Azetatzellulose und Nylon, welches aus einem Alkylolaminsalz einer zweibasischen Säure besteht, wie etwa das Triäthanolaminsalz der Sebazin-, Adipin- oder Korksäure.

Um die elektrische Aufladung von Geweben aus Dynel[2]) zu beseitigen, wird die Ware während 10 Minuten bei einer Temperatur zwischen 60 und 70° C in einem Bad, das auf das Gewicht der Ware berechnet 4% Seife und genügend Calgon enthält, um die Wasserhärte auszuschalten, behandelt. Unter Umständen kann auch noch ein Zusatz von 0,5% Soda gemacht werden. Bei einem Flottenverhältnis von 1:30 soll dabei etwa wie folgt gearbeitet werden: 2% Amide PES vom Gewicht der Ware wird durch Anteigen mit heissem Wasser und unter Anwendung eines Minimums an Bewegung 1:10 dispergiert und durch ein Tuch dem Bad, das eine Temperatur zwischen 75 und 80° C haben soll, beigegeben. Unter Umrühren macht man noch einen Zusatz von 1% Tergitol Wetting Agent 7 und behandelt dann die Ware während 10 Minuten. Hierauf lässt man das Bad ab, wäscht 5 Minuten mit 4% Seife bei 50° C, spült und schleudert aus.

Ein Apparat zur Erzeugung und Messung elektrischer Ladungen auf Geweben wurde konstruiert[3]). Die Versuchsgewebe werden auf eine Trommel gebracht und durch Reibung gegen eine andere Oberfläche elektrisch aufgeladen. Die Ladung wird dann elektronisch gemessen. Die ganze Apparatur ist in einem gut schliessenden Behälter eingebaut, so dass man die Luftfeuchtigkeit variieren kann. Versuche an mit antistatischen Mitteln behandelten Geweben und Testgeweben zeigten, dass die Neigung der Gewebe, sich mit statischer Elektrizität aufzuladen, von der Geschwindigkeit abhängt, mit welcher sich die Ladung auf der Oberfläche verteilt, d. h. von der elektrischen Leitfähigkeit der Oberfläche.

Zur Messung der statischen Elektrizität beschreibt das *amer. P. 2.412.430* der Celanese[4]) eine neue Apparatur zur Prüfung von Geweben, die mit verschiedenen Hilfsmitteln behandelt worden sind, um die Bildung statischer Elektrizität zu verhindern. Das Prüfmuster wird in Rotation versetzt und gleichzeitig gegen eine isolierte Metallplatte gepresst, welche die sich bildende statische Elektrizität aufnimmt. Eine geeignete Vorrichtung gestattet diese Elektrizitätsmenge anschliessend mit einem Milliamperemeter zu messen, so dass sich dadurch die Eignung des Hilfsmittels prüfen lässt.

---

[1]) Dyer 1952, *107*, S. 118.
[2]) Rayon and Synthetic Text. 1952, *31*, S. 74.
[3]) M. Hayek und F. Chromey, Amer. Dyest. Rep. 1951, *40*, S. 164; Rayonne 1951, Nr. 7, S. 82.
[4]) Amer. Dyest. Rep. 1947, *36*, S. 644.

X. KAPITEL

Konservierungs- und Schutzmittel gegen Mikroorganismen[1]).

Das Problem des Schutzes von Geweben, Verdickungen oder Appreturen gegen die Zerstörung durch Mikroorganismen lässt sich in drei Abschnitte unterteilen:

a) Schutz der Appreturen auf Stärkebasis gegen Schimmel.

b) Schutz von Geweben, die infolge ihres normalen Gebrauchs der Fäulnis ausgesetzt sind.

c) Schutz appretierter oder geschlichteter Ware gegen den Angriff durch Schimmelpilze, um die durch den Schimmel verursachten Flecken, die sogenannten Stockflecken, zu vermeiden.

Sowohl Zellulosefasern als auch tierische Fasern sind solchen Angriffen ausgesetzt, während die vollsynthetischen Fasern wie die Polyamide oder die Polyvinylfasern nicht verwesen können. Da überall Mikroorganismen vorkommen können, ist auf sämtlichen appretierten Fasern eine Schimmelbildung möglich.

Die Entwicklung der Mikroorganismen wird einerseits durch Feuchtigkeit und andererseits durch Wärme begünstigt. Die Bakterien benötigen im allgemeinen zu ihrer Entwicklung ein neutrales bis schwach alkalisches Milieu. Der optimale p_H-Wert liegt bei 8—8,5; Temperaturen zwischen 30 und 40° C beschleunigen den Faserabbau durch Mikroorganismen.

Überall dort, wo die Ware unter für die Entwicklung der Bakterien günstigen Bedingungen gelagert wird, besteht die Gefahr einer Faserschädigung. Vielfach handelt es sich dabei um schlecht belüftete und feuchte Lagerräume. Sicherlich kann die Gefahr eines Angriffs

---

[1]) M. Nopitsch, Bakterielle Schäden an Textilien und ihre Verhütung, Mell. 1950, *31*, S. 182, 619; 1951, *32*, S. 237; Brandt, Mell. 1944, *25*, S. 314; W. I. Illman und M. W. Weatherburn, Amer. Dyest. Rep. 1947, *36*, S. 343; Siu, Darley, Text. Res. J. 1949, *19*, S. 484; H. W. Partridge u. G. E. Key, J. Text. Inst. 1949, *40*, S. 1077; Goodavage, Amer. Dyest. Rep. 1943, *32*, S. 265; Marsh, Butler, Ind. Eng. Chem. 1946, *38*, S. 701; 1949, *41*, S. 2176; Nitschke, Mell. 1947, *28*, S. 56; Lee, Amer. Dyest. Rep. 1950, *39*, S. 145; Bogaty, Amer. Dyest. Rep. 1949, *38*, S. 253; Block, Ind. Eng. Chem. 1949, *41*, S. 178; Hopf, Race, Ind. Eng. Chem. 1949, *41*, S. 820; Benignus, Ind. Eng. Chem. 1948, *40*, S. 1426; Stief, Ind. Eng. Chem. 1947, *39*, S. 1136; White, Siu, Ind. Eng. Chem. 1947, *39*, S. 1628; Marsh, Text. Res. J. 1947, *17*, S. 597 und 608; Wälchli, Text. Rdsch. 1946, *1*, S. 35; Bayley, Weatherburn, Amer. Dyest, Rep. 1945, S. 247; Shanor, OSRD-Rep. 1945, S. 4513; Furry, Robinson, Amer. Dyest, Rep. 1941, *30*, S. 504; Stringfellow, Amer. Dyest, Rep. 1939, *28*, S. 388; 1940, *29*, S. 226. Bayley, Weatherburn, Schutz von Teppich-Vorgeweben gegen Schimmel, Canadian Text. J. 1947, *64*, S. 38; Marsh, Amer. Dyest. Rep. 1948, *38*, S. 436 u. 451.

durch Bakterien zum grössten Teil beseitigt werden, wenn die Ware an einem vor allem gut gelüfteten und hellen Ort aufbewahrt wird.

Es ist eine Erfahrungstatsache, dass Rohgewebe immer mehr gefährdet sind, von Bakterien angegriffen zu werden, als gewaschene und vor allem gebleichte und gefärbte Gewebe. Dies kommt daher, dass Rohgewebe nie keimfrei sind, also immer Keime von Schimmelpilzen oder Fäulnisbakterien enthalten können. Dagegen werden durch eine Wäsche, das Bleichen oder Färben die Gewebe meistens keimfrei, und es besteht daher keine Gefahr eines bakteriellen Abbaus mehr, sofern keine Mikroorganismen erneut auf die Faser gebracht werden im Verlaufe der weiteren Behandlung, so z. B. durch die Appretur, die im allgemeinen ein günstiges Milieu für die Entwicklung der Bakterien darstellt.

Unter den Appreturmitteln, die eine Entwicklung der Bakterien begünstigen, muss man zwischen solchen unterscheiden, die den Bakterien als Nahrung dienen können, und die stets organischer Natur sind (Stärkeprodukte), und solchen, die eine günstige Entwicklungsgrundlage durch Anziehen von Feuchtigkeit schaffen. Im letzteren Fall handelt es sich um anorganische oder organische Substanzen, z. B. um hygroskopische Salze. Gewisse Produkte mit nur schwach antiseptischer Wirkung können in kleiner Menge angewendet gerade das Gegenteil bewirken, wenn sie hygroskopisch sind.

Der Abbau der Textilmaterialien erfolgt durch Enzyme, die durch die Bakterien ausgeschieden werden. So können z. B. Bakterien und Schimmelpilze, die auf der Zellulose leben, die Zellulose selbst nicht als Nahrung verwenden, sondern nur die Abbauprodukte der Enzyme.

Zelluloseabbau durch Enzyme.

Der Abbau der Textilien auf Zellulosebasis beruht auf der Wirkung von Bakterien und Schimmelpilzen, die durch Ausscheidung von Enzymen die Zellulose zerstören.

Der Zelluloseabbau durch Enzyme ist jenem durch Säuren ähnlich. Das Enzym wird jedoch dauernd regeneriert. Die Bildung von Glukose erfolgt durch die Enzyme Cellulase und Cellobiase.

R.G.H. Siu[1]) hat im Verlaufe seiner Arbeiten über den Abbau der Baumwolle über 10 000 Bakterienkulturen aus abgebauten Baumwollgeweben isoliert, wovon jedoch nur etwa 200 als aktiv bezeichnet werden können. Die Schimmelpilze dringen in das Lumen der Faser ein und verdauen die Zellulose von innen her. Die Bakterien bauen gerade in umgekehrter Richtung die Zellulose ab, also von aussen nach innen. Ein Abbau findet nur an den Stellen statt, an denen sich die Mikroorganismen gerade befinden, hat also rein lokalen

---

[1]) Amer. Dyest. Rep. 1947, *36*, S. 320.

Charakter. Die Bakterien bilden Enzyme, die die Zellulose verdauen, und zwar die folgenden Enzyme:

a) Cellulase, welche die Zellulose in Cellobiose überführt;

b) Cellobiase, die die Cellobiose in die Glukose umwandelt.

Der Pilz Myrothecium verrucaria und das Bakterium Sporocytophaga myxococcoides gehören zu den aktivsten Mikroorganismen bezüglich des Zelluloseabbaues.

Native Zellulose, die den höchsten Polymerisationsgrad aufweist, wird durch Cellulase nur zwischen 20 und 70° C angegriffen. Dieses Emzym wurde ganz besonders bei jenen Schimmelpilzen und Bakterien gefunden, die sich von Holz ernähren.

Das Enzym Cellobiase ist stärker verbreitet. Seine Wirksamkeit geht bei 67° C verloren. Daraus geht hervor, dass die Widerstandsfähigkeit gegen Enzyme vom Polymerisationsgrad des infizierten Materials abhängig ist. Regenerierte Zellulose wird also leichter angegriffen als native, und Stärke ist weniger widerstandsfähig als Zellulose. Anderseits kann durch Blockierung der Hydroxylgruppen der Zellulose, wie z. B. bei der Azetatzellulose, die Faser praktisch unempfindlich gegen einen solchen Angriff gemacht werden.

Die Zellulose kann auf verschiedene Art und Weise geschützt werden: durch Imprägnieren und Auflagerung von Kunstharzen, durch Veränderung der Oberfläche der Zellulose durch Veräthern oder Verestern, durch Einlagerung von Antiseptica (Fungizide), wie z. B. Preventol, Amicrol, Shirlan, Nitrophenolen oder chlorierten Phenolen, oder durch Substanzen, die die Bildung von Enzymen verhindern.

Die Azetylierung macht die Zellulosefasern gegen bakteriellen Angriff beständig. Nach *brit. P. 411.930* von Thaysen ist es dabei vorteilhaft, ein Perchlorat oder Überchlorsäure in starker Verdünnung als Katalysator zu verwenden.

Zerstörung der Wolle durch Bakterien[1]).

Die bakterielle Zerstörung der Wolle beruht auf der Wirkung proteolytischer Enzyme, die von Bakterien oder Pilzen ausgeschieden werden. Die wichtigsten Pilze gehören zu den Actinomyces. Dieses Enzym vermag die Peptidketten an den Peptidbindungen ($-CO-NH-$) zu hydrolysieren. Als Enzym kommt das Trypsin in Betracht, welches sich aus einer Proteinase, einer Polypeptidase und einer Peptidase zusammensetzt. Diese Enzyme kommen immer zusammen mit einer Enterokinase vor, einer Substanz, bei deren Fehlen kein Abbau

---

[1]) Harris, J. Res. Bur. Standards 1941, *27*, S. 459; Marsh, An Introduction to Textile Finishing, S. 505; das Schimmeln von Wolle, Ursachen und Verhütung, Wool Science Rev. 1950, *6*, S. 31—42; Mell. 1951, *32*, S. 237.

nativer Proteine durch Trypsin stattfinden kann. Die Gefahr der Bildung von Schimmelflecken besteht bereits bei einer Feuchtigkeit der Faser von 24% (bzw. 95% Feuchtigkeit der umgebenden Atmosphäre), während ein bakterieller Angriff einen Wassergehalt von mindestens 40% voraussetzt.

Die Wirksamkeit der tryptischen Enzyme erreicht ein Maximum bei einem p_H-Wert von 8,5. Die günstigste Temperatur der Mehltaubildung liegt zwischen 25 und 40° C. Schimmelflecken können durch den Geruch, eine grau-grüne Verfärbung und eine Faserschwächung erkannt werden. Die befallenen Stellen färben sich nicht mehr so tief an. Für den mikroskopischen Nachweis verwendet man Laktophenolblau für Schimmel und Karbolfuchsin für Bakterien.

Auch kann man die befallenen Stellen häufig durch ihre Fluoreszenz unter der UV-Lampe nachweisen, ohne dass man bisher weiss, durch welche Substanzen die Fluoreszenz zustande kommt. Da auch andere Stoffe, wie Mineralöle, Farbstoffe oder optische Bleichmittel, fluoreszieren, hat man diese vor der Fluoreszenzprobe auf Mehltau durch Extraktion zu entfernen. Mehltau kann sich bei Wolle immer dann bilden, wenn die auch auf reiner Wolle vorhandenen Sporen günstige Entwicklungsbedingungen, insbesondere hohe Feuchtigkeiten und Temperaturen, vorfinden. Bei einem handelsüblichen Zuschlag von 18,25% für Kammgarn ist der normale Feuchtigkeitsgehalt der Wolle beim Verarbeiten bereits überschritten, so dass bei Ungleichmässigkeiten im Wassergehalt die kritische Grenze von 24% Wasser stellenweise erreicht werden kann. Daher ist ein so hoher Zuschlag vom Standpunkt der Mehltaugefahr abzulehnen. Dieselben Gesichtspunkte gelten für die Lagerung von Wolle zwischen den einzelnen Verarbeitungsstufen. Hierbei soll die relative Feuchtigkeit der Atmosphäre unter 85% bleiben, und für kühle Temperaturen ist zu sorgen.

Es wurde festgestellt, dass mit Alkali behandelte Wolle weniger widerstandsfähig ist als nicht behandelte Wolle. Die Schimmelbildung (Mehltau- oder Stockflecken) auf der Wolle beruht auf dem Wachstum gewisser Pilze, wie z. B. Penicillium und Aspergillus. Ferner können proteolytisch wirksame Bakterien und Pilze (Actinomyces) Wolle, und zwar zunächst die Interzellularsubstanzen, angreifen.

Naturseide wird bedeutend weniger durch Enzyme abgebaut als Wolle. Die bei roher Seide oft beobachteten Schimmelpilze verändern nur den Seidenbast.

Burgess[1]) hat die Schimmelbildung auf der Wolle eingehend untersucht.

---

[1]) J. Text. Inst. 1928, *19*, S. 315; 1929, *20*, S. 333; 1930, *21*, S. 441; J. Soc. D. and Col. 1931, *47*, S. 96; 1934, *50*, S. 138; siehe auch Nopitsch, Mell. 1944, *25*, S. 283; 1950, *31*, S. 619.

Durch Chromieren kann die Wolle gegenüber Mikroorganismen (Mehltau, mildew) widerstandsfähiger gemacht werden. Burgess fand, dass 0,5% Chrom (sowohl als sechswertiges als auch als dreiwertiges Chrom) die Wolle völlig gegen Mehltau zu schützen vermag. Dieser Schutz lässt sich auf die Bildung eines Wolle-Chrom-Komplexes zurückführen, den die Schimmelpilze nicht als Nahrung verwenden können. Zellulose wird von einer grösseren Anzahl von Mehltauarten befallen als die Wolle.

Nopitsch[1]) hat in einer sehr interessanten Arbeit über den bakteriellen Angriff der Wolle einerseits die Bedingungen, unter denen eine Veränderung der Wolle eintritt, und andererseits die bakteriziden Behandlungen, die die Textilien vor einem Angriff durch Mikroorganismen bewahren sollen, behandelt. Zu diesen Untersuchungen verwendete er vor allem den Bazillus der Kartoffelstärke, Bac. mesentericus.

Er bemerkt, dass die Bakterien im allgemeinen ein neutrales bis schwach alkalisches Milieu zu ihrer Entwicklung benötigen. Der optimale p_H-Wert liegt bei 8—8,85. Temperaturen zwischen 30 und 40° C begünstigen ebenfalls den Abbau[2]). Die Stärke der Schädigung lässt sich mit Laktophenol-Baumwollblau ermitteln. Ungeschädigte Wolle wird dabei nicht angefärbt, während bakteriell geschädigte sich blau anfärbt. Dies beruht darauf, dass dieser Farbstoff nur das Keratin C der Spindelzellen, nicht aber Keratin A, welches sich in den Schuppen befindet, anzufärben vermag. Zur Beurteilung des Schädigungsgrades sowie zur graphischen Bestimmung des zeitlichen Verlaufes des Faserabbaus unterscheidet der Verfasser 10 Schädigungsgrade, und zwar bedeuten dabei: 0 = praktisch ungeschädigt (keine Blaufärbung); 10 = lokale Anfärbungen; 20 = stärkere Anfärbung ohne sichtbaren Zerfall; 40 = beginnende Aufspaltung in Spindelzellen; 50 = erhebliche Aufspaltung in Spindelzellen; 60 = totale Aufspaltung in Spindelzellen; 80 = zunehmende Auflösung der Wolle bereits vor der Behandlung mit dem Reagens; 100 = nur noch Faserbrei. An Hand von Mikrophotographien werden die einzelnen Stufen besprochen. Eine bei p_H = 8,5 vorbehandelte Wolle erwies sich gegenüber diesem Bazillus als am anfälligsten. Unter den bakteriostatischen Vorbehandlungen ist auch die Chromierung zu finden. Ein Färben mit Chromfarbstoffen ergibt also einen Schutz gegenüber bakteriellem Angriff. Der Farbstoff spielt dabei eine untergeordnete Rolle. Es ist hier jedoch darauf zu achten, dass die Wolle nicht beim Färben bereits geschädigt wird. Färbungen auf Chrombeize oder nachchromierte Färbungen sind etwas besser als solche, die Chromkomplexfarbstoffe

---

[1]) Mell. 1950, *31*, S. 619; 1951, *32*, S. 237.
[2]) Arbeitsweise siehe Nopitsch, Mell. 1944, *25*, S. 283.

verwenden, doch sind diese Unterschiede nicht sehr gross. Mit den Eulan-Marken NKF, neu und NK wird keine so gute Schutzwirkung erzielt wie durch eine Chromierung. Eine Wolle, die vom Färben her noch Säure absorbiert hat, bleibt so lange geschützt gegen bakteriellen Abbau, als die Säure durch die Stoffwechselprodukte der Bakterien noch nicht neutralisiert ist. Es wurde gefunden, dass z. B. Milchsäure einen besseren Schutz als Schwefelsäure gewährt. Küpenfärbungen sind infolge ihrer alkalischen Ausfärbung besonders anfällig gegenüber solchen Angriffen. Eine nachträgliche Eulan-Behandlung vermag jedoch der Wolle auch in diesem Falle einen gewissen Schutz gegen bakteriellen Angriff zu verleihen.

Ferner wurden Versuche unternommen, die Wolle mit bakteriziden Farbstoffen zu färben, so z. B. mit Meldola's Blau (Oxazinfarbstoff), Methylenblau (Thiazinfarbstoff), Prontosil album (Sulfonamidfarbstoff), Azoangin (zitronensaures Chrysoidin enthaltend), Prontosil rubrum und Prontosil solubile (Sulfonamid-Azofarbstoffe). Es zeigte sich dabei, dass diese gegenüber Kokken sehr wirksamen Stoffe auf saprophyte Bakterien keinen grossen Einfluss haben. Dagegen zeigten antiseptische Verbindungen, wie z. B. Salicylsäure, eine sehr nachhaltige Wirkung. Ferner erwiesen sich auch Kresol und Borsäure als sehr wirksam. Diese Verbindungen lassen sich jedoch sehr schlecht auf der Faser fixieren. Es wurde daher versucht, sie mit Hilfe eines Imprägnierungsmittels auf der Wollfaser zu befestigen. Die besten Erfahrungen machte man mit organischen Kupferverbindungen, die an und für sich schon bakterienhemmende Eigenschaften besitzen. So wurden Kupferbenzoat, Pyridin-Kupfersalicylat, Kupferphenolat, Kupfertrichlorphenolat, Kupferchlorkresylat, Thymolkupfer, Resorzinkupfer, Brenzkatechinkupfer, Kupfergallat, Kupfer-α-bzw. β-naphtolat, mandelsaures Kupfer, Kresotkupfer und Oxychinolinkupfer verwendet. Es wurde dabei die folgende Arbeitsweise eingeschlagen. Die Wolle wurde mit $^1/_{10}$ molaren Lösungen der Natriumsalze der Antiseptica getränkt und darauf in die Kupfersalzlösung eingelegt. Nach ½stündiger Behandlung bei Zimmertemperatur wurde die Wolle herausgenommen und abgequetscht. Es werden ungefähr die gleichen Resultate erhalten, wenn nachträglich noch gespült wird oder wenn nur an der Luft getrocknet wird.

Die Antiseptica, die für die Verhütung gegen das Schimmeln von Wolle in Frage kommen, teilt man einerseits, nach ihrem Verwendungszweck, in wasserlösliche Substanzen ein, welche der Faser nur während ihrer Verarbeitung Schutz gegen Mehltau verleihen sollen, und anderseits in solche, die der Wolle einen dauerhaften Schutz, besonders für Tropenartikel und Filze für die Papierindustrie, verleihen.

Wasserlösliche und in niedriger Konzentration wirksame Schutzmittel sind Shirlan NA, das Natriumsalz von Salicylanilid, Santobrite, das Natriumpentachlorphenolat selbst. Paranitrophenol wurde im letzten Kriege vielfach verwendet. Es eignet sich allerdings nur für Textilien, deren Aussehen nicht von primärer Bedeutung ist, da unter der Einwirkung von Alkalien eine gelbe Verfärbung auftritt. Unter den permanenten Schutzmitteln gegen Mehltaubefall werden Kupferverbindungen, z. B. Kupfernaphtenat oder Kuprammonsulfat, ferner Kupferverbindungen in Kombination mit Chrom genannt. Race hat 1947 die Anwendung von ammoniakalischem Kupferchromat vorgeschlagen. Paranitrophenol wird zusammen mit Dinitro-α-naphtol oder Dinitro-o-kresol zum Schutz von industriellen Filzen, besonders in den Tropen, herangezogen. Zur Ausrüstung von Filzen in der Papierindustrie verwendet man Kupferchromat in Verbindung mit Phenylmerkuriazetat bzw. die Fixtansäure. (2,2′-Dinaphtylmethan-3,3′-disulfonsäure).

Die I.G. Farbenindustrie hat gegen Pilze Protectol MT (Tannigan SK) empfohlen. Dieses wird in wässeriger Lösung angewendet, wobei 10 g auf 1 Liter Flotte genommen werden (Text. Manuf. 1947, *73*, S. 375). Gegen Bakterien verwendet man Natriumsiliziumfluorid oder das Anilid der Salicylsäure (Shirlan der I.C.I.).

Schimmelbildung auf appretierter oder geschlichteter Ware sowie auf der Appretur selbst[1]).

Sich gerade bildende Stockflecken lassen sich durch eine Chlorierung oder ein Seifen wiederum entfernen. Später werden sie dann nicht mehr entfernbar. Die dritte Periode besteht dann in einem Faserangriff, der zu Löchern im Gewebe führen kann. Solche Stockflecken können jede beliebige Farbe haben und sich über mehrere Gewebelagen erstrecken. Sie treten häufiger gegen die Mitte des Stückes hin auf als an den Rändern und äussern Partien, was darauf hinweist, dass sich diese Schimmelpilze vor allem unter Luftabschluss gut entwickeln können. Sie treten häufiger bei Rohware oder ungefärbtem Material auf als bei gefärbten oder bedruckten Stücken. Haben diese Schimmelpilze die Möglichkeit, sich von den in der Appretur enthaltenen Substanzen zu ernähren, so greifen sie die Faser kaum an.

Man soll sich davor hüten, die Ware in feuchten und schlecht belüfteten Räumen zu lagern. Vor allem ist es auch gefährlich, in solchen Räumen eine Temperatur zu haben, die die Entwicklung der Schimmelpilze begünstigt.

---

[1]) Hausner, W. u. L. Ind. *55*, S. 313, Antiseptische Mittel auf Kartoffelstärkekleister.

Eine Belüftung bringt das Wachstum jener Mikroorganismen zum Stillstand, die nur unter Luftabschluss sich entwickeln können. Anderseits werden dadurch die andern Mikroorganismen begünstigt, doch sind sie dann weniger schädlich. Die besten Resultate werden erzielt, wenn man abwechslungsweise ventiliert und die Ware von der Luft abschliesst.

Unter den bei der Appretur verwendeten Produkten befördern am meisten die Schimmelbildung die Mehle, vor allem die Mehle der verschiedenen Getreidearten, dann die Stärken und Kartoffelstärken; darauf folgen die Dextrine und löslichen Stärken, bei denen Schimmel nur nach ca. 14 Tagen bei Lagerung unter für die Entwicklung der Kryptogamen sehr günstigen Temperatur- und Feuchtigkeitsbedingungen auftritt. Werden diese letzteren Produkte den Stärkeprodukten in einer bestimmten Menge zugemischt, so wird die Entwicklung der Schimmelpilze sehr deutlich gehemmt.

Auch bei Gelatine tritt sehr gerne Schimmelbildung auf. Die günstigsten Bedingungen bezüglich Feuchtigkeit und Temperatur sind hier jedoch etwas anders als bei den Stärkeprodukten.

In Abwesenheit jeglicher antiseptisch wirkender Verbindung verhalten sich Gelatine und die Stärkeprodukte verschieden, je nach der Art des Gewebes und der Behandlungen, denen es unterworfen wurde. Schimmel ist besonders auf roher Baumwolle zu befürchten, da diese Substanzen enthält, die das Wachstum der Kryptogamen begünstigt. Die Gefahr ist besonders gross, wenn das Rohgewebe eine Mehlauflagerung ohne Zusatz von Antiseptica besitzt. Werden die Baumwollgewebe in rohem Zustande exportiert, so darf ein Zusatz solcher Antiseptica zu einer solchen Auflagerung nie fehlen. Meistens verwendet man dabei auf 100 kg Mehl 14—15 Liter Zinkchlorid von 48° Bé.

Bei völlig gebleichten Geweben kann das Auftreten von Schimmel nur auf das Appretieren zurückgeführt werden. Durch die Bleiche wird das Gewebe aseptisch. Es besteht daher praktisch keine Gefahr der Schimmelbildung, wenn die Appreturmittel durch eine vorgängige Behandlung ebenfalls aseptisch gemacht wurden. Dies ist z. B. bei den Dextrinen und löslichen Stärken der Fall. Unter solchen Bedingungen kann sich Schimmel nur bilden, wenn Keime aus der Luft darauf gebracht werden. Sind die Appreturanstalten sehr sauber und wenn kein Luftzug aus der Richtung eines Feldes vorhanden ist, so kann sich die Verwendung antiseptischer Mittel sehr oft erübrigen.

Ebenfalls der Grossteil der gefärbten Gewebe ist aseptisch, was sich auf die verwendeten Farbstoffe und die Temperatur beim Färben zurückführen lässt. Die auf dem Gewebe fixierten Farbstoffe können auch bezüglich der Appreturmittel geradezu als Antiseptica wirken.

Die Gefahr der Schimmelbildung wird erhöht durch die Anwesenheit hygroskopischer Substanzen in der Appretur, ganz besonders wenn diese nicht antiseptisch sind oder ihre antiseptische Wirkung nur gering ist im Vergleich zu der von ihnen zurückgehaltenen Wassermenge. Dies trifft z. B. zu für Magnesiumchlorid, Kalziumchlorid und sogar Natriumchlorid. Zinkchlorid hingegen ist nicht sehr gefährlich. Es ist gut möglich, dass sich Schimmelpilze auf Appreturen, die nur eine sehr geringe Menge dieses Chlorids enthalten, entwickeln, aber die Feuchtigkeit, die es anzieht, ist zu gering, als dass man die Schimmelbildung daraus erklären könnte.

Es gibt auch Antiseptica, die nur die verschiedenen Stärkesorten während der Lagerung konservieren sollen, die aber die Schimmelbildung auf den appretierten Geweben nicht mit Sicherheit zu verhüten vermögen. Dies trifft vor allem für eine Anzahl Antiseptica zu, die entweder nur in geringer Menge angewandt werden oder sich mit der Zeit verflüchtigen. Für die letzteren ist das bekannteste Beispiel der Kampher, den man der Appretur in Alkohol, Aceton, Äther oder Ölen gelöst zugeben kann. Der hohe Preis erlaubt jedoch seine Verwendung nur in ganz speziellen Fällen.

Der Schutz von Textilien gegenüber Mikroorganismen war Gegenstand zahlreicher Untersuchungen, und eine ganze Anzahl von Produkten wurden empfohlen und auf den Markt gebracht.

Antiseptica[1]).

Die am meisten angewandte Methode zur Verhütung von Schimmel auf Zellulose und ganz speziell auf mit Kartoffelstärke appretierter Baumwolle sowie auf Wolle ist die Verwendung von antiseptischen Mitteln. Entsprechend den hier gestellten Anforderungen verwendet man wasserlösliche Antiseptica, die der Ware einen vorübergehenden Schutz verleihen. Hingegen ist zum Schutze der für tropische Gegenden bestimmten Waren (Filze) eine dauerhafte Behandlung unbedingt notwendig.

Es sei hier auf eine Arbeit von Fargher, Galloway und Probert (J. Text. Inst. 1930, 21, S. 245) hingewiesen, die sich auf die Prüfung zahlreicher Verbindungen auf ihre antiseptische Wirkung bezieht. Sie untersuchten 32 anorganische Salze, 25 organische Quecksilberverbindungen und 108 andere organische Präparate.

[1]) Fargher, Galloway und Probert, J. Text. Inst. 1930, 21, S. 245; Morris, J. Text. Inst. 1927, 15, S. 99; Furry und Robinson, Amer. Dyest. Rep. 1941, 30, S. 504; Wool Science Rev. 1950, 6, S. 21; Tiba, 1939, S. 25; 1940, S. 83; K. Fischer, Dtsche. Wollengew. 1939, 71, S. 704; Rev. Chim. Ind. 1926, März, S. 41; Mell. 1930, 11, S. 796; Hausner, W. u. L. Ind. 55, S. 313; Wengraf's Ber. 1935, November, S. 25; Tiba 1939, S. 35; 1934, September; Text. Col. 1934, Februar.

Anderseits fand Morris (J. Text. Inst. 1927, *18*, S. 99), dass ganz speziell drei Produkte eine aussergewöhnliche Toxizität besitzen, nämlich:

Thalliumkarbonat.

p-Nitrophenol.

2,4,6-Trichlorphenol.

Leider besitzen diese drei Produkte jedoch Eigenschaften, die einer Verwendung hinderlich sind. Thalliumkarbonat ist zu kostspielig; p-Nitrophenol besitzt eine Eigenfärbung und 2,4,6-Trichlorphenol hat einen unangenehmen Geruch.

Ein gutes Antisepticum soll geruchlos, farblos, von geringem Selbstkostenpreis und leicht löslich in der Appreturmasse sein. Zudem darf es nicht ungünstig auf die Zellulose, die Farbstoffe und die verwendeten Appreturmittel einwirken. Es soll auch wärmebeständig sein.

An ein gutes Konservierungsmittel werden eine ganze Reihe von Anforderungen gestellt. Bei vorschriftsgemässem Gebrauch soll es völlig ungefährlich sein. Es darf weder hygroskopisch sein noch Verunreinigungen enthalten. Ein Dissoziieren in wässeriger Lösung ist nicht erwünscht, und mit Seifen, Alkalien, Schlichte sowie Appreturmitteln soll es keine Niederschläge bilden, was sich z. B. bei Zinkchlorid nicht vermeiden lässt. Das Konservierungsmittel soll eine neutrale Reaktion zeigen, aber auch nötigenfalls in schwach saurer oder schwach alkalischer Lösung nichts an Wirksamkeit einbüssen. Zudem sollen gefärbte Materialien nicht ungünstig beeinflusst werden. Ein Erhitzen des Konservierungsmittels mit der Ware auf dem Zylinder oder Kalander oder beim Bügeln darf nicht zu einer Zersetzung oder gar zu einer Faserschädigung führen. Günstig ist es, wenn bereits geringe Mengen einen vollständigen Schutz zu bieten vermögen. Unter allen Umständen ist jedoch eine konstante Desinfektionswirkung zu fordern.

Sehr schwer ist es, die Wirksamkeit eines Antisepticums im voraus zu bestimmen, wenn man nicht weiss, unter welchen Bedingungen es angewandt wird. Es spielt hier die Art der Appretur und des Textilmaterials, welches durch das Färben oder andere Behandlungen verändert worden sein kann, eine Rolle. Es lässt sich daher nicht auf den praktischen Wert eines Konservierungsmittels schliessen auf Grund seines Verhaltens gegenüber einer Fleischbrühe-Kultur. Nichtsdestoweniger kann diese letztere Methode als Anhaltspunkt dienen, wenn es sich um Rohgewebe handelt. Für alle Fälle mag die folgende Aufstellung nützlich sein zur Bestimmung der Minimalkonzentration einer antiseptischen Lösung. Die wichtigste Voraussetzung für eine solche Lösung ist jedoch, dass sie keine Mikroorganismen auf das Gewebe bringt.

Minimale Konservierungsmittelmenge im Liter neutraler Bouillon.

0,05 g Wasserstoffsuperoxyd		3,50 g Kaliumpermanganat	
0,25 g Jod		7,50 g Borsäure	
0,60 g Brom		10 g salicylsaures Natrium	
1,90 g Zinkchlorid		70 g Borax	
3,20 g Phenol		95 g wasserfreier Alkohol	

Hieraus ist ersichtlich, dass der grösste Teil der Behandlungen mit Wasserstoffsuperoxyd die Keime, die sich auf der Rohware befinden, tötet. Dies kann ebenfalls für gewisse Behandlungen zutreffen, bei denen Zinkchlorid oder Permanganat verwendet wird. Anderseits kann keine konservierende Wirkung erwartet werden infolge einer Behandlung mit Borax, eine Behandlung, die übrigens nur sehr selten vorkommt.

Die antiseptische Wirkung ähnlicher Behandlungen hat jedoch keinerlei praktische Bedeutung, wenn nachher während genügend langer Zeit bei Temperaturen von 110° C und mehr gearbeitet wird, denn eine solche Behandlung tötet mit bedeutend grösserer Sicherheit sämtliche Keime, als jegliches andere Verfahren mit einer zusätzlichen konservierenden Wirkung.

Die folgende Zusammenstellung aus dem Textile Colourist (Februar 1934) gibt für verschiedene Konservierungsmittel die Mindestkonzentration an, die für Stärkeverdickungen nötig ist.

Zinkchlorid	6%	Kresol und analoge Verbindungen	0,5%
Borsäure	2%	Kupfersulfat	0,3%
Natriumsilikofluorid	2%	Salicylsäure	0,3%

Marsh gibt in seinem Werke eine Tabelle, die die Konzentration angibt, in der verschiedene Schutzmittel gegen Fäulnis, Pilze oder Bakterien bei der Imprägnierung von Textilien angewandt werden müssen[1].

Benzoesäure	0,05 %	Quecksilberphenylnitrat	0,01%
Kresotinsäure	0,1 %	Ammoniumfluorid	0,04%
Dinitrophenol	0,02 %	Borax	0,9 %
Formaldehyd	0,05 %	Quecksilber-2-chlorid	0,02%
Pentachlorphenol	0,014%	Ammoniumfluorid	0,8 %
Phenol	0,13 %	Natriumsiliziumfluorid	0,15%
Shirlan	0,025%		

Zur Konservierung von Appreturen, die Gelatine enthalten, können die folgenden Produkte verwendet werden: Salicylsäure, Äthylsalicylat, Benzoesäure, Natriumbenzoat und β-Naphtol. Es

---

[1] Textile Finishing, 1947, S. 512; vgl. *amer. P. 2.530.792.*

wird dabei 0,1 bis 0,5 g Konservierungsmittel zu 1 kg trockener Gelatine gegeben. Die höhere Konzentration gilt für Appreturen, die ziemlich viel Wasser aufzunehmen vermögen, oder für solche, die noch Stärkeprodukte enthalten.

Zum Schutze der Textilien gegen den Angriff durch Schimmel und Bakterien werden eine ganze Reihe von Produkten verwendet, die sich in drei Gruppen einreihen lassen:

1. Organische Verbindungen.
2. Metallorganische Verbindungen.
3. Anorganische Verbindungen.

Organische Verbindungen.

Eine grosse Anzahl von Verbindungen wurden auf ihre konservierende Wirkung bezüglich Schimmelbildung untersucht. Viele der vorgeschlagenen Substanzen haben jedoch den Nachteil, dass sie unangenehm riechen, gefärbt sind oder einen zu hohen Preis haben.

So besitzt z. B. Phenol (Karbolsäure) einen widerlichen Geruch. Es wurde beobachtet, dass die Giftigkeit des Phenols durch Einführung von Nitro- oder Methylgruppen erhöht und durch die Anwesenheit von Sulfongruppen vermindert wird. So zeigen z. B. eine erhöhte Wirkung Körper wie p-Nitrophenol, 2,4,6-Trichlorphenol, Dinitro-α-naphtol und Dinitro-o-kresol.

Schon im Verhältnis von 1:10 000 äusserst wirksam, verleiht Phenol der Ware aber einen schlechten Geruch und verfärbt sich in alkalischem Milieu. Lysol ist bei einer Verdünnung von 2:10 000 noch wirksam, ist jedoch braun gefärbt. Sein widerlicher Geruch verschwindet jedoch, sobald die Appretur einmal gekocht worden ist. Beim Kresol liegen die Verhältnisse ähnlich wie beim Phenol, doch ist sein Geruch etwas weniger unangenehm. Ferner seien noch das Aristol (ein Dijodthymol) von gelboranger Farbe und das Aseptol (o-Phenolsulfonsäure) von rötlicher Farbe erwähnt.

Das Tribromphenol ist 13mal wirksamer als Phenol; doch ist es etwas zu kostspielig. Weitere Spezialprodukte sind noch das Betol (β-Naphtylsalicylat), Chlorkresol (o-Chlor-m-kresol und o-Chlor-p-kresol gemischt), welches jedoch nicht völlig geruchlos ist, Chlorthymol (6-Chlor-3-oxy-1-methyl-4-isopropylbenzol) von äusserst toxischer Wirkung, Chlorxylenol (2-Chlor-5-oxy-1,3-dimethylbenzol), Formatol (für Zylinderschlichtung empfohlen) als sicherer Ersatz für Formaldehyd, der auch in der Hitze wirksam bleibt, Grotan (Chlorkresol-Alkalikomplex) mit ausgezeichneter keimtötender Wirkung in Konzentrationen von 0,5—0,1% angewendet, Kresol Raschit C 1 (5%iges Chlorkresol-Seifengemisch) im Verhältnis 1:200

bis 1:500 angewendet, Preventol (I.G. Farbenindustrie), Raschit (p-Chlor-m-kresol), ein farbloses, kristallines Produkt, sogar dem Sublimat weit überlegen und bereits in Konzentrationen von 1:2000 absolut zuverlässig, Salol (Phenylsalicylat).

Das *D.R.P. 662.444* von Lüder hebt hervor, dass ein grosser Teil der zur Konservierung von Textilien verwendeten Antiseptica den Nachteil besitzen, dass sie wasserlöslich sind und daher beim Waschen wiederum entfernt werden. Eine Ausnahme hiervon bildet die schwerlösliche Salicylsäure. Da sich jedoch nur sehr verdünnte Salicylsäurelösungen herstellen lassen, kann man natürlich aus wässeriger Lösung auch nur sehr geringe Mengen Salicylsäure auf die Faser auflagern. Es wird deshalb empfohlen, an Stelle wässeriger Lösungen solche in Tetrachlorkohlenstoff zu verwenden, in welchem Lösungsmittel die Salicylsäure bedeutend besser löslich ist als in Wasser.

Ähnlich ist auch das *D.R.P. 666.392* von Merkel und Kienlin, welches die Verwendung von Salicylsäure zusammen mit Oxysulfonsäuren, z. B. o-Oxybenzoylphenol-p-sulfosäure

empfiehlt. Diese Verbindung zieht gut auf die Faser auf und spaltet erst während des Tragens des betreffenden Kleidungsstückes Salicylsäure, also das Desinfektionsmittel, ab.

Salicylsäure sowie Benzoesäure oder auch die entsprechenden Natriumsalze ergeben mit Eisen gefärbte Verbindungen (siehe *D. A. 93.388* der Deutschen Forschungsges., Schutz von Eiweissfasern durch Behandeln mit Salicylsäurelösung).

Metcalf schlägt im *brit. P. 460.818* Salicylsäurepräparate vor, deren Wirksamkeit durch eine nachträgliche Imprägnierung des Gewebes mit essigsaurer Tonerde noch erhöht werden soll. Nach den Angaben des Patentes soll dadurch eine Verdoppelung der Wirksamkeit dieser Produkte erzielt werden.

Die Verwendung des Salicylsäureanilids als Konservierungsmittel wird in den *brit. P. 323.579* und *amer. P. 1.873.365* vorgeschlagen. Diese Verbindung wurde von den Imp. Chem. Ind. unter dem Namen Shirlan in den Handel gebracht. Salicylsäureanilid ist ein weisses, geruchloses Pulver, das in Wasser genügend löslich ist (0,005% bei 25° C und 0,08% bei 100° C).

Ferner wären noch das Septonal der Lab. Zundel, Joliet & Cie, entsprechend dem Äthylglykolbromazetat, und Aseptix von Sandoz zu erwähnen. Die Dow. Chem. Co. empfiehlt im *amer. P. 2.480.084,*

1949, als Desinfektionsmittel eine Lösung eines Natriumsalzes der 3-Phenylsalicylsäure und eines Kupfersalzes.

Rhône-Poulenc bringt ein ganze Anzahl antiseptischer Chemikalien zur Konservierung von Avivageflotten, Verdickungen und Appreturen in den Handel, die unter dem Ramen Arésolène bekannt sind. Die wichtigsten Typen sind:

Arésolène S 10 — Natrium-o-phenylphenolat
Arésolène S 11 — Natriumtrichlorphenolat
Arésolène S 12 — Natriumpentachlorphenolat
Arésolène S 13 — p-Oxybenzoesäuremethylester (Natriumsalz)
Arésolène A 10 — o-Phenylphenol
Arésolène A 11 — Trichlorphenol
Arésolène A 12 — Pentachlorphenol
Arésolène A 13 — Methylester der p-Oxybenzoesäure

Durch die Firma Progil in Lyon wurden verschiedene Möglichkeiten zum Schutze organischer Materialien ganz allgemein gegen Bakterien und Insekten geprüft. Im Laufe dieser Arbeiten wurde gefunden, dass die Phenole (z. B. o-Phenylphenol) und ihre Halogenderivate sehr interessante Eigenschaften aufweisen. So kamen dann beispielsweise folgende Verbindungen unter dem Namen Cryptogil in den Handel: Trichlorphenol, Tetrachlorphenol, Pentachlorphenol, Chlorkresole, Chlorxylenole, Chlor- und Bromphenylphenole.

Burton empfiehlt im *amer. P. 2.457.805*, 1947, zum Schutze der Wolle gegen Mikroorganismen das Formal des 2, 4, 5-Trichlorphenols.

Nach *amer. P. 2.483.008*, 1949, von Tewin Ind. können Proteinfasern gegen bakteriellen Angriff durch Behandeln mit Pentachlorphenoldispersionen, denen noch ein Schutzkolloid zugegeben wird, geschützt werden. Wie die Behandlung, so hat auch das Trocknen bei $p_H = 7$ zu erfolgen.

Die I.G. Farbenindustrie erwähnt im *D.R.P. 595.106* zum Schutze gegen Bakterien verschiedene substituierte Di- und Triarylmethanverbindungen. Diese Verbindungen bieten nicht nur einen Schutz gegen verschiedene Fraßschäden, sondern ergeben zugleich noch eine Verbesserung der Wasch- und Lichtechtheit der Färbung. Auch kommen nach *amer. P. 1.971.436* der I.G. Farbenindustrie-Weiler Körper der allgemeinen Formel

$$\text{HO}-\!\!\left\langle\!\!\bigcirc\!\!\right\rangle\!\!-\overset{\displaystyle H}{\underset{\displaystyle R_1}{\overset{|}{\underset{|}{C}}}}\!\!-R \qquad \text{wobei } R = \text{Arylrest} \atop R_1 = \text{H, OH}$$

für denselben Zweck in Betracht. Diese Beobachtung deckt sich einigermassen mit denjenigen der früheren Erfindung. Als Beispiel diene hier das Kondensationsprodukt aus p-benzaldehydsulfosaurem Natrium und 2 Molekülen 2,4,6-Trichlorphenol

$$R-C(OH)(H)-O-O-C(H)(OH)-R$$

Nach *amer. P. 2.060.733* von Du Pont werden bestimmte stickstoffhaltige Verbindungen, wie die Ester der Karbaminsäure ($NH_2 \cdot COOH$) oder der Thiokarbaminsäure ($NH_2 \cdot CSOH$), dazu verwendet, um die durch das ultraviolette Licht entstehenden chemischen Schädigungen der Fasern zu verhindern.

In den *amer. P. 2.050.196/7* der Wingfoot Corp. wird vorgeschlagen, zur Erhöhung der Widerstandsfähigkeit von Baumwollgarnen gegen Fäulniserreger die Ware mit verschiedenen aromatischen Basen oder mit Gerbsäuren zu imprägnieren. Auf Grund der Patentbeschreibung empfiehlt sich dieses Verfahren ganz besonders für die Herstellung stark gedrehter Garne, z. B. Einlagen für Autopneus.

Als Insektenvertilgungsmittel, Bakterien- und Pilzschutzmittel werden in den *amer. P. 2.115.206* und *2.115.207* von Milas Alkylperoxyde, z. B. Butylidenperoxyd, empfohlen. Diese Verbindungen bilden sich unter Ringschluss aus wasserfreien niederen Alkoholen (Butylalkohol) beim Behandeln mit Peroxyden. Sie eignen sich mehr als Schutzmittel als für das Bleichen. Niedere Alkohole können auch in Gegenwart von Sauerstoff ultravioletten Strahlen ausgesetzt werden, um sie so in die entsprechenden Peroxyde überzuführen. Nach den Angaben des Erfinders bildet sich zuerst aus dem Alkohol $R-CH_2OH$ in Abwesenheit von Wasser ein Peroxyd von der Formel

$$R-C(H)(H)-O-OH$$

Zwei solcher Peroxydmolekühle verbinden sich dann zur folgenden Verbindung

Durch Ringschluss kann dann ein Alkylidenperoxyd von der allgemeinen Formel

$$R-\underset{\underset{H}{|}}{C}\diagup\!\!\!\!\!\underset{\diagdown}{\overset{O}{\underset{O}{|}}}$$

entstehen. Die desinfizierende Wirkung dieser Verbindungen beruht sehr wahrscheinlich auf ihrem starken Oxydationsvermögen.

Zur Verhinderung einer Fortpflanzung der Bakterien werden von den Hydrierwerken im *brit. P. 481.733* Derivate der Rhodanwasserstoffsäure, welche höhere Alkylreste enthalten, empfohlen. Die allgemeine Formel dieser Körper ist $R-X-Y-S-CN$ (R = aliphatischer oder alicyclischer Rest, $X = O$, S oder NH, Y = Alkylenrest). Als Beispiel sei der Cetylester der Rhodanessigsäure erwähnt.

$$\underset{CH_2-COOH}{\overset{S-C=N}{|}} \quad \text{Rhodanessigsäure}$$

Diese Verbindungen sind dadurch ausgezeichnet, dass die Rhodangruppe ($-SCN$) nicht direkt an die aliphatische Kette anschliesst, sondern durch eine Alkylen- oder Arylen-Gruppe mit ihr verbunden sind.

Nach *brit. P. 475.809* der Hydrierwerke sollen im allgemeinen Phenole zur Verhinderung der Schimmelbildung angewendet werden. Diese haben jedoch den Nachteil, dass sie in Wasser nur schwer löslich sind (Chlorthymol, Chlorkresol, Chlorxylenol). Zur Behebung dieses Übelstandes werden Lösungs- oder Dispergiermittel empfohlen. Hiezu kommen z. B. die Alkaliestersalze der höheren Fettalkoholsulfate (C_8-C_{10}) oder sulfurierte Äther höherer Fettalkohole mit Polyalkoholen (Glykol, Glyzerin) in Frage.

Dem *D. R. P. 665.708* von Henkel & Co.-Reuss-Schnitzpahn ist ferner zu entnehmen, dass Verbindungen der allgemeinen Formel $R-X-R_1$ antiseptische Eigenschaften besitzen. Dabei ist R ein alkylaromatischer Rest (z. B. Oxymethylphenyl), X eine Karbonyl- oder Sulfonyl-Gruppe und R_1 ein aliphatischer Rest von hohem Molekulargewicht. Eine solche Verbindung stellt z. B. das Oxymethylphenylundecylketon dar:

$$\underset{OH}{\overset{CH_3}{|}}\!\!\diagup\!\!\!\!\diagdown\!\!-\underset{\overset{\|}{O}}{C}-C_{11}H_{23}$$

Diese Körper besitzen die charakteristische Eigenschaft, in alkalischem Milieu wirksam zu sein, was bei den Phenolen nicht der Fall ist. Diese Verbindungen werden als Zusätze zu Appreturen, Schlichten usw. verwendet.

Nach *schweiz. P. 178.364* der Ciba können auch die bereits bei den Mercerisiermitteln erwähnten tertiären Aminooxyde als Schädlingsbekämpfungsmittel dienen.

Brit. P. 422.923 und *schweiz. P. 172.272* der I.G. Farbenindustrie schlagen ätherartige Verbindungen des Triphenylmethans zur Schädlingsbekämpfung und für die Konservierung vor. Als Beispiel sei der Butyläther der Oxyverbindung des Triphenylmethans, also dessen Karbinole, erwähnt.

Diese Körper ziehen aus saurer Lösung gleichzeitig mit den sauren Farbstoffen auf die Faser.

Die Polythiocyanester der Polykarbonsäuren werden in den *amer. P. 2.077.478* und *2.077.479* von Röhm und Haas als allgemein verwendbare Schädlingsbekämpfungsmittel vorgeschlagen.

Von den Patenten der Firma Geigy auf dem Gebiete der Schädlingsbekämpfung sind vor allem noch zu erwähnen[1]):

Brit. P. 484.448: Verwendung halogenierter aromatischer Körper, die eine —SO_2- oder eine —SO-Gruppe enthalten, wie z. B. das Dichlordiphenylsulfoxyd.

Brit. P. 491.434: Dieses Patent erwähnt ähnliche Verbindungen wie das obige, mit der Ausnahme, dass die SO_2—X-Gruppe durch die Gruppe SO_2—O-Aryl (Arylsulfosäureester des Benzols) ersetzt wird, so z. B.

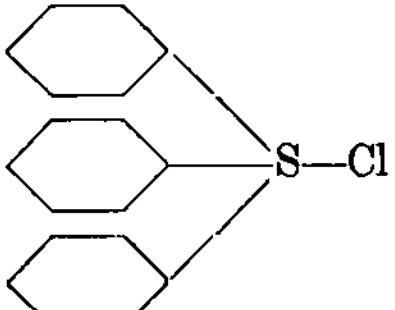

Brit. P. 487.804: Es werden hochsubstituierte Sulfoniumverbindungen nach der Art des Triphenylsulfoniumchlorids vorgeschlagen:

Zum gleichen Zweck empfiehlt die I.G. Farbenindustrie im *brit. P. 483.368* aromatische und heterozyklische Verbindungen mit einem quaternären Ammoniumrest, und zwar vor allem Verbindungen der Di- und Triphenylmethanreihe, die über eine Sauerstoffbrücke mit dem Ammoniumrest verbunden sind.

---

[1]) Siehe auch *brit. P. 606.266* und *603.428* der Geigy Co. Ltd.

Das *brit. P. 502.320* von Geigy nennt Verbindungen der allgemeinen Formel

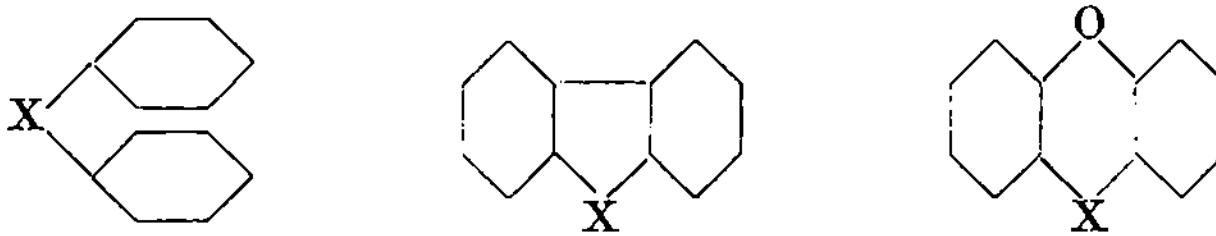

wobei unter X ein Schwefel- oder Sauerstoffatom zu verstehen ist. Diese Verbindungen sollen einen Insektenschutz gewähren. Als einfachste Verbindungen kämen hier das Diphenylsulfid, der Diphenyläther oder deren Halogenderivate in Frage. Diese Produkte werden in Kohlenwasserstoffen, Chlorkohlenwasserstoffen, Alkoholen oder Ketonen gelöst auf das Material gebracht.

Kationaktive Verbindungen.

Unter den oberflächenaktiven Körpern sind die kationaktiven Verbindungen jene, die am häufigsten als keimtötende, fungizide oder desinfizierende Mittel Verwendung finden.

Domagk kommt das Verdienst zu, als erster auf diese Eigenschaften der kationaktiven Verbindungen aufmerksam gemacht zu haben[1]).

Ebenfalls von Kuhn wurde die Verwendung kationaktiver Verbindungen für antiseptische oder bakterizide Zwecke vorgeschlagen.

Die Anzahl der zu dieser Gruppe gehörenden Verbindungen, die als keimtötende und bakterizide Mittel vorgeschlagen und untersucht wurden, ist sehr gross. Jene jedoch, die unter ihnen die grösste Rolle zu spielen scheinen, gehören zu den Alkylpyridiniumhalogeniden oder Trimethylammoniumhalogeniden, wobei ganz speziell solche mit einem Cetylrest von Bedeutung sind.

Domagk beobachtete, dass mit jenen Verbindungen, die eine Dimethylbenzylammoniumgruppe besitzen, ausgezeichnete Resultate erzielt werden. So ist dies etwa mit Roccal oder Zephiran der Fall.

Im Handel befindet sich unter dem Namen Zephirol[2]) der I.G. Farbenindustrie ein solches Produkt. Es ist das Chlorid des Dimethylbenzyldodecylammoniums:

---

[1]) Klarmann und Wright, Soap & Sanit. Chem. 1946, *22*, Nr. 1, S. 125 und Nr. 3, S. 133; Du Bois, Soap & Sanit. Chem. 1947, *23*, Nr. 5, S. 139.

[2]) Andere Handelsmarken:

Cequartyl A	S.P.C.S., Bezons
Zephiran	G. D. C.
Onyx BTC	Onyx
Quartol	Onyx
Texamine K 60	Röhm & Haas
Roccal	Rhodes Chem. Co.
Ammonyx T	Onyx
Rodalon	Rhodes Chem. Co.
Hydrocid	Röhm & Haas

D.R.P. 680.599, 708.076 der Alba Pharmaceutical Co. Dieser Band S. 407, 410 und 566.

$$\text{Benzyl}-CH_2-\overset{\overset{\displaystyle CH_3}{|}}{\underset{\underset{\displaystyle Cl}{}}{N}}\big\langle\!\!\begin{array}{l}CH_3\\C_{12}H_{25}\end{array}$$

Siehe hiezu Rigert, Corps gras, savons 1943, N° 2, S. 41.

Eine Mischung von Zephirol und Raschit (siehe S. 704, p-Chlor-m-kresol) zeigt schon in ganz geringen Mengen angewendet eine erhebliche Schutzwirkung gegen Schimmelbildung.

Ähnliche Produkte sind Tetrosan der Onyx und Triton K 12 von Röhm & Haas, die aus Cetyl-3,4-dichlorbenzyldimethylammoniumchlorid bestehen. Die von Armour Co. Ltd. hergestellten quaternären Ammoniumverbindungen sind unter dem Namen Arquad[1]) bekannt und stellen Alkyltrimethylammoniumchloride dar:

$$R-\overset{\underset{\displaystyle Cl}{|}}{N}\big\langle\!\!\begin{array}{l}CH_3\\CH_3\\CH_3\end{array}$$

wobei der Alkylrest R 8, 10, 12, 14, 16 oder 18 Kohlenstoffatome enthalten kann.

Eines der wichtigsten kationaktiven Produkte, welches als Desinfektionsmittel und keimtötendes Mittel verwendet wird, ist das Hyamine[2]) von Röhm & Haas oder das Phemerol von Parkes, Davis & Co. Man gelangt durch Kondensation von p-tert.-Oktylphenol mit Dichlordiäthyläther und Umsetzung des dabei erhältlichen Monochloräthers mit Benzyldimethylamin zum quaternären Ammoniumsalz zu diesem Produkt, welches von The William S. Merrel & Co. hergestellt wird.

$$\left[C_8H_{17}\!-\!\big\langle\!\!\big\rangle\!-\!O\!-\!C_2H_4\!-\!O\!-\!C_2H_4\!-\!N\big\langle\!\!\begin{array}{l}CH_3\\CH_3\\CH_2\!-\!\big\langle\!\!\big\rangle\end{array}\right]^- Cl^-$$

p-tert. Oktylphenyldiäthoxydimethylbenzylammoniumchlorid

Ferner seien noch die Bakterizide der Emulsol Co. erwähnt, die unter der Bezeichnung Emulsol 606 das Laurylglycinchlorid auf den Markt brachte.

$$\begin{array}{l}CH_2-NH_2\cdot HCl\\|\\C=O\\\quad\diagdown O-C_{12}H_{25}\end{array}$$

Isonol DL der Onyx Oil and Chem. Co. ist Dilauryldimethylammoniumbromid und die Marke EL das entsprechende Chlorid.

---

[1]) Siehe Tabellen am Schlusse des Kapitels, sowie S. 568.

[2]) *Amer. P. 2.087.131, 2.325.514;* Silk & Rayon 1951, *25,* S. 514; *brit. P. 494.766; amer. P. 2.170.111, 2.229.024* von Röhm und Haas. Dieser Band, S. 424.

In den Tabellen am Ende dieses Kapitels sind zahlreiche kation-aktive Verbindungen aufgeführt, die von verschiedenen europäischen und amerikanischen Firmen auf den Markt gebracht werden.

Nach dem *brit. P. 606.066*, 1948, von Stevenson's Ltd. verwendet man zum Schutze der Textilien gegen bakteriellen Angriff das Tri- oder Pentachlorphenol oder auch das Anilid der Salicylsäure (Shirlan) mit quaternären Ammoniumverbindungen der Formel

$$R\!-\!N\!\!\begin{array}{l}\diagup R_1 \\ -R_2 \\ \diagdown R_3\end{array}$$
$$\overset{|}{X}$$

wobei R einem Fettsäurerest mit mehr als 10 Kohlenstoffatomen entspricht, z. B. Cetylpyridiniumbromid.

E. Berkeley Higgins hat im *brit. P. 613.274* (24. 11. 1948) ein Verfahren zum Imprägnieren von Textilfasern gegen biologischen Angriff niedergelegt. Dieses Verfahren besteht darin, dass das Textil-material mit einer wässerigen Emulsion eines höheren Fettsäureesters eines chlorierten Phenols behandelt wird. Es handelt sich hier vor allem um die Laurin-, Stearin-, Kapryl- oder Oleinsäureester des Pentachlorphenols. Um das Aufziehen zu erleichtern, kann noch ein neutrales Salz, wie z. B. Kochsalz oder Glaubersalz, zugegeben wer-den. Ferner kann man auch mit sauren Emulsionen arbeiten und gleichzeitig eine wasserabstossende Emulsion verwenden. Es besteht aber auch die Möglichkeit, die Emulsion alkalisch einzustellen, Seifen zuzusetzen und anschliessend mit Aluminiumsalzen zu behandeln, um so zu einem wasserabweisenden Effekt zu gelangen. Bei pflanz-lichen Fasern wird vorteilhaft die alkalische Emulsion angewendet. Ein grosser Vorteil dieser Fettsäureester ist, dass sie nicht flüchtig sind und gut auf der Faser haften. Zudem wird dabei der Griff der Ware weich und locker.

Trotzdem die chlorierten Phenole, insbesondere Pentachlor-phenol, sehr gute fungizide Eigenschaften aufweisen, eignen sich die-selben nicht als Schutzmittel für Textilien, da sie ungenügend fixiert werden, ausserdem stark flüchtig sind und einen unangenehmen Ge-ruch haben. Diese Nachteile werden vermieden bei Verwendung der Fettsäureester des Pentachlorphenols in der Trockenreinigung.

In einem früheren Patent, dem *brit. P. 597.608*, 1948, empfiehlt E. B. Higgins Azylderivate chlorierter Phenole oder Kresole. Es ge-langen dabei die entsprechenden Lösungen in organischen Lösungs-mitteln zur Verwendung.

Auf Grund des *brit. P.596.362*, 1947, von Higgins[1]) kann ein dauer-hafter Schutz der Zellulose gegen bakterielle Angriffe und Schimmel-

---

[1]) J. Soc. D. and Col. 1948, *64*, S. 206.

befall dadurch erzielt werden, dass man das Textilmaterial mit sauren Dispersionen von Pentachlorphenol behandelt. Diesen Dispersionen gibt man dabei noch ein Schutzkolloid zu, wie z. B. Eiweissabbauprodukte oder ameisensaures Aluminium.

Das *D.R.P. 748.885*, 1944, und das *franz. P. 890.214* der I.G. Farbenindustrie haben ein Verfahren zum Gegenstand, welches ein Gemisch aus Phenolen und Kondensationsprodukten von mehrbasischen Fettsäuren von höherem Molekulargewicht mit mehrwertigen Alkoholen (Glykolen, Stärke) verwendet.

Die Bildung unlöslicher Kupfersalze der Trithiokohlensäure oder analoger Verbindungen von hohem Schwefelgehalt auf dem Textilmaterial, zur Erzielung eines Schutzes gegen bakterielle Angriffe wird von der I.G. Farbenindustrie im *D.R.P. 735.092*, 1943, beschrieben.

Ferner wurde noch eine ganze Reihe weiterer organischer Verbindungen als Schutzmittel gegen Bakterien und Schimmel empfohlen, wie aus den folgenden Beispielen hervorgeht.

Das 3,4-Dichlorbenzolsulfonsäuremethylamid bildet den Gegenstand der *D. A. 77.063* der I.G. Farbenindustrie.

Nach *franz. P. 881.396*, 1943, der I.G. Farbenindustrie wird durch Imprägnieren des Textilmaterials mit aralkylierten Phenolen, deren Arylrest noch einen Alkylrest enthält (Dimethyl- oder Äthylbenzylphenole), eine Schutzwirkung erzielt. Diese Verbindungen werden zusammen mit Paraffinemulsionen angewendet, um dadurch gleichzeitig noch das Gewebe wasserabstossend zu machen.

Aliphatische oder alizyklische Chloramine von hohem Molekulargewicht, wie z. B. Chloraminceten, Chloraminohexadecan, Chloraminotetraisobutylen usw., empfehlen die N.V. Bataafsche Petroleum Maatschappij im *franz. P. 949.616*, 1949.

Eine fäulnis- und bakterienfeste Ausrüstung von Textilien und Papier durch Imprägnieren mit einer ammoniakalischen Zinkdimethyldithiokarbamatlösung bildet den Gegenstand des *brit. P. 574.408*, 1945, der I.G. Farbenindustrie-Evans und I. R. F. Hackson.

Im *brit. P. 505.989*, 1939, empfiehlt Luckhaupt ein Imprägnieren der Textilien mit Terpinhydrat.

Nach *amer. P. 2.486.961*, 1949, der Dow Chem. Co. und F. J. Meyer werden Textilien mit einer Lösung von 1—5 % 2,4'-Dioxybenzophenon unter Zugabe von Mono- oder Dichlorverbindungen behandelt. Das Textilmaterial wird mit einer Lösung, in einem organischen Lösungsmittel, Emulsion oder gemeinsam mit der wasserabstossenden Ausrüstung behandelt und enthält als wirksamen Bestandteil ein Derivat des 2,4'-Dioxybenzophenons. Besonders wirksam sind die Mono- und Dichlorderivate. Weniger oder gar nicht wirksam sind Benzophenone, welche die OH-Gruppe in andern als der 2,4′-Stellung tragen. Eine Art der Anwendung besteht z. B. darin, das Benzophenonderivat einer Präparation beizumischen, welche 15 Teile Äthylzellulose (47,5 % Äthoxylgehalt), 10 Teile Rizinusöl, 25 Teile gehärtetes Kolophonium, 50 Teile Paraffin gelöst in 85 Teilen Petroleumnaphta und 15 Teilen Butanol enthält.

Auch das *amer. P. 2.471.261*, 1949, der Cyanamid Chem. Div. schlägt Mono- oder Dichlorverbindungen als Antiseptica vor, z. B.

wobei A = H oder Halogen
     B = Halogen oder Alkylrest
     x = 2
     n = Zahl kleiner als 8

Nipa empfiehlt im *amer. P. 2.451.149*, 1948, als Schutzmittel den Mono-p-chlorphenyläther des Äthylenglykols.

Zum Schutze von Zellulosegeweben gegen Schimmelbefall eignet sich nach *amer. P. 2.449.787*, 1948, der Dow Chem. Co. eine Imprägnierung der Gewebe mit 0,5—10 % (auf das Warengewicht gerechnet) von Verbindungen folgender schematischer Formel:

$$(X_m\!-\!\langle\ \rangle\!-\!O\!-\!C_nH_{2n}\!-\!CO)_w\!-\!Y$$

wobei X = Halogen   Y = H, NH oder ein Metall   n = 1—3
     m < 5   w = Wertigkeit von Y

Es gelangen Dispersionen dieser Verbindungen zur Anwendung.

Nach *amer. P. 2.430.017*, 1947, von Röhm und Haas können Zellulosegewebe mit Pentahalogenphenylester einer Karbonsäure imprägniert werden.

Das *amer. P. 2.401.028*, 1946, der Amer. Rubber Co. empfiehlt als Schutzmittel wässerige Dispersionen oder Lösungen in organischen Lösungsmitteln von Phenanthren-9,10-chinon, entsprechend der Formel

mit welchen das Gewebe imprägniert wird.

Nach *amer. P. 2.282.181*, 1942, der Amer. Rubber Co. – Kleinert kann Tetramethylthiuranmono- oder disulfid verwendet werden.

Du Pont behandelt nach *amer. P. 2.278.384* und *2.339.912*, 1942, zellulosehaltige Textilien mit Biuret oder Harnstoff sowie mit Diisocyanaten.

Als Schutzmittel empfehlen Amer. Rubber Co. im *amer. P. 2.218.185*, 1940, Azylaminodiarylamine, z. B. p-(p-Toluylsulfonylamino)-phenyl-p-toluylamin oder p-(p-Toluolsulfonylamino)-diphenylamin. Diese Produkte werden in Lösung oder als Emulsionen verwendet.

Textilien, welche beim Gebrauch einer Schädigung oder sogar Zerstörung durch Schimmelpilze und andere Mikroorganismen ausgesetzt sind, lassen sich nach dem *amer. P. 2.530.792* (21. 11. 1950) von The Goodrich Co. – D. Stewart und John H. Standen schützen, wenn man Di-(4-oxychlorphenyl-)dimethylmethan in einer Menge zwischen 0,25 und 1,0 Gew. % (bezogen auf das Warengewicht) anwendet.

Nach *amer. P. 2.503.206* der Monsanto Chem. Co. – D. T. Mowry (J. Soc. D. and Col. 1950, *66*, S. 556) eignen sich zum Schutze gegen Veränderungen durch Mikroorganismen Verbindungen folgender Formel

wobei X und Y = H und H
H und CH$_3$
H und CH$_2$—O—CO—CH$_3$
CH$_3$ und CH$_3$

Derartige Stoffe eignen sich in hervorragender Weise zur Verhütung von Mehltaubefall bei Baumwolltextilien, Jute und Papier.

Zum gleichen Zwecke erwähnt die Dow Chem. Co. – F. Bryner im *amer. P. 2.503.196* Biphenole folgender Konstitution

wobei X = H oder ein Alkylrest mit 1 bis 3 Kohlenstoffatomen.
R = Kette eines Paraffinkohlenwasserstoffs mit einem Zyklohexylrest z. B.:
1-Zyklohexyl-4,4'-bis-(m-isopropyl-p-oxyphenyl)-pentan.

T. E. Reamer der Shell Develop. Co. hat nach *brit. P. 601.456* beobachtet, dass einer energischen Bewetterung ausgesetzte Textilien vor Angriffen durch Pilze oder Bakterien geschützt werden können durch Einlagerung von 2—10 % (auf das Gewicht der Ware berechnet) hochmolekularer Chloramine, die durch unvollständige Umsetzung mit Ammoniak aus chlorierten aliphatischen oder alizyklischen Kohlenwasserstoffen mit mehr als 11 Kohlenstoffatomen, vorzugsweise mit 20—40 Kohlenstoffatomen, also partiell chlorierte Paraffine, erhalten werden. Diese Verbindungen werden meistens in Form ihrer Lösungen in flüchtigen organischen Lösungsmitteln angewendet.

Nach *brit. P. 586.505* von H. Dreyfus können Zelluloseester- oder -äther-Kunstseiden bakterientötend gemacht werden, indem man sie mit einem Kontaktinsektizid imprägniert. Zudem empfiehlt es sich, noch Methylphtalat zuzugeben. So wird z. B. Azetatseide mit einer wässerigen Dispersion von DDT und Methylphtalat behandelt. Es soll dabei 0,5—5%, auf das Gewicht der Ware berechnet, von der ersteren Verbindung und 5—10% von der letzteren Verbindung auf die Faser gebracht werden. So behandelte Textilien behalten ihre Insektizität auch nach wiederholtem Waschen, da diese Insektizide bedeutend stärker von Zelluloseestern oder -äthern zurückgehalten werden als von allen andern Textilmaterialien.

Im *amer. P. 2.390.235*, 1945, der Pacific Mills-Barnard wird empfohlen, das Material mit einer alkalischen Lösung eines Zelluloseäthers und dann mit quaternären Ammoniumsalzen zu behandeln, z. B. mit Dodecylbenzyldimethylammoniumchlorid, also Zephirol oder Zephiran[1])

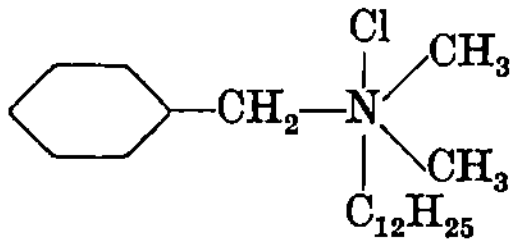

$$\text{C}_6\text{H}_5\text{—CH}_2\text{—} \overset{\overset{\text{Cl}}{|}}{\underset{\underset{\text{C}_{12}\text{H}_{25}}{|}}{\text{N}}} \overset{\text{CH}_3}{\underset{\text{CH}_3}{<}}$$

Das Produkt wird in einer 2,5%igen Suspension auf das Gewebe gebracht, dann wird abgequetscht und getrocknet.

Nach *amer. P. 2.403.945*, 1946, der Pacific Mills können auch Diphenylderivate der Formel

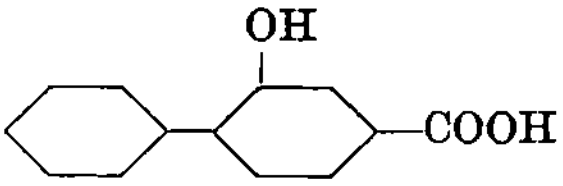

$$\text{C}_6\text{H}_5\text{—} \overset{\overset{\text{OH}}{|}}{\text{C}_6\text{H}_3} \text{—COOH}$$

für eine Schimmelfestausrüstung verwendet werden. Es zeigte sich, dass Oxydiphenylkarbonsäure eine gut wasserbeständige Konservierung ergibt.

Dieses Produkt wird entweder in organischen Lösungsmitteln gelöst — meist in alkoholischer Lösung — oder in Form wässeriger Dispersionen auf das Gewebe gebracht und dort dann niedergeschlagen. Anderseits lassen sich auch wässerige Lösungen der entsprechenden Alkalisalze verwenden, wobei durch eine nachträgliche Säurepassage die Fixierung erfolgt. Wird das Ammoniumsalz verwendet, so kann durch Trocknen bei höherer Temperatur Ammoniak abgespalten werden, so dass sich auch hier schlussendlich die Säure auf der Faser befindet.

Eine Anzahl von Verfahren verwendet Harze, die auf die zu schützenden Textilien aufgebracht werden.

---

[1]) Siehe weiter unten, S. 407, 410, 566, 710.

So empfieht für antiseptische Imprägnierungen von Fäden, Garnen, Geweben, Netzen, Seilen, Segeltuchen usw. das *D. R. P. 709.226* der I.G. Farbenindustrie wasserunlösliche, harzartige Polyvinylverbindungen mit einem Chlorgehalt von mindestens 30% oder Mischungen solcher Verbindungen mit andern chlorhaltigen oder chlorfreien Körpern. Hiezu werden die Polyvinylharze entweder in organischen Lösungsmitteln gelöst, oder es werden davon wässerige Emulsionen hergestellt. Es kommen als Kunstharze Polyvinylchlorid oder dessen Mischpolymerisate mit chlorierten Kohlenwasserstoffen, wie Dichloräthylen, Trichloräthylen oder Polyakrylsäureester, Polystyrol usw. in Betracht.

Als Beispiel kann folgendes Rezept angegeben werden. Zu einer Lösung von 5% des Mischpolymerisats von Vinylchlorid und asymetrischem Dichloräthylen in Chloroform gibt man 2% Tripropylphosphat als Weichmacher zu. Nach dem Imprägnieren wird auf 120° C erhitzt.

In der *D. A. 75.745* empfiehlt die I.G. Farbenindustrie ein Imprägnieren mit Aminotriazinen und Aldehyden.

Ein anderes Verfahren, *D. A. 70.464* der I.G. Farbenindustrie, verwendet ammoniakalische Lösungen von Kupfersalzen höherer Biguanide. Nach dem Imprägnieren werden die Gewebe mit filmbildenden Mitteln nachbehandelt.

Du Pont beschreibt im *amer. P. 2.416.460*, 1947, ein Verfahren, welches den Textilien einen dauerhaften Schutz gewährt. Man verwendet hiezu Salicylsäureanilidemulsionen, die mit folgender Mischung fixiert werden

10 Teile Mineralöl oder Paraffinwachs
6 Teile Polyvinylalkohol
100 Teile Aldehyd

Dow Chem. Co. schützt im *amer. P. 2.371.618*, 1945, ein Verfahren, welches eine Mischung von Polychlorphenol mit einem thermoplastischen Vinylidenchloridkunstharz verwendet. Nach dem Imprägnieren erhitzt man über den Schmelzpunkt der Kunstharze.

Kondensationsprodukte des Zyklohexanonphenols werden nach *amer. P. 2.142.604*, 1939, der Monsanto in Form ihrer Lösungen zum Imprägnieren von Textilien verwendet, um dadurch die Gewebe gegen Pilze und Bakterien zu schützen.

M. Leatherman wurde im *amer. P. 2.439.395* (Mell. 1949, *30*, S. 86) ein Verfahren für eine schimmel- und flammenfeste Ausrüstung von tierischen und pflanzlichen Fasern geschützt. Er verwendet hiezu ein Kopolymerisat aus Vinylazetat und -chlorid und polymerisiertes n-Butylmethakrylat. Als Beispiel diene das folgende Rezept:

15   Teile Kopolymerisat aus Vinylazetat und -chlorid
 5   Teile polymerisiertes n-Butylmethakrylat
10   Teile Trikresylphosphat
 5,8 Teile Zinkkarbonat
27   Teile Azeton
27   Teile aromatisches Lösungsmittel; Dichte = 0,858, Siedepunkt 90—95⁰
 8,7 Teile Petroläther
 4,2 Teile neutrale Pigmentstoffe
 0,5 Teile Pentachlorphenol

Nach Bayley und Weatherburn[1] haben Versuche mit Preventol GD (2,2'-Dioxy-5,5'-dichlordiphenyl) der Irwin Dyestuff Corp.
resp. Compound G-4 der Glough Chemical Co. gelöst in Isopropylalkohol und verdünnt mit Stoddard Lösungsmittel, mit Captex
(Merkaptobenzothiazol) von Vanderbilt Co. gelöst in Cellosolve und
verdünnt mit Stoddard-Lösungsmittel und mit Shirlan NA (Na-
triumsalicylanilid) der Canadian Industries Ltd. gelöst in ammoniakalischem Wasser ergeben, dass das erstgenannte Produkt die beste
fäulnisverhindernde Wirkung besitzt. Bei der Anwendung der Produkte ist die Haut zu schützen, da diese bei Verwendung grösserer
Mengen angegriffen wird.

American Cyanamid Co.-Chester A. Amick erheben im *amer. P.*
2.515.107 vom 11. Juli 1950 Anspruch auf Schutz eines Verfahrens,
welches erlaubt, das Einlaufen von Wolltextilien zu verhindern und
gleichzeitig gegen Angriff von Teppichkäferlarven zu schützen. Hiezu
wird das Material zunächst mit folgendem Gemisch imprägniert: eine
wässerige Lösung eines methylierten Methylolmelamins unter Zusatz
einer kleinen Menge Diammoniumphosphat und Hexamethylentetramin. In dieser Lösung hat man ferner eine azetonische Lösung von
1,1-Bis(chlorphenyl-)-2,2-dichloräthylen dispergiert. Die Chlorphenyl-
gruppen werden dahingehend näher gekennzeichnet, dass in ihnen
durchschnittlich zwei Chloratome auf einen Phenylkern entfallen.
Die Menge des Dichloräthylens in bezug auf das methylierte Methylolmelamin beträgt 10%. Das imprägnierte Textilmaterial wird sodann
bis zu einer Aufnahme der Lösung von 100% (bezogen auf das Gewicht
der trockenen Ware) abgequetscht, getrocknet und bei etwa 140⁰ C
auskondensiert. Im Verlaufe der Kondensation wird das methylierte
Methylolmelamin im innigen Kontakt mit dem Dichloräthylen in die
wasserunlösliche Harzform umgewandelt.

Geigy Co. beansprucht im *austr. P. 137.621* vom 6. Juli 1950[2]
den Schutz eines Verfahrens für ein Mittel gegen Insektenangriff
mit einer wirksamen Verbindung der folgenden Formel

$$R_1 \diagdown \atop R_2 \diagup CH - C \diagup ^{\diagdown X}_{\diagup X} - X$$

[1] Canadian Text. J. 1947, *64*, S. 38.
[2] Mell. 1951, *32*, S. 490.

Hierbei bedeutet X Chlor oder Brom, R_1 und R_2 sind dieselben oder verschiedene Phenyl- oder substituierte Gruppen, wobei mindestens ein Rest Fluor kerngebunden enthalten sein muss. Als Trägersubstanz für diese aktive Verbindung dient ein organisches Lösungsmittel, ein inertes Pulver oder ein wässeriges Medium. Ferner wird ein Verfahren beschrieben, um Materialien, wie Textilien, Papierfabrikate, Leder, Linoleum usw., durch Einlagerung der aktiven insektiziden Verbindung zu schützen.

Ward Blenkinsop & Co. Ltd. schlagen im *brit. P. 603.616*, 1947, Mittel zum Schutze von Textilien gegen Mehltau und Verrottung vor, die aus einem disubstituierten Methan bestehen. Solche Verbindungen werden durch Behandeln von Formaldehyd mit organometallischen Verbindungen der allgemeinen Formel

$$R-Me-Ac$$

erhalten. Dabei bedeuten R einen Alkyl-, Aryl-, Aralkyl- oder heterozyklischen Rest, welcher Substituenten enthalten kann, Me ein mehrwertiges Metall, und zwar besonders Arsen oder Quecksilber, und Ac einen Säurerest, ein Hydroxyd- oder Oxydrest. Ist R ein basischer Rest oder enthält es einen solchen Substituenten, so kann Ac auch eine Atomgruppe sein, die mit dem Metall ein saures Radikal bildet, so dass die Verbindung ungeachtet dessen, ob diese Gruppe bei der Reaktion abgespalten wird oder nicht, mit einer Arylsulfonsäure reagieren kann, so etwa Phenylquecksilber-2-azetat und als Arylsulfonsäure Naphtalin-2-sulfonsäure.

Im *brit. P. 603.463*, 1947, empfiehlt die gleiche Erfinderfirma zum selben Zwecke Kondensationsprodukte aus substituierten oder nicht substituierten Arylsulfonsäuren mit mindestens einem reaktionsfähigen Wasserstoffatom im Ring (z. B. Naphtalin-2-sulfonsäure) und einem Aldehyd (ausser Formaldehyd, z. B. Azetaldehyd), Keton, Imid oder Amid. Die so erhältliche drei- oder vierfach substituierte Methanverbindung wird durch Umsetzung mit einer aliphatischen, aromatischen, aliphatisch-aromatischen oder heterozyklischen organometallischen Verbindung, z. B. 3-Pyridyl-quecksilber-2-azetat, in eine salzartige Verbindung übergeführt.

Verwendung zur Bekämpfung von Schädlingen aller Art soll nach einer Angabe der Ciba im *brit. P. 603.647*, 1947, auch die Verbindung der folgenden allgemeinen Formel finden:

$$X-R_2-O-R_1-O-R_2-X$$

Dabei bedeutet X ein Halogenatom, R_1 eine nicht unterbrochene aliphatische Kette mit 3 bis 12 Kohlenstoffatomen und R_2 ein Alkylenrest mit 2 bis 6 Kohlenstoffatomen. Man gelangt zu solchen Produkten, wenn man 1 Mol einer Dihalogenverbindung, z. B. 1,6-Dichlorhexan oder 1,10-Dichlordekan, mit zwei Molen einer Alkaliverbindung eines Glykols, z. B. Äthylenglykol, zum entsprechenden ω, ω'-Dioxy-alkyläther umsetzt und dann mit Hilfe eines Halogenids einer anorganischen Säure die Hydroxylgruppen durch Halogenreste ersetzt.

Dem Angriff durch Mikroorganismen ausgesetzte Materialien können nach *brit. P. 600.834*, 1947, der Nipa Laboratories Ltd. durch Behandeln mit Verbindungen der allgemeinen Formel

$$C_6H_5—O—CR_1R_2—X—CR_3R_4—OH$$

geschützt werden. R_1, R_2, R_3 und R_4 können Wasserstoff- oder Halogenatome, Alkyl-, Alkylen-, Azylamino-, Azyl-, Aryl-, Arylamino-, Alkylamino-, Alkylkarbonyl- oder Arylkarbonylreste sein, die unter sich gleich oder verschieden sein können, und X eine oder mehrere Methylengruppen (CH_2). Als Beispiele werden α-Propylen-glykol-monophenyläther oder γ-Phenoxy-n-propylalkohol genannt.

Metallorganische Verbindungen und Metallsalze organischer Verbindungen.

Zur Erzielung eines dauerhaften Schutzes der Textilien gegen Schimmel haben sich metallorganische Verbindungen sowie Metallsalze organischer Verbindungen sehr bewährt. Es seien unter anderem folgende Produkte erwähnt: Kupferazetonat (Kupfersalz der Azetonsäure oder α-Oxyisobuttersäure), Quecksilbersalicylat und -oleat, Zink- und Kupfernaphtenat, Kadmium- und Kupferseifen, Kondensationsprodukte des Morpholins und des Hydrochinolins. Ferner werden auch Kupfer-propionylazetonat, Quecksilber-p-tolylsalicylat, Quecksilberphenyloleat oder Quecksilberphenylazetat verwendet.

Die Zink- und Kupfernaphtenate[1]) können in wässeriger Lösung zusammen mit Petroläther (White Spirit) verwendet werden (*D. A. 57.354* und *113.887*). Den gleichen Gedankengang findet man auch im *brit. P. 599.443*, 1948, der Stevenson's Ltd.-H.W. Patridge und G. E. Key[2]). Dieses Patent beschreibt einen Prozess, der ebenfalls Zink- und Kupfernaphtenate verwendet.

Das Verfahren besteht darin, dass auf der Faser wasserunlösliche Kupfer- und/oder Zinksalze gewisser organischer Säuren erzeugt werden, z. B. von Naphtensäuren, gesättigten oder ungesättigten Karbonsäuren mit 10 oder mehr Kohlenstoff-Atomen oder auch Abietinsäure. Die Ware wird mit der wässerigen Lösung des Ammonsalzes der betreffenden Säure und gleichzeitig einer komplexen ammoniakalischen Kupfer- und/oder Zinklösung behandelt, worauf entwässert und ge-

---

[1]) *Amer. P. 2.389.873*, 1945, der Socony Vacuum Oil Co.; *amer. P. 2.364.391*, 1944, sowie *amer. P. 2.157.727*, 1939, der Socony Vacuum Oil Co.: Fällung der Metallsalze auf dem Gewebe, teils Ammoniumnaphtenate und anderseits Salze von Metallen, wie Kupfer oder Zink.

[2]) J. Soc. D. and Col. 1948, S. 354.

trocknet wird. Diese Lösungen enthalten ausserdem noch eine gewisse Menge Pyridin. Der Vorteil dieses Verfahrens gegenüber den früheren besteht darin, dass keine organischen Lösungsmittel angewendet werden müssen und mit einer echten Lösung gearbeitet werden kann, während bei der Anwendung von Emulsionen der Schwermetall-naphtenate keine richtige Durchdringung des Materials erreicht wird.

Nach *amer. P. 2.364.391*, 1944, der Socony Vacuum Oil Co. können Textilien mit Lösungen von Kupfernaphtenaten behandelt werden, denen man noch Ammoniak und Alkylamine zugibt, um eine feinere und gleichmässigere Verteilung in der Lösung zu erhalten. Im Patent wird folgendes Beispiel angegeben.

20 Teile Kupfernaphtenat
20 Teile Ammoniak, 28%ig
60 Teile Wasser
5 Teile Monoäthanolamin.

Die Nat. Proc. Ltd. empfiehlt im *amer. P. 2.280.477*, 1942, eine Behandlung des Textilmaterials mit wasserlöslichen Naphtensäuren, die mit Alkali stabilisiert werden können.

Kupfernaphtenat ist ein grünes Salz, während die entsprechende Zinkverbindung farblos ist. Beide zeichnen sich durch einen stechenden Geruch aus.

Die Metallsalze der Naphtensäure befinden sich unter dem Namen M i c r o n i l im Handel.

Im *amer. P. 2.399.873*, 1946, bemerken die Stranco Inc., dass die Verwendung von Kupfer- und Zinkseifen, -resinaten und -naphtenaten zur Konservierung von Textilien an und für sich bekannt ist. Diese Verfahren zeigen jedoch den Nachteil, dass oft ungleichmässige Effekte erzielt werden. Zudem wird das Aussehen und der Griff der Ware ungünstig beeinflusst. Es wurde nun gefunden, dass diese Nachteile durch eine Nachbehandlung in der Hitze behoben werden können, wenn solche Konservierungsmittel gewählt werden, die bei der Hitzebehandlung schmelzen. Die Antiseptica können in Form ihrer Lösungen in organischen Lösungsmitteln oder in Form ihrer wässerigen Dispersionen, nötigenfalls unter Zusatz paraffinhaltiger Imprägnierungsmittel, auf die Faser gebracht werden.

Man bringt auf das Textilmaterial eine Schutzschicht auf, die sich aus Salzen organischer Säuren zusammensetzt, wie z. B. Oleaten, Resinaten, Naphtenaten, deren Schmelzpunkt zwischen 20 und 120° C liegt. Dabei kommen vor allem die Zink-, Uranium- und Cersalze in Frage. Ebenfalls kann eine Verwendung flüchtiger oder nicht flüchtiger Lösungsmittel ins Auge gefasst werden.

Die N. V. Bataafsche Petroleum Maatschappij erwähnt im *franz. P. 991.103* (einger. am 22. Juli 1949, erteilt am 13. Juni 1951, veröff.

am 1. Oktober 1951), dass vegetabilische Fasern mit Lösungen der Schwermetallsalze höhermolekularer organischer Säuren (Zink- oder Kupfernaphtenate oder -oleate) in Kohlenwasserstoffen (Schwerbenzin) nur schlecht imprägniert werden können, da diese Lösungen nur ungenügend in die Fasern einzudringen vermögen.

In diesem Patent wird daher die Verwendung von Lösungsmitteln aus unterhalb von 200° C siedenden Kohlenwasserstoffen und sowohl in Wasser als auch in Öl löslichen organischen Lösungsmitteln empfohlen. In diesem Falle erfolgt die Imprägnierung sehr rasch.

Die Patentschrift gibt folgendes Beispiel:

    40 Gew.-% Zinknaphtenat (aus Naphtensäuren mit einer Säurezahl von 170)
    57 Gew.-% zwischen 140 und 200° C siedendes Schwerbenzin
     1 Gew.-% Diazetonalkohol
     2 Gew.-% Natriumsalz des Sulfonats aus Naphta (von Weissöl ausgehend)
oder
    39 Gew.-% Kupfernaphtenat (aus Naphtensäuren mit einer Säurezahl von 170)
    49 Gew.-% Schwerbenzin, zwischen 140 und 200° C siedend
     8 Gew.-% Diazetonalkohol
     4 Gew.-% Natriumsalz des Sulfonats aus Naphta.

Das *brit. P. 491.501* der Nat. Proc. Ldt.-Baker empfiehlt Emulsionen von an sich wasserunlöslichen Naphtenaten in Verbindung mit Fettlösern als Antiseptica. Hiezu stellt man vorerst das Zinknaphtenat, eine Masse von der Konsistenz des Vaselins, her und fügt dann so viel Fettlöser (White Spirit) zu, bis eine ölige Flüssigkeit entsteht. Diese Flüssigkeit dispergiert man mit Hilfe eines geeigneten Emulgators (z. B. E m u l p h o r O der I.G. Farbenindustrie, bekanntlich ein Oleylpolyglykoläther). Diese Emulsion, die sich übrigens beliebig verdünnen lässt, dient dann zur Imprägnierung der Gewebe.

K a d m i u m -, Z i n k - und K u p f e r s e i f e n gewähren einen äusserst guten Schutz. Um die unlöslichen Seifen auf den Textilien niederzuschlagen, bedient man sich eines Zweibadverfahrens. Das *D.R.P. 672.116*, 1939, der I. G. Farbenindustrie beschreibt ein Verfahren, das auf der Verwendung alkalischer wässeriger Lösungen komplexer Kupferverbindungen beruht. Zu dieser Lösung gibt man eine genügende Menge löslicher Seifen, die sich mit dem Kupferkomplex umsetzen soll. Die Behandlung bezweckt, dass sich Kupferseifen auf der Faser niederschlagen während des Imprägnierens mit der wässerigen Kupferkomplexlösung und der Seifenlösung.

Diese Lösungen werden aus Kupfersalzen, Glyzerin, Eiweisskörpern oder Seignettesalz in Gegenwart von Natronlauge hergestellt. Anderseits kann man auch Ammoniak oder organische Basen im Überschuss mit einer Kupfersalzlösung reagieren lassen.

Zu einer so hergestellten Lösung kann Seife zugegeben werden, ohne dass sich dabei ein Niederschlag bildet. Die Kupfermenge ist so zu dosieren, dass alles Metall gebunden wird.

Die Fasern werden in diese Lösung gebracht und darauf getrocknet. Die unlösliche Kupferseife befindet sich dann als Niederschlag auf der Faser und lässt sich nicht mehr entfernen.

Kupferresinate werden im *amer. P. 2.371.884*, 1945, der Hercules Powder Co. erwähnt.

Nach dem *schwed. P. 116.158* von L. Aasheim können zum Konservieren von Fischernetzen usw. diese zunächst mit einer Kupfersulfatlösung vorbehandelt werden. In einem zweiten Bade erfolgt dann die Behandlung mit der Seifenlösung. Beim neueren Verfahren verwendet man ammoniakalische Kupfersulfatlösungen in Kombination mit Ammoniumseifen.

Marsh, Greathouse, Bollenbacher und Butler beschreiben die Wirkung von Kupferseifen[1]. Ein Vergleich zwischen Kupfernaphtenat, -tallat und -resinat zeigte, dass das Naphtenat die Schimmelbildung auf Baumwollgeweben bereits in geringerer Konzentration als bei den andern Verbindungen zu verhindern vermag. Verschiedene Einflüsse, die die fungizide Wirkung dieser Kupferverbindungen bestimmen, werden noch erörtert.

Nach dem *brit. P. 592.891* der Nuodex Products Co. Inc. wird das noch Wasser enthaltende Reaktionsprodukt aus einem Alkali, z. B. Natronlauge, einer wasserunlöslichen, nicht flüchtigen organischen Säure, z. B. Naphten- oder Ölsäure, und einem wasserlöslichen Schwermetall- oder Aluminiumsalz, z. B. Aluminium- oder Kupfersulfat, in einem nichtwasserhaltigen, organischen Lösungsmittel, z. B. Amylalkohol, dispergiert und entwässert. Auf diese Art hergestellte Dispersionen eignen sich als Fungizide, aktive Zusätze zu fäulnisverhindernden Anstrichmitteln für Schiffe, Insektizide für mehltauverhütende Mittel, Trocknungsmittel (Sikkative) für Farben und Lacke, Tinten und Linoleum, Mittel zur Verhütung von Trocknungsverlusten beim Dämpfen von Anstrichfarben und andern Überzügen und als Netzmittel.

Zinkdimethyldithiokarbonat zeichnet sich durch seine weisse Farbe aus. Es besitzt zudem keinen Geruch und ist nicht toxisch. Es ist in Wasser und Petrol unlöslich, hingegen löslich in Natronlauge und Benzol.

Das *brit. P. 574.408*, 1945, von W. Baird J. G. Evans und I.R.F. Hackson hat eine auf einer Imprägnierung mit einer ammoniakalischen 0,25%igen Lösung von Zinkdimethyldithiokarbamat beruhende fäulnis- und bakterienfeste Ausrüstung zum Gegenstand.

Morpholin reagiert mit anorganischen Salzen unter Bildung unlöslicher Verbindungen, die von der Faser gut zurückgehalten werden.

---

[1] Chem. Abstr. *38*, S. 1121; Ind. Eng. Chem. 1944, *36*, S. 176.

So bietet eine Kombination von Morpholin mit Kadmiumchlorid oder Kupfersulfat nach *amer. P. 2.247.339*, 1941, von Robinson einen ausgezeichneten Schutz.

Man verwendet Verbindungen, die folgender Formel entsprechen:

$$X[N(CH_2)_4O]_y$$
wobei X = Metall, y = Valenz des Metalls.

So erhält man durch Zugabe von Morpholin[1]) zu einer Lösung von Kupfer- bzw. Kadmiumsulfat Verbindungen wie

$$Cu[N(CH_2)_4O]_2 \quad bzw. \quad Cd[N(CH_2)_4O]_2$$

Das Gewebe wird z. B. mit einer wässerigen, 18%igen Kupfersulfatlösung imprägniert bei einem Flottenverhältnis von 1:25. Während 10 Minuten wird kochend behandelt und die Ware weitere 20 Minuten in dieser Lösung hantiert. Hierauf trocknet man an der Luft und behandelt dann direkt mit Morpholin. Anfänglich weist das Gewebe eine gewisse Steifheit auf, die jedoch beim Trocknen wieder verschwindet.

Kupfersalze des 8-Oxychinolins-Milmer.

Die Kupfersalze des Chinolinols oder des 8-Oxychinolins sind unter dem Namen Milmer bekannt. Dieses ist ein gelb-grünes Pulver, hat ein Molekulargewicht von 351,83 und einen Kupfergehalt von 18%. Es entspricht der Formel

Kupferchelat, in Lösung angewendet.

Es ist ein ausgezeichnetes Konservierungsmittel, in Wasser nur schlecht löslich (0,8:1 000 000) und unlöslich in Säuren und Alkalien. Die Kupferverbindung des 8-Oxychinolins ist auch als Cu-8 bekannt.

---

[1]) Morpholin entspricht der Formel:

Um sie auf die Faser zu bringen, wird die Ware zuerst mit 8-Oxychinolinazetat imprägniert und dann durch eine Kupferazetatlösung genommen, wobei sich auf der Faser der Komplex bildet. Da jedoch keines der beiden Produkte Affinität zur Faser besitzt, ist diese Imprägnierung nicht waschbeständig.

Als Beispiel für die Wirkungsweise der bei der Textilveredlung am meisten verwendeten Chelatbildner Calgon (Natriumhexametaphosphat) und Trilon B (andere Marken: Versene der Bersworth Chem. Co. und Celon E der Société de Produits Chimiques et de Synthèse) sei hier kurz das Verhalten von Trilon B gegenüber gelösten Kalksalzen durch folgende Formulierung angegeben[1])

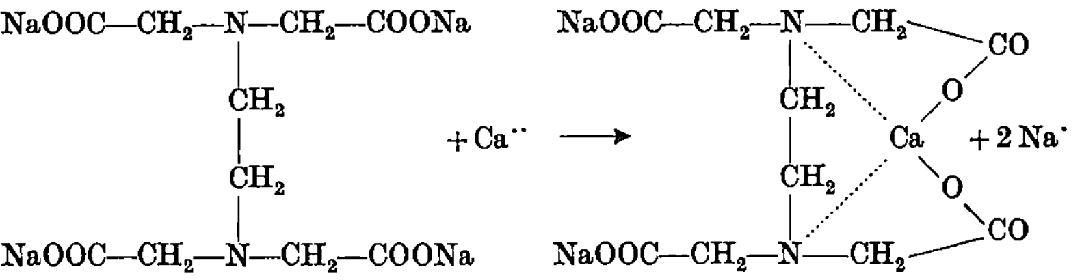

$Amer.$ $P.$ $2.381.863$, 1945, der Monsanto und $brit.$ $P.$ 597.819 beschreiben ein Verfahren zum Konservieren von Textilien, nach welchem eine wasch- und wetterfeste Fixierung des 8-Oxychinolins mit Kupfersalzen erhalten werden kann:

Das Präparieren der Ware kann auf zwei grundsätzlich verschiedene Arbeitsweisen erfolgen:

1. Imprägnierung der Ware mit einem löslichen Kupfersalz und Behandlung mit einem Salz des 8-Hydrochinolins, oder

2. Verwendung der nach $amer.$ $P.$ $2.021.137$ hergestellten lösliche Kupferverbindung des 8-Oxychinolins bei einem p_H-Wert von unter 2,8. Neutralisiert man anschliessend mit Ammoniak, so wird ein unlösliches Kupfersalz gebildet, das waschecht fixiert bleibt.

Im ersteren Falle wird 5 Minuten in einer 1%igen Kupferazetatlösung bei 80⁰ C behandelt, abgequetscht, 5 Minuten bei 70⁰ C in einer 1,6%igen 8-Oxychinolinazetat-Lösung behandelt und wiederum abgequetscht. Nach dem zweiten Verfahren bringt man gleiche Mengen einer 0,6%igen Kupferazetatlösung und einer 0,1%igen Lösung des Azetats der Base zusammen, löst das gebildete Kupfersalz in so viel Salzsäure, dass der p_H-Wert auf 2,4 sinkt, erwärmt auf 40⁰ C und verwendet diese Lösung für die Imprägnierung.

Eine dritte Möglichkeit besteht in einer Vorbehandlung mit Kupfersalzen und Nachbehandlung mit Emulsionen von 8-Oxychinolin.

Nur der Prozess 2 findet sich im Patentanspruch, da hier die Abscheidung der Kupfersalze auf der Faser erfolgt.

---

[1]) Textile Ind. & Fibres 1951, *12*, S. 264.

Amer. P. 2.476.235, 1949, der gleichen Firma verwendet Wasser-in-Öl-Emulsionen im Verhältnis 1:4 bis 4:1. Die Ölphase setzt sich dabei aus folgenden Komponenten zusammen:

½— 5% 8-Oxychinolin und Pentachlorphenol
2—10% eines ölmodifizierten Alkydharzes
3—25% Chlordiphenyl und Mineralöl.

Den gleichen Gedankengang findet man auch im *amer. P. 2.457.025*, 1948, der Monsanto. Zur Erzielung eines dauerhaften Schutzes werden Wasser-in-Öl-Emulsionen verwendet, deren Ölphase sich wie folgt zusammensetzt:

½— 5% halogeniertes 8-Oxychinolin, z. B. 5,7-Dibrom-8-oxy-chinolin in Form des Kupfersalzes
2—10% ölmodifiziertes Alkydharz
3—25% Chlorphenol sowie Melamin-Formaldehyd- oder Harnstoff-Formaldehyd-Vorkondensat.

R. E. Horsey[1]) gibt eine Zusammenstellung der Artikel, die vorteilhaft fäulnisbeständig ausgerüstet werden und nennt auch die bisher bekanntesten chemischen Schutzmittel, wie chlorierte Phenole (Dioxy-dichlor-diphenylmethane, bekannt unter dem Namen G-4), Quecksilberverbindungen und Metallseifen.

Amer. P. 2.423.261, 1947, von Sowa erwähnt die Verwendung von Diphenylquecksilber.

Quecksilbersalze der Fixtansäure.

Im Laufe der letzten Jahre bildeten die Phenylquecksilberderivate den Gegenstand zahlreicher Untersuchungen und wurden als Fungizide vorgeschlagen. Dabei trat vor allem das Quecksilbersalz der 2,2′-Dinaphtylmethan-3,3′-disulfonsäure (Fixtansäure) in den Vordergrund:

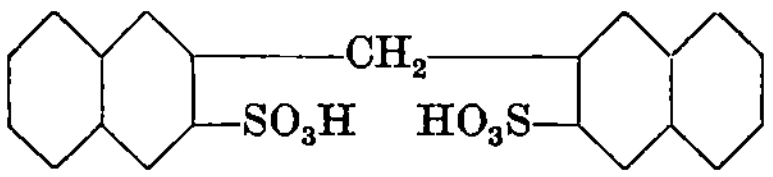

$$\text{—CH}_2\text{—} \qquad \text{—SO}_3\text{H} \quad \text{HO}_3\text{S—}$$

Diese Säure gehört zur Gruppe der **Fixtane**, die Verbindungen mit zwei durch eine aliphatische Kette verbundene aromatische Ringsystemen umfasst. Diese Verbindungen zeigen keine Affinität zu den Fasern. Sie können jedoch auf folgendem Wege auf der Faser fixiert werden. Man beginnt mit einer Imprägnierung der Fasern mit einer wässerigen oder kolloidalen Lösung und fixiert durch nachfolgendes Trocknen das Konservierungsmittel auf dem Textilmaterial. Eine auf diese Art durchgeführte Ausrüstung ist dauerhaft.

Vom Quecksilbersalz lassen sich nur 0,25 %ige Lösungen herstellen, aber durch Zugabe freier Säure lässt sich eine Konzentration von 2,5 % erzielen. Von der freien Säure können Lösungen von 50—70° Bé hergestellt werden. Eine charakteristische Eigenschaft der Fixtane

---

[1]) Textile World 1946, *96*, S. 123.

zeigt sich darin, dass sie nach dem Trocknen unlöslich werden, was erlaubt, die Fasern permanent zu immunisieren.

Eine weitere Verbindung, die erprobt wurde, ist das Laktat des Phenylmercurotrinitriloäthanols, welches in einer Konzentration von 0,4% angewendet wird (Goodavage, Amer. Dyest. Rep. 1943, *32*, S. 265 und Bertolet, Amer. Dyest. Rep. 1943, *32*, S. 214).

Nach *brit. P. 603.102* der Ciba weisen auch tertiäre Quecksilberthioamine von der allgemeinen Formel

$$R_1—Hg—S—R_2—A \,,$$

wobei A = eine Dialkylaminogruppe, R_1 = ein Alkylrest, ein Zykloalkyl-, ein Aryl- oder ein heterozyklischer Rest, R_2 = eine Alkylen- oder Arylen-Gruppe bedeuten, hervorragende desinfizierende und insektizide Eigenschaften auf. Als Beispiel sei das n-Propyl-mercuro-thioäthylendimethylamin erwähnt.

Fluorphosphorsäureverbindungen werden im *brit. P. 602.446* von H. McCombie als gute Insektizide, Fungizide und Bakterizide erwähnt. Sie werden durch Behandeln von Verbindungen folgenden Typs

$$H—X, \text{ wobei } X = -OR_1, -SR_1, -NHR_1, -NR_1R_2$$

(R_1 und R_2 sind gleiche oder verschiedenartige aliphatische, aromatische oder hydroaromatische Reste) mit Phosphoroxydichlorfluorid erhalten. So stellt man z. B. bis-(Zyklohexylamino)-phosphorfluorid durch Zugabe von Phosphoroxydichlorfluorid zu einer Lösung von Zyklohexylamin in Benzol dar.

F. J. Sowa erwähnt im *brit. P. 605.442*, dass Textilien usw. keimfrei und fungizid gemacht werden können, indem man sie mit stabilisierten organischen Quecksilberverbindungen behandelt. Solche Produkte können durch Behandeln einer Verbindung der allgemeinen Formel R—Hg—X (R = Arylrest, X = Anion), z.B. Phenylquecksilberazetat, mit einem Alkylolamin, z. B. Triäthanolamin, erhalten werden. Zudem wird noch entweder zu einem der Reaktionsteilnehmer oder zum Endprodukt ein Stabilisator zugegeben, z. B. Milchsäure. Das mit einer wässerigen Lösung imprägnierte Material wird darauf erhitzt, um die Diarylquecksilberverbindung in situ, d. h. im Material selbst auszufällen.

B. F. Goodrich Co.-W. D. Stewart empfehlen zum Schutze gegen Pilze im *brit. P. 623.996*, 1949, Emulsionen polymerer organischer Polysulfide, mit welchen Textilien, Leder, Papier usw. imprägniert werden können. Beständige Dispersionen von Polyäthylen-polysulfidpartikelchen von nicht mehr als 3 μ Durchmesser erhält man, wenn man wasserlösliche Polysulfide in Gegenwart von Ligninsulfonat als Emulgator in wässeriger Lösung bei einer Temperatur unter 55° C auf ein Alkylendihalogenid einwirken lässt.

---

[1]) Siehe auch *brit. P. 632.154* von B. F. Goodrich Co.

Verwendung anorganischer Salze zur Konservierung von Textilfasern.

Auch eine grosse Zahl anorganischer Produkte, Metallsalze oder Säuren, werden als Antiseptica verwendet. Die wichtigsten seien hier kurz erwähnt.

Borsäure. Ihre geringe Löslichkeit verursacht gewisse Schwierigkeiten. So löst sich in Wasser von 20° C Borsäure nur im Verhältnis 1:25, in heissem Wasser im Verhältnis 1:3 und in Alkohol im Verhältnis 1:15.

Borax, $Na_2B_4O_7$, zeigt nur eine geringe Schutzwirkung gegenüber Mikroorganismen. Man muss ca. 10 g Borax auf 1 kg Stärke verwenden.

Kupfervitriol kann nur bei Verwendung von Gefässen aus rostfreiem Stahl verwendet werden.

Kalziumchlorid zeigt nur in grösseren Mengen angewendet eine Schutzwirkung.

Natriumfluorid wird oft als Konservierungsmittel erwähnt, doch wird von anderer Seite seine Schutzwirkung wiederum bezweifelt.

Die Salze der Kieselfluorwasserstoffsäure sind zum Teil schwerlöslich und auch zu kostspielig.

Zinkchlorid ist nur in ziemlich starker Dosierung wirksam. Es sind davon mindestens 0,8 % nötig zur Erzielung einer Schutzwirkung. Zudem weist es auch noch den Nachteil der Giftigkeit und starker Hygroskopizität auf. Ferner ist Zinkchlorid auch ein starkes Ätzmittel.

Azetate seltener Erden, z. B. Cerazetat, werden im *amer. P. 2.045.738* (Raybestos - Manhattan) als Schutzmittel gegen Schimmelpilze genannt.

Durch Behandeln des Textilmaterials mit einer 5 %igen Kadmiumchloridlösung und Nachbehandlung mit einer 4 %igen Boraxlösung lässt sich ebenfalls eine gute Schutzwirkung erzielen.

Ein anderes Verfahren verwendet eine 5 %ige Kupfersulfatlösung und behandelt mit einer 5 %igen Natriumkarbonatlösung nach. Diese Behandlung bewirkt jedoch eine kleine Schwächung des Materials.

1—2 g Natriumfluorid pro Liter Flotte oder Appreturmasse ergibt im allgemeinen einen sehr befriedigenden Schutzeffekt.

Nach *D.R.P. 713.227*, 1941, von Bolidens verwendet man zur schimmelfesten Ausrüstung von Geweben Natriumbichromat- und Arsensäurelösungen, die noch Verbindungen mit schwachem Reduktionsvermögen wie Melasse sowie je nach der Art der Appretur noch Metallsalze (Cu, Cd oder Zn) enthalten.

Das *amer. P. 2.230.748*, 1941, von Bolidens entspricht dem oben aufgeführten *D.R.P. 713.227*. Es findet sich darin folgende Rezeptur: Das Textilmaterial wird mit einer Lösung imprägniert, die 10 g arsenige Säure, 10 g Kadmiumsulfat, 15 g Natriumbichromat und 20 g Zucker im Liter enthält.

Kupferfluorid und die Kupfersalze der Säuren des Arsens werden im *amer. P. 2.320.257*, 1942, der Alibi Chem. Corp. empfohlen.

Nach *brit. P. 538.129*, 1941, von Fried lassen sich Textilien durch Imprägnation der Gewebe mit einer 5%igen Lösung eines Kupfersalzes, welches durch Lösen von Kupferchlorid, -sulfat oder -nitrat in einer wässerigen Ammoniaklösung oder Lösungen von Alkalihydroxyden erhalten wird, schimmelfest ausrüsten. Es soll dabei 0,6% Kupfer in Form eines unlöslichen basischen Salzes auf der Faser niedergeschlagen werden.

Ein ähnliches Verfahren bildet den Gegenstand des *brit. P. 590.599*, 1947, von Scapa. Beim Behandeln der Ware in einer ammoniakalischen Kupferchromatlösung wird durch Hydrolyse das Metall auf der Faser niedergeschlagen. Beim nachfolgenden Waschen wird das Chrom entfernt, während das Kupfer in fein verteilter Form auf der Faser zurückbleibt.

Zur Konservierung von Textilien, besonders von Netzen, werden nach *D.R.P. 742.995*, 1943, von Devrient Kupfer-1-oxyd-Pasten (Kupferoxydulbrühe) gebraucht. Die Wirkung des Kupfer-1-oxyds wird jedoch aufgehoben, sobald es mit Eisen in Berührung kommt. Um diesen Nachteil auszuschalten, wurde die Zugabe von Natriumphosphat oder gelbem Blutlaugensalz empfohlen, die dann mit den Eisen-3-salzen Komplexe bilden.

Bariumborate lassen sich nach einem Zweibadverfahren durch aufeinanderfolgendes Imprägnieren in einer Borax- und einer Bariumchloridlösung auf der Faser ablagern. *Brit. P. 413.648* und *amer. P. 2.013.081* der Imp. Chem. Ind. haben solche Verfahren zum Gegenstand. Es wird dabei gleichzeitig mit der Konservierung auch noch ein wasserabstossendes Gewebe erhalten.

Amer. P. 2.013.081 gibt dabei folgende Vorschrift für die Schimmelfestausrüstung. Die Ware wird in eine 5%ige Boraxlösung gebracht, die bis zur beginnenden Ausfällung von Bariumborat mit einer 3%igen Bariumchloridlösung versetzt wird. Nun wird erwärmt, um das Bariumborat vollständig auszufällen. Darauf wird gespült und getrocknet. So behandelte Gewebe enthalten 0,95—1,47% des unlöslichen Salzes. Es wurden nach dieser Methode völlig gegen Schimmelporen unempfindliche Gewebe erhalten.

Eine weitere pilz- und fäulniswidrige Imprägnierung wird von Race und Rowe im *brit. P. 588.294* beschrieben. Zellulosegewebe oder -garne werden dabei mit wässerigen Lösungen von Kupfer- und Eisensalzen behandelt. Diese Lösungen dürfen keine wasserunlösliche, koagulierbare und hydrophile Kolloide enthalten. Darauf wird mit Alkali behandelt. Die Affinität der unlöslichen Eisenverbindung unterstützt dabei die Fixierung des Kupfers. Auch Verbindungen des dreiwertigen Chroms können gleichzeitig auf die Faser gebracht werden. Ein Garn, das 0,18 % Kupfer-2-oxyd, 1 % Eisen-3-oxyd und 1,3 % Chrom-3-oxyd enthält, ist gegen Schimmelpilze immun. Zur Verhinderung des Wachstums von Fäulnisbakterien ist ein Gehalt an Kupfer-2-oxyd von 0,66 %, an Eisen-3-oxyd von 1 % und an Chrom-3-oxyd von 0,3 % notwendig. Es wird hier nach einem Zweibadverfahren gearbeitet, wobei das erste Bad z. B. folgende Zusammensetzung haben kann:

16% Chromalaun
3% Eisenammoniumsulfat
2,5% Kupfersulfat.

Das zweite Bad ist eine 1%ige Sodalösung.

Amer. P. 2.035.527 der Aluminium Comp. erwähnt zur Schimmelfestausrüstung eine Imprägnierung mit Chromsalzen mit nachfolgender Fällung von Chromoxydhydrat in der Faser mittels Alkalien. *Amer. P. 2.026.190* von Rhodes empfiehlt eine Einlagerung von Bleichromat, die durch hintereinanderfolgende Imprägnierung mit Bädern von Bleiazetat und Natriumchromat zustande kommt. Diese beiden Patente können sich aber sehr wahrscheinlich nur auf grobe, naturfarbene Gewebe beziehen.

An weiteren Verfahren seien noch kurz erwähnt die Desinfektion von zellulosehaltigen Textilien mit kolloidalen Kupfer- und Silberlösungen nach *brit. P. 415.213* von Pick, die Behandlung mit einer ungefähr 1%igen Chromfluoridlösung nach dem *brit. P. 413.445* von Lowe, eventuell unter Zusatz von Antimonfluorid nach *brit. P. 413.529* von Lowe und die Imprägnierung mit Kadmiumsulfat unter Zugabe eines Bindemittels, wie Glyzerin, nach *brit. P. 412.168* von Ullmann, McLachlan.

Angaben über die Bestimmung fäulnisverhindernder Mittel finden sich im *brit. P. 622.470* von C. F. Brockelsby, St. Albans, W. A. H. Todd, Hampstead, Marconi Instruments Ltd., London. Im Patent wird ein elektrischer Messapparat beschrieben, der auf einer Feuchtigkeitsbestimmung der zu untersuchenden Gewebe beruht. Hiezu wird bei zwei verschiedenen Frequenzen die Dielektrizitätskonstante des zu untersuchenden Materials gemessen. Die bisher auf diesem Prinzip aufgebauten Apparate zeigten jedoch alle den Nachteil, dass die Resultate von der Dichte des Prüflings, der sich zwischen den beiden Platten des Kondensators des Prüfgerätes befindet, abhängig waren. Es lässt sich jedoch eine Beziehung zwischen der Dichte des Prüflings und der Dielektrizitätskonstanten des Materials finden. Unter Berücksichtigung dieser Beziehung wurde nun eine auf Kapazitätsmessungen beruhende Messeinrichtung zur Bestimmung des Feuchtigkeitsgehaltes entwickelt.

A. v. Brandt[1]) gibt ein Laboratoriumsprüfverfahren zur Bestimmung der Fäulniswidrigkeit von Fischernetzen an. Verschiedene Faserarten unterwarf er nach dieser Methode einer Prüfung und untersuchte auch den Einfluss von Imprägnierungsmitteln.

Verfahren zur Erzielung fäulnisfester Gewebe (Verrottungsbeständigkeit).

Textilien, die der Witterung ausgesetzt sind, können mehr oder weniger rasch Veränderungen erleiden. Wichtige Faktoren sind dabei die Temperatur, das Licht, die Feuchtigkeit, die Expositionsdauer und verschiedene andere Umweltsfaktoren usw.

Aus diesem Grunde werden die Textilien von Fall zu Fall etwas verschieden behandelt.

Stockflecken[2]) kommen vor auf rohen, gebleichten, gefärbten, bedruckten, appretierten und nicht appretierten Geweben. Dieselben erscheinen verschiedenartig gefärbt, meistens sind sie leicht gelb oder gräulich, können aber auch dunkelbraun oder ganz grau sein. Die nicht appretierten Rohgewebe werden weniger von Schimmelpilzen befallen als gefärbte. Sauer reagierende Appreturen verursachen am meisten Stockflecken, bzw. Schimmelpilzbildung. Die Sporen oder die Samen von Kryptogamen sind überall in der Luft enthalten. Die Stockflecken verursachenden Kryptogamen sind mikroskopisch kleine Pflanzen. Bei zunehmendem Feuchtigkeitsgehalt des Gewebes entwickeln sich dieselben mit entsprechender Geschwindigkeit. Die beste Temperatur zur günstigen Entwicklung liegt zwischen 25 und 40^{0} C. Das Bleichen und Mercerisieren zerstört die Pilze, wobei sich aber das Gewebe beim Waschen mit Sporen enthaltendem Wasser (z. B. Flusswasser) wieder mit denselben infizieren kann.

Im allgemeinen sind die Verfahren und Schutzmittel die gleichen wie jene, die bereits im ersten Teil dieses Kapitels behandelt wurden.

Die Metallverbindungen ergeben in den meisten Fällen gute Resultate, doch kommen sie nicht für sämtliche Textilien in Frage.

Eines der ältesten Verfahren ist der Willesdenprozess[3]), welcher die Textilien wasserdicht macht und sie vor Schimmelbefall bewahrt. Dieses Verfahren eignet sich ganz besonders für schwere Gewebe, Zeltbahnen, Gewebe für Säcke, Sandsäcke usw.

Man stellt eine Kupfersulfatlösung her, die man mit Ätznatron bei 20^{0} C behandelt. Der Kupferhydroxydniederschlag wird darauf gewaschen und dann in wenig Ammoniak gelöst.

Diese Kupferoxydammoniaklösung löst während des Imprägnierens des Gewebes die Zellulose oberflächlich auf, und es bildet sich

---

[1]) Mell. 1944, *25*, S. 314.
[2]) Rev. Ind. Text. Belge, 1948, *19*, Januarheft.
[3]) Mathews, Textile Fibres 1944, S. 565; Scoffern, *brit. P. 1.744*, 1859; Marsh, Textile Finishing, S. 515.

dann ein Häutchen, welches das Gewebe umgibt. Ein so behandeltes Gewebe ist völlig fäulnisbeständig. Durch eine solche Behandlung erhält das Textilmaterial eine blaugrüne Farbe.

Auch die Verwendung organischer Kupfersalze hat befriedigende Resultate gezeitigt. Ferner kommen noch Quecksilber-, Zink-, Kadmium-, Chrom- und Eisensalze in Frage. Die dabei verwendeten organischen Säuren sind zum grössten Teil Säuren mit einem höhern Molekulargewicht, wie z. B. Ölsäure, Stearinsäure oder auch Naphtensäuren.

Die Metallseifen, wie z. B. jene des Kupfers oder Zinks, können entweder in organischen Lösungsmitteln gelöst oder in Form von Emulsionen (*brit. P. 491.501*, siehe weiter oben) zur Anwendung gelangen. Emulsionen von Metallnaphtenaten befinden sich unter den folgenden Namen im Handel:

Micronil Green = 3,5%iges Kupfernaphtenat
Micronil Clear = Zinknaphtenat

Herstellung einer Naphtenatemulsion:
  17,5 Teile Naphtenat in White Spirit
   2,5 Teile Emulgiermittel (Emulphor O)
  20 Teile Wasser

Kreosot wird sehr oft als Fäulnisschutzmittel verwendet.

Unter den anorganischen Verbindungen sei das erst kürzlich auf dem Markt erschienene Protela SB[1]) erwähnt, welches als Aktivsubstanz Kupferfluorid enthält. Dieses Präparat hat einen Kupfergehalt von 10%. Man löst das Produkt in 10 bis 16 Teilen Wasser von 15 bis 38° C und fügt ein wasserabstossendes Mittel und 1 bis 2% Ammoniak zu. Das Textilmaterial wird darauf mit dieser Lösung imprägniert. Das ammoniakalische Kupferfluorid wird zuerst vom Textilmaterial absorbiert, und nach dem Trocknen befindet sich dann ein Niederschlag von Kupferfluorid auf der Faser.

Ein guter Schutz wird auch durch Mineralkhaki erzielt, welches aus Eisenazetat und Chromazetat erhalten wird. Es wird dabei nachher durch ein alkalisches Bad genommen, wobei dann die entsprechenden Metalloxyd auf der Faser niedergeschlagen werden.

Es scheint dabei, dass hauptsächlich das sechswertige Chrom als aktive Schutzsubstanz wirkt[2]).

Die Imp. Chem. Ind. haben auch ein Verfahren ausgearbeitet, welches eine Suspension von basischem Kupferkarbonat verwendet, eine Verbindung, die sich leicht herstellen lässt und die keinen hohen Einstandspreis besitzt.

Man löst 4,5 kg Natriumkarbonat in
     50 l Wasser und fügt langsam
     10 kg Kupfersulfat in
    300 l Wasser gelöst zu.

---

[1]) Text. World 1942, *92*, S. 88.
[2]) Race, Rowe, Speakman, J. Soc. D. and Col. 1945, *61*, S. 310.

Kupfer- und Ammoniumsulfat sowie Kombinationen von Kupfer mit Chrom ergeben einen ausgezeichneten und dauerhaften Schutz. Auf Grund dieser Tatsache hat Race 1947 die Verwendung von ammoniakalischem Kupferchromat als Fäulnisschutzmittel empfohlen.

Im *brit. P. 553.945* der Alibi Chem. Corp.-L. N. Cox wird ein neues Konservierungsmittel besonders gegen das Verotten von Jutesäcken beschrieben. Der Grundgedanke beruht darauf, dass die gute Wirksamkeit der Fluoride und jene der Kupferionen kombiniert werden, wobei sich gleichzeitig auch deren Nachteile beheben lassen. Der Nachteil der Fluoride besteht in der guten Wasserlöslichkeit des Natriumfluorids, was die Dauerhaftigkeit einer solchen Konservierung herabsetzt. Ammoniakalische Kupferlösungen jedoch weisen die nachteilige Eigenschaft auf, die Zellulose aufzulösen.

Zur Herstellung giesst man eine wässerige Natriumfluoridlösung in eine ammoniakalische Kupferlösung und fügt dann eine organische Base, wie Triäthanolamin, zu, welche den Faserangriff zurückdrängt und die Netzwirkung erhöht. Ferner wird noch der Zusatz einer Beize empfohlen, welche das Kupferfluorid auf der Faser fixieren soll. Durch Zusatz eines Faserquellmittels soll zudem noch die Aufnahmefähigkeit der Faser erhöht werden. Die beschriebenen Konservierungslösungen werden nicht nur für Holz und andere Faserstoffe verwendet, sondern haben auch in der Schädlingsbekämpfung als Spritzmittel Verwendung gefunden.

R. W. Moncrieff[1]) berichtet über einige Untersuchungen über die Verrottungsbeständigkeit von Textilien.

Ein einfaches Mittel, um Baumwolle gegen Verrottung und Bakterienbefall widerstandsfähig zu machen, ist die Azetylierung der Faser, wie schon 1920 Dorée berichtet hat. Es wird dafür folgendes Verfahren angewendet:

100 Teile Zellulosefasergarne werden vorerst durch Eintauchen in Natronlauge von 30^0 Bé bei 20^0 C während 10—15 Minuten mercerisiert, dann gewaschen, abgesäuert und getrocknet. Das mercerisierte Material wird in einem Bad, enthaltend 400 Teile Eisessig + 350 Teile Essigsäureanhydrid + 30 Teile Schwefelsäure, bei Temperaturen unter 40^0 C während einer Stunde behandelt, dann herausgenommen, gewaschen und getrocknet. An Stelle von Essigsäure soll man auch Buttersäure nehmen können. Die so behandelte Faser ist fäulnisfest, schimmelfest und bakterienfest und hat nichts von ihrer Festigkeit und den übrigen Gewebeeigenschaften verloren. Die durch die Veresterung hervorgerufene Gewichtszunahme sollte nicht mehr als 13 %, sondern eher weniger betragen.

Dieser Schutz ist wesentlich weitergehend als derjenige, welcher durch Einlagerung von Kupferverbindungen in die Faser entsteht,

---

[1]) Silk & Rayon 1951, *25*, S. 274.

und der übrigens nur so lange wirkt, als Kupfer auf der Faser anwesend ist und verschwindet, wenn das Kupfer durch äussere Einflüsse ausgelaugt wird, was natürlich bei der Veresterung nicht vorkommen kann.

Ein weiterer Vorteil der Azetylierung ist, dass die behandelte Faser in ihrer Eigenfarbe nicht verändert wird. Dabei muss die Azetylierung nicht vollständig sein, sondern braucht nur etwa 10% der azetylierbaren Gruppen zu erfassen. Die Affinität zu Direktfarbstoffen wird durch die Veresterung nicht wesentlich abgeschwächt. Die Schwierigkeit liegt mehr darin, dass die Azetylierung ein relativ teures Verfahren ist und spezielle Einrichtungen braucht.

Die Einwirkung von Keten auf Baumwollzellulose für die Erzeugung bakterienfester Zellulosefaser führt zu interessanten Resultaten. Keten ist das doppelte Anhydrid der Essigsäure von der Formel $CH_2 = CO$. Eine ökonomische Darstellung dieser Verbindung soll durch Aneinanderreihung folgender Reaktionen möglich sein:

1. Isolierung von Propen aus Krackgasen.

2. Behandlung desselben mit verdünnter Schwefelsäure und Überführung in Isopropylalkohol.

3. Dehydrierung desselben zu Azeton.

4. Thermische Spaltung des letztern in Methan und Keten.

Keten vermag sich an freien OH-Gruppen unter Azetylierung zu addieren nach dem Schema

$$R\text{—}OH + CH_2 = CO \rightarrow R\text{—}O \cdot COCH_3 \, ,$$

ohne dass dabei Wasser abgespalten werden muss wie bei Essigsäureanhydrid, wobei das Wasser mit einem Teil des Anhydrids Essigsäure bildet. Ausserdem ist Keten gasförmig, so dass es möglich erscheint, die Azetylierung im gasförmigen Medium durchzuführen. Soviel dem Verfasser bekannt ist, ist dieses Verfahren noch nicht praktisch versucht worden, würde aber grösstes Interesse verdienen. Bekannt ist lediglich ein Verfahren der Ketoid Co., wonach 100 Teile gereinigte Baumwolle mit 100 Teilen Essigsäureanhydrid + 5 Teilen Schwefelsäure genetzt werden, die Mischung in geschlossenem Gefäss evakuiert und hierauf Ketengas eingeleitet wird. Ein weiteres Verfahren verwendet Äther als Verdünnungsmittel und leitet Keten durch die Mischung. Als Katalysator dient Benzolsulfosäure. Die Verdünnung des Reagens soll dazu dienen, die Polymerisation des Ketens zu vermeiden. Schliesslich ist ein Verfahren bekannt, bei welchem Mischester, z. B. das Propionat/Azetat, hergestellt werden. Fasern, die keiner derartigen Behandlung bedürfen, wären die neuen synthetischen Fasern, doch es mag noch lange dauern, bis diese die Baumwolle in den verschiedenen Anwendungen ersetzen können, wo diese Eigenschaft von ausschlaggebender Wichtigkeit ist.

In einer Arbeit über waschbeständige und schimmelfeste Ausrüstung gibt S. Lee (Interchemical Corp.)[1] einige interessante Einzelheiten. Die bisher für den Schutz von Textilien gegen den Angriff durch Mikroorganismen vorgeschlagenen Mittel (siehe Marsh, Text. Res. J. 1947, *17*, S. 597) besassen alle den Nachteil, nicht waschbeständig zu sein oder unter dem Einfluss ultravioletter Strahlen, des Regens, der Bewetterung usw. unwirksam zu werden.

Es wird daher von S. Lee eine neue Methode beschrieben, um die Schimmelfestigkeit der Gewebe auf eine Art und Weise zu verlängern, die nicht allzu kostspielig ist. Die Schimmelbildung spielt sich so ab, dass zuerst Sporen auf die Ware gelangen und daran haftenbleiben. Unter günstigen Temperatur- und Feuchtigkeitsbedingungen beginnen sie dann zu keimen und scheiden ein Enzym, die Cellulase, aus, welche die Zellulose an der Anhydroglukonbindung spaltet und zu Glukose hydrolysiert. Diese letztere dient dann dem Pilz als Nahrung, so dass er sich vermehren kann und nach und nach das ganze Substrat aufzehrt.

Die Kennzeichen des Pilzbefalls sind bekannt. Es gibt vier prinzipielle Arten, ihm entgegenzuwirken:

1. durch Zerstörung des Organismus;

2. durch Inaktivieren des Enzyms;

3. durch Errichten einer Schranke zwischen dem Pilz und der Faser;

4. durch Veränderung der chemischen Natur der Faser.

Als Chemikalien, die Pilze zu zerstören vermögen, werden Kupferverbindungen, mit gewissen Einschränkungen auch Quecksilberverbindungen, Derivate des Phenols (Pentachlorphenol, 2,2'-Methylen-bis-4-chlorphenol, Salicylanilid) und Naphtenate genannt.

Die Naphtensäuren sind zyklische, gesättigte organische Säuren und werden als Nebenprodukte bei der Petrolraffination gewonnen, und zwar beim Ansäuern der alkalischen Reinigungsflüssigkeit des Gasöles mit Schwefelsäure. Kupfernaphtenat ist in Petroldestillaten löslich und wird in dieser Lösung auf die Faser gebracht, wobei das Lösungsmittel durch Verdampfen zurückgewonnen werden kann.

Besser gelingt jedoch das Aufbringen des Konservierungsmittels auf die Faser mit Hilfe einer Dispersion mit chlorierten Kohlenwasserstoffen als Bindemittel oder mittels einer Wasser-in-Öl-Emulsion und einem Zelluloseäther als Bindemittel. Eine solche Arbeitsweise bringt jedoch den Nachteil mit sich, dass ziemlich grosse Mengen organischer Lösungsmittel verwendet werden müssen. S. Lee empfiehlt daher, das Konservierungsmittel, welches sich infolge seiner Unlöslichkeit

---

[1] S. Lee, Interchemical Corp., Amer. Dyest. Rep. 1950, *39*, S. 145.

wie ein Pigment verhält, auch nach den in der Pigmentfärberei üblichen Methoden auf der Faser zu fixieren. Die Interchemical Corp. bringt ein 30%iges Präparat unter dem Namen Interchemical Milmer Dispersion in den Handel, das sich auch mit Wasser verdünnen lässt und nur sehr wenig organisches Lösungsmittel enthält. Die Waschbeständigkeit dieser Appreturen wird durch Bindemittel sichergestellt, die sich in der Lösungsmittelphase befinden, während oberflächenaktive Stoffe in der äusseren wässerigen Phase enthalten sind.

Als Bindemittel wird eine Mischung von Vorkondensaten härtbarer und thermoplastischer Kunstharze verwendet, während als oberflächenaktive Stoffe anion- und kationaktive Emulgatoren in Frage kommen. Um eine möglichst gute Fixierung zu erzielen, wurde das Verhältnis von Konservierungsmittel zu Bindemittel 1:2 gewählt. Werden 5 Teile der Dispersion mit 10 Teilen Wasser gemischt, so erhält man eine Mischung mit 1,5 % Wirksubstanz, wobei dann bei einem Abquetscheffekt von 67 % die auf der Faser niedergeschlagene Menge 1 % beträgt. Die Fixierung erfolgt am besten durch 1—2 Minuten dauerndes Härten bei 175° C. Es lässt sich aber auch schon bei tieferen Temperaturen eine befriedigende Fixierung erreichen, besonders wenn der Gehalt an Wirksubstanz etwas höher gewählt wird. S. Lee hat an Hand umfangreicher Versuche gezeigt, dass beim Waschen so behandelter Ware wohl ein Rückgang der Schutzwirkung beobachtet werden kann, dass aber selbst nach 25 Wäschen ein solches Gewebe sich Mikroorganismen gegenüber noch widerstandsfähiger erweist als ein unbehandeltes. Gegen Trockenreinigung und Licht ist diese Imprägnierung sehr beständig. Zudem zeigte es sich, dass dieses Verfahren sowohl bei pflanzlichen als auch tierischen Fasern mit gleich gutem Erfolg anwendbar ist. Das Konservierungsmittel ist für höhere Lebewesen unschädlich und auch nicht hautreizend.

Eine weitere ausführliche Arbeit über das Fäulnisfestmachen wurde von H. W. Partridge und G. E. Key[1] veröffentlicht. Die Kriegsführung in tropischen Gegenden hat das Problem des Fäulnisfestmachens besonders aktuell gemacht. Ferner hat die rasche Zerstörung der für den passiven Luftschutz verwendeten Sandsäcke einem breiteren Publikum gezeigt, dass auch Textilmaterialien in unseren Breitenlagen in dieser Hinsicht gefährdet sind. Die wichtigsten Schädlinge gehören entweder zu den Pilzen, worunter die Arten Aspergillus, Chaetomium und Penicillium die häufigsten sind, oder zu den Bakterien, die wegen ihrer Kleinheit viel eher an ihrer Wirkung als durch ihre Anwesenheit erkannt werden. Wie bereits erwähnt, wird durch Wärme und Feuchtigkeit die Entwicklung dieser Mikroorganismen begünstigt.

---

[1] Partridge und Key, J. Text. Inst. 1949, *40*, S. 1077.

Bakterien brauchen dabei mehr Feuchtigkeit als Pilze. Dagegen können sich Pilze leichter unter sauren Bedingungen entwickeln als Bakterien. Es erfolgt ein enzymatischer Abbau der Textilien, wobei eine chemische Vorschädigung (alkaligeschädigte Wolle, Oxyzellulose) den Abbau erleichtert. Biologisch geschädigte Baumwolle zeigt keine wesentliche Abnahme ihrer Viskosität in Kupferoxydammoniak. Man kann also annehmen, dass die abgebaute Zellulose gleichzeitig von den Mikroorganismen aufgezehrt wird und der Rest aus unveränderter Zellulose besteht. Ein biologischer Angriff muss daher mit Hilfe von Festigkeitsuntersuchungen nachgewiesen werden, sofern der Schaden nicht schon von Auge festgestellt werden kann. Da die Anwesenheit leicht assimilierbarer Substanzen, wie Stärke, Mehl, Dextrin, Gummi usw., den Angriff durch solche Schädlinge fördert, ist daher die Reinigung der Faser und die Vermeidung jeder Art von Verunreinigungen, die den Mikroorganismen als Nahrung dienen könnten, die erste Bedingung bei einer fäulnisfesten Ausrüstung. So lässt sich auch erklären, dass gebleichte Baumwolle weniger angegriffen wird als rohe. Da jedoch in der Regel eine solche Reinigung nicht genügt, müssen noch fäulniswidrige Substanzen auf die Faser gebracht werden. An ein ideales Schutzmittel wird eine ganze Reihe von Anforderungen gestellt. So nennen H. W. Partridge und G. E. Key neben der ausschlaggebenden Eigenschaft, dass es Pilze und Bakterien tötet, folgende Merkmale. Es soll keinen unangenehmen Geruch haben, für den Menschen nicht giftig sein, keine Eigenfarbe besitzen, den Griff der Ware nicht beeinflussen und weder direkt noch katalytisch faserschädigend sein. In gewissen Fällen ist auch die Verträglichkeit mit Kautschuk oder trocknenden Ölen erwünscht, in andern wiederum, dass es die elektrische Leitfähigkeit der Gewebe nicht erhöht. Aber auch die Imprägnierung der Gewebe mit dem betreffenden Konservierungsmittel sollte möglichst einfach sein. Für den Verbraucher ist besonders wichtig, dass eine möglichst andauernde Wirkung vorhanden ist und das Antisepticum nicht durch Wasser ausgelaugt wird.

Ein geschichtlicher Rückblick zeigt, dass schon früh für Schiffstaue Teer als antiseptisches Mittel verwendet wurde. Zum gleichen Zwecke wurden Fischernetze mit Katechu, Kupfer und Chrom gefärbt. Telephonstangen und Eisenbahnschwellen wurden mit Kreosot imprägniert usw.

· Im Willesdenverfahren wurde die Baumwolle fäulnisfest gemacht durch Behandeln mit einer Kupferammoniaklösung, die eine oberflächliche Gelatinierung der Faser bewirkte. Beim nachträglichen Trocknen auf Trommeln wurde dann genügend Kupfer fixiert, um die Faser vor Fäulnis zu schützen. Es genügen hiezu bereits Mengen von 1%.

Ein ähnlicher Effekt kann auch mit Bordeaux-Brühe erzielt werden, die ja auch zum Bespritzen der Reben Verwendung findet.

Eine solche Appretur haftet allerdings nur sehr lose auf der Faser. Bedeutend besser sind in dieser Beziehung Verfahren, die zu einer Bildung von Kupferseifen führen. Am besten haben sich jedoch Kupfersalze höherer Fettsäuren bewährt, wie z. B. Kupfernaphtenat. Auch das entsprechende Zinksalz wirkt gut, ist aber nur halb so wirksam, hat jedoch andererseits den Vorteil, farblos zu sein. Meistens wird nach einem Einbadverfahren gearbeitet, wobei das Metallsalz entweder in White Spirit gelöst wird oder als Emulsion auf die Ware gebracht wird. Bei der ersteren Methode bereitet die Rückgewinnung des Lösungsmittels gewisse Schwierigkeiten, da es ziemlich hartnäckig durch das Naphtenat zurückgehalten wird. Die zweite Methode hat den Nachteil, dass die dicke Emulsion nur schlecht in die Faser einzudringen vermag. Zudem wird gleichzeitig mit dem als Emulgator dienenden Leim wiederum eine Substanz auf die Faser gebracht, die den Mikroorganismen als Nahrung dienen kann und zudem oft auch zu einer unerwünschten Versteifung des Gewebes führen kann. Nach einem neueren Verfahren[1]) wird das Kupfernaphtenat oder Zinknaphtenat direkt auf der Faser gebildet. Hiezu werden ammoniakalische Kupferlösungen und Ammoniumnaphtenat verwendet. Beim Trocknen der Ware entweicht das Ammoniak, und es bildet sich unlösliches Kupfernaphtenat. Die Durchdringung der Faser ist sehr gut, namentlich, wenn noch ein geeignetes Netzmittel zugegeben wird.

Andere Metalle, die auch als fäulniswidrige Substanzen verwendet werden können, sind Quecksilber und Chrom. Der Verwendung von Quecksilberverbindungen steht der hohe Preis entgegen. Chromverbindungen werden oft zum Beizen von Wolle und Baumwolle verwendet. Mit mindestens 0,35 % Chromgehalt wird auf Wolle bereits ein genügender Schutz erzielt. Baumwolle wird bei 60° C mit einer 2 % Chromoxyd enthaltenden basischen Chromsulfatlösung imprägniert und darauf wird mit 6 %iger Sodalösung bei 60—80° C das Chrom auf der Faser fixiert. Zum Schluss erhält dann das Gewebe noch einen Wachs- oder Paraffinemulsionsfinish. Nach dem Trocknen soll auf dem Gewebe mindestens 1 % Chromoxyd vorhanden sein.

Chrom hat sich als recht wirksam erwiesen gegenüber den atmosphärischen Einflüssen. Bei Eingrabeversuchen hat sich jedoch Kupfer dem Chrom gegenüber als deutlich überlegen gezeigt.

Als Konservierungsmittel wurden noch viele andere Verbindungen vorgeschlagen, die aber nur teilweise die eingangs erwähnten Anforderungen an ein ideales Schutzmittel erfüllen. Die meisten dieser Produkte enthalten phenolische Gruppen, die aber Wasserlöslichkeit bedingen. Durch Herstellung von Komplexen dieser Verbindungen mit quaternären Ammoniumsalzen lässt sich jedoch dieser Nachteil aus-

---

[1]) Stevenson's Ltd., *brit. P. 599.443.*

schalten. Ein Beispiel dieser Gruppe wäre das Shirlan (Salicylanilid) in Verbindung mit Cetylpyridiniumbromid. Man arbeitet hier nach einem Zweibadverfahren, indem man die Ware zuerst mit einer wässerigen Lösung des Ammoniumsalzes des Shirlans behandelt und nachträglich durch die Lösung des quaternären Ammoniumsalzes nimmt. Es bildet sich dann die unlösliche Komplexverbindung direkt auf der Faser. Eine so behandelte Ware ist gut gegen Fäulnis geschützt, ist nur sehr schwach gebräunt, bewirkt keine Hautreizungen und lässt sich auch gummieren.

Eine Arbeit über die Schimmel- und Verrottungsbeständigkeit und die Wirksamkeit der Textilfungizide findet sich im Amer. Dyest. Rep. 1946, *35*, S. 274. Es werden dabei biologische Tests mit Pilzen und Bodenbakterien beschrieben sowie Prüfungen auf Beständigkeit gegen Wasser und Hitze und ihre Bewertung.

Im J. Int. Soc. Leather Trade Chem. 1946, *7*, S. 172 findet man einige interessante Beobachtungen bezüglich der Verhinderung von Schimmelbildung auf Leder und Textilien. Neben einer Zusammenstellung aller Pilzarten, denen man in der Lederindustrie begegnet, wird auf die Desinfektionsmöglichkeiten unter besonderer Berücksichtigung der Schuhfabrikation hingewiesen. Auch der beschleunigende Einfluss des Schweisses auf die Schimmelbildung wird besprochen. Es wurde dabei eine deutliche Überlegenheit von Phenylquecksilbernitrat gefunden, besonders im Vergleich zu einer Reihe anderer Produkte, wie Natriumsilikofluorid, -chromfluorid, -borfluorid, -pentachlorphenolat, Quecksilbernitrat, Kupfersulfat usw.

Ergänzung.

Es sei hier auch noch auf die folgenden Patente der letzten Jahre verwiesen: *Brit. P. 628.525* von F. J. Sowa, *636.459* der B. F. Goodrich Co. (durch Einwirkung von Formaldehyd auf Merkaptothiazol erhaltenes Schutzmittel), *640.402* der Hercules Powder Co., *645.409* der Buckman Lab., *646.207, 648.400* und *648.773* der Nuodex Prod. Co., *648.518* der Scient. Oil Compounding Co.; *amer. P. 2.476.235* der Monsanto-Benignus, *2.480.084* und *2.486.961* (1,2-Dioxybenzophenon und dessen Mono- und Dichlorderivate) der Dow Chem. Co., *2.494.941* der Nuodex Prod. Co., *2.510.696, 2.510.724* und *2.510.726* der US Rubber Co., *2.513.429* der Hercules Powder Co., *2.519.383* der Monsanto, *2. 524.547* von F. J. Sowa, *2.524.783* der J. Bancroft & Sons Co., *2.537.022* und *2.537.023* von P. D. Bartlett und A. Schneider, *2.545.283* und *2.545.287* von Du Pont; siehe ferner L. Fourt, Text. Res. J. 1951 *21*, S. 26; W. G. Atkins, J. Soc. Chem. Ind. *1950, 69*, S. 61. *Amer. P. 2.417.869* von Claude R. Wickard, Mell. 1948, *29*, S. 320.

Name	Erzeugerfirma	Zusammensetzung
		Phenolderivate und
Arésolène A 10 Dowicide I	Rhône-Poulenc Dow Chem. Co.	o-Phenylphenol.
Arésolène S 10 Dowicide A	Rhône-Poulenc Ciba (USA) und Dow Chem. Co.	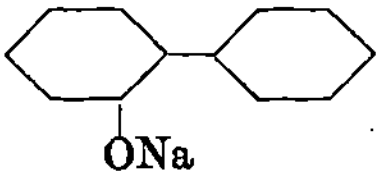 o-Phenylphenolnatrium (Ringstruktur) + H_2O ONa
Cryptogil versch. Marken	Progil	
Amicrol	The Activin Div. Heyden Chem. Corp.	Selbst emulgierende Lösung von Phenylphenol.
Dowicide III Dowicide III	Ciba Dow Chem. Co.	2-Chlor-6-phenylphenol 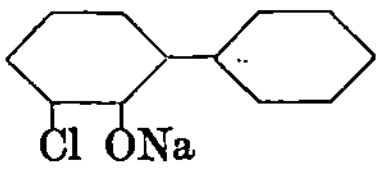 (Ringstruktur) Cl ONa
Dowicide C Dowicide C	Ciba Dow Chem. Co.	Natrium-2-chlor-6-phenylphenolat 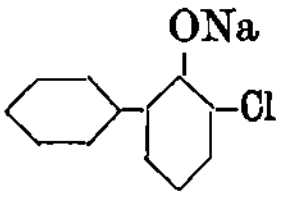 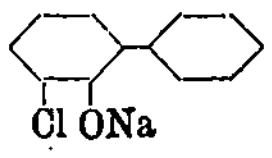 ONa (Ringstruktur) —Cl oder (Ringstruktur) Cl ONa
Arésolène A 11 Dowicide II	Rhône-Poulenc Ciba u. Dow Chem.Co.	2,4,5-Trichlorphenol
Arésolène S 11 Dowicide B	Rhône-Poulenc Ciba (USA) und Dow Chem. Co,	Trichlorphenolnatrium.
Septol	B. P. Ducas	Natrium-2,4,5-trichlorphenolat und Formol.
Preventol 1 Lös.	I. G. Farbenindustrie	2,4,5-Trichlorphenol + Nekal BX + Äthanolamin + Natronlauge.
Preventol SF	I. G. Farbenindustrie	Chlorphenol.
Arésolène A 12 Dowicide VII	Rhône-Poulenc Ciba (USA)	Pentachlorphenol Cl Cl Cl—(Ringstruktur)—O Na Cl Cl
Santobrite	Monsanto Chem. Co.	
Mystox	Cotomance Ltd.	
Arésolène S 12 Dowicide G	Rhône-Poulenc Ciba (USA) und Dow Chem. Co.	Pentachlorphenolnatrium.
Permasan	Monsanto Chem. Co.	5%ige Lösung von Pentachlorphenol in Ölen.

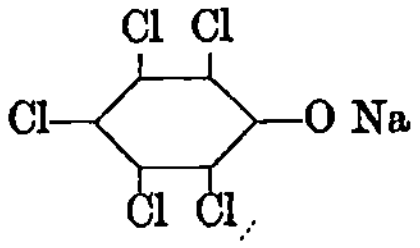

Literatur und Eigenschaften	Verwendungsgebiete
halogenierte Phenole.	
Amer. P. 1.847.583. *Amer. P. 1.917.749.* Weisses, kristallines Pulver, löslich in Alkohol und Azeton, wenig löslich in Benzin, bis zu 40% löslich in kaltem Wasser. Dieser Band, S. 706.	Hochwertiges Bakterienschutzmittel. Dosis 0,5—1% von Gewicht des Trockenmaterials; Antisepticum für Leim, Gelatine, Wachsprodukte. Wirksam gegen Schimmel- und Fäulnisbildung. Wird in Appreturen als Zusatz zu Avivageölen gebraucht.
Amer. P. 1.847.583. *Amer. P. 1.969.963.*	Antisepticum, keim- und pilzvernichtendes Mittel (öllöslich). Schimmel verhütendes Mittel.
Amer. P. 1.917.749.	Antisepticum, keim- und pilztötendes Mittel (öllöslich); Schutzmittel und Schimmelverhütungsmittel für Textilschlichten (bezieht sich auf wasserlösliche Verbindungen).
	Schimmelverhütung. Konservierungsmittel.
	Schimmelverhütung. Konservierungsmittel.
Weisses, neutrales Pulver, leicht löslich in Wasser; hitzebeständig und Metalle nicht angreifend. Textile World 1949, *99*, S. 246.	Wirkt auf sehr viele Mikroorganismen giftig und eignet sich als Fungizid, Insektizid und Bakterizid; als Zusatz zu Schlichten. Es übertrifft in der Wirkung bei weitem Salicylsäure und p-Chlor-m-kresol. Zum Konservieren von Holz.

Name	Erzeugerfirma	Zusammensetzung
Hyamine 3258	Röhm und Haas	Trimethylcetylammoniumpentachlorphenolat.
Dowicide VI Dowicide F	Ciba Ciba u. Dow. Chem. Co.	Tetrachlorphenol. Natriumtetrachlorphenolat.
Grotan	Schülke und Mayer	Chlorkresol-Alkalikomplex.
Raschit	Dr. Raschig, Ludwigshafen	p-Chlor-m-kresol.
Kresol-Raschit C I	Dr. Raschig, Ludwigshafen	5%iges p-Chlor-m-kresol-Seifengemisch.
Orthocen K	Amer. Anil. and Extract Co.	Höhermolekulare sulfurierte Kresole.
Titanoil PO	Titan Chem. Prod.	Pine-oil und Kresol.
Colloid 186 Milducide Nuodex 72	Colloids, Newark Richmond Nuodex Prod. Co.	Phenolderivate. Lösung von substituierten Phenolen. Kokosfettsäureamidsalz des Tetrachlorphenols.
Shell Cresylic Acid Cresylic Acid Rapidole Sanicres Anti-Mildew C	Shell Oil Co. Amer. Brit. Chem. Supplies Warwick Chem. Co. Burkart-Schier Onyx	Mischung von Alkylphenolen, erhalten durch Kracken von Petroleum. Waschmittel + Kresol. Kresolderivat.

Salicylsäure-

Betol		β-Naphtylsalicylat.
Salol		Phenylsalicylat.

Literatur und Eigenschaften	Verwendungsgebiete
Dieser Band, S. 704.	Ausgezeichnete keimtötende Wirkung. Anwendung: 0,5—1%.
Farbloses, kristallines Pulver. Löslich in Wasser 6:100; in 1%iger Lösung dreimal so wirksam gegen Schimmelbildung wie Sublimat. Mell. 1930, S. 796.	
Dieser Band, S. 704.	Anwendung: 1:200 bis 1:500.
Amer. P. 2.526.892.	Schutzmittel gegen Verrottung.
	Schimmelverhütung, Keimtötungsmittel, Hilfsmittel für Mercerisierbäder.

derivate.

Dieser Band, S. 704.	
Dieser Band, S. 705.	

Name	Erzeugerfirma	Zusammensetzung
Fungicide CPS	Arkansas	10%ige Lösung von Kupfer-3-phenylsalicylat.
Shirlan Shirlan A und D Shirlan extra Shirlan NA	I.C.I. Du Pont Du Pont I.C.I.	Salicylsäureanilid. (Strukturformel: Benzolring mit —OH und —CO—NH—Benzolring) In Pulver oder 50%iger Teigform. Kristalwasserhaltiges Natriumsalz des Salicylanilids.

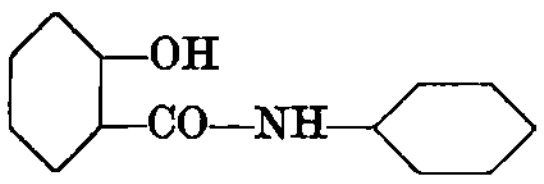

		Anorganische
Sodium Fluoride	Amer. Fluoride Co., New York	Na_2F_2, Natriumfluorid.
Ammonium Fluoride Barium Fluoride	Amer. Fluoride Co., New York	$(NH_4)_2F_2$, Ammoniumfluorid. BaF_2, Bariumfluorid.
Sodium Fluosilicate Barium Fluosilicate Ammonium Fluosilicate	Amer. Fluoride Co., New York	Na_2SiF_6, Natriumsilikofluorid. $BaSiF_6$, Bariumsilikofluorid. $(NH_4)_2SiF_6$, Ammoniumsilikofluorid.

		Organische
Amaform	Amer. Aniline Prod.	Formaldehyd in fester Form.
Septonal	Lab. Zundel, Joliet & Cie.	Äthylglykolbromazetat.
Dichloramine T.U.S.P. Peraktivin	Monsanto Chem. Co. Monsanto Chem. Co.	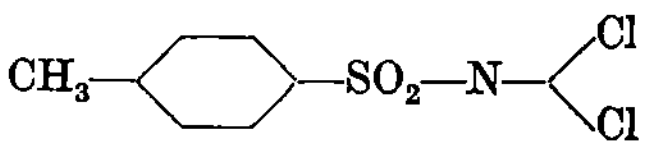 (Strukturformel: CH_3—Benzolring—SO_2—N mit zwei Cl)
Chloramine Aktivin	Monsanto Chem. Co. Monsanto Chem. Co.	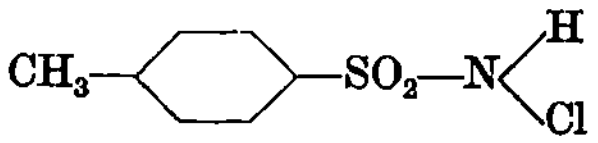 (Strukturformel: CH_3—Benzolring—SO_2—N mit H und Cl)
Halowax	Halowax Corp.	Chloriertes Naphtalin.
FD-2 Bactericide and Fungicide FD-3 Bactericide Puratized SC u. PMA	Du Pont Du Pont G.D.C.	Quecksilberphenyloleat in Öl emulgiert. Quecksilberphenyloleat in Öl emulgiert. Phenylmercurilaktat

Literatur und Eigenschaften	Verwendungsgebiete
	Fäulnisverhütungsmittel; kann mit verschiedenen wasserabstossenden Mitteln verwendet werden.

Produkte.

Produkte.

Dieser Band, S. 705.	Konservierungsmittel.
	Wirksames Antisepticum; verwendet für Appreturen, Verdickungen sowie für die Konservierung von Milch und Butter.
	Schimmelverhütungsmittel.

Name	Erzeugerfirma	Zusammensetzung
Fungicide A	Arkansas	Lösung von Dioxydichlordiphenylmethan in organischen Lösungsmitteln.
Fungicide GM	Arkansas	Wässerige Dispersion von Dioxydichlordiphenylmethan.
Fungicide P	Arkansas	Lösung von Dioxydichlordiphenylmethan in Öl.
Preventol GD Preventol GDC liquid G 4 Fungicide M Conco GD Conco GD Emulsion	G.D.C. G.D.C. Sindar Corp. Arkansas Continental Continental	$2,2'$-Dioxy-$5,5'$-dichlordiphenylmethan; als Lösung in organischen Lösungsmitteln oder als wässerige oder ölige Emulsion. 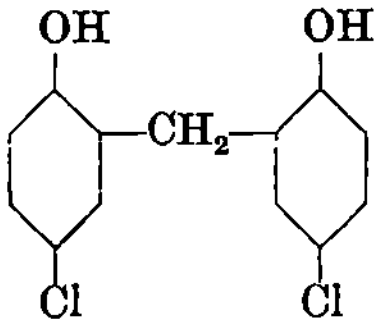
G 11	Sindar Corp.	Dioxyhexachlordiphenylmethan.
Moldex	Glyco Prod. Co.	p-Oxybenzoesäureester.
Nipagin Arésolène A 13	Rhône-Poulenc	p-Oxybenzoesäuremethylester.
Arésolène S 13	Rhône-Poulenc	Natriumsalz des p-Oxybenzoesäuremethylesters.
Aristol		Dijodthymol.
Fen Anti-Mildew Vancide 26 EC Vancide 20 S	Amalgamated R.T. Vanderbilt Co. R.T. Vanderbilt Co.	Wässerige Lösung eines wasserunlöslichen Salzes von Benzthiazolimidoharnstoff 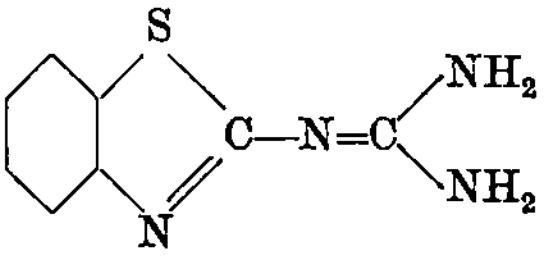
Propylene Glykol	C.C.C.C.	$CH_3-CH-CH_2-OH$ $\quad\;\;\vert$ $\quad\,OH$

Literatur und Eigenschaften	Verwendungsgebiete
Die Marke M ist eine wässerige Dispersion von Dioxydichlordiphenylmethan in einer Emulsion von Wachs und eines Aluminiumsalzes.	Schimmelverhütungsmittel.
Bakterientötendes Mittel in gebrauchsfertiger, alkalischer, wässeriger Lösung. Textile World 1949, *99*, S. 234. Marsh, Text. Finishing 1947, S. 512. *Amer. P. 2.334.408, 2.530.792.*	Schimmelverhütung, Antisepticum, keimtötend. Kann zur Verhinderung von Schimmel, Fäulnis, Gärung und Sauerwerden verwendet werden.
Amer. P. 2.250.480, 2.253.725, 2.272.267, 2.272.268, 2.354.012, 2.354.013.	
	Antisepticum, pilz- und keimtötend.
Mell. 1930, S. 796. Wasserlöslichkeit 6:100.	Verwendung als Schutzmittel gegen Mikroorganismen in 1%iger Lösung.
A.J.Hall, Modern Textile Auxiliaries Nr. 1296. Vancide 20 S enthält ein Aminsalz des Merkaptobenzthiazols. Vancide 26 EC enthält ein Pyridiniumsalz einer Fettsäure eines chlorierten Merkaptobenzthiazols.	Fäulnishinderndes Mittel für Textilien.
	Lösungsmittel, Antisepticum.

Name	Erzeugerfirma	Zusammensetzung
Fungicide ZV Vancide 51 Z	Arkansas R.T. Vanderbilt Co.	20%ige Lösung von Zinksalzen der Dimethyldithiokarbaminsäure und 2-Merkaptobenzthiazol.

Kationaktive

Name	Erzeugerfirma	Zusammensetzung
Hyamine 1622 Phemerol	Röhm und Haas The William S. Merrel & Co., Parkes Davis	Höhermolekulare quaternäre Ammoniumchloride $O{-}CH_2{-}CH_2{-}O{-}CH_2{-}CH_2{-}N^{+}(Cl^{-})(CH_3)(CH_3)(CH_2{-}C_6H_5)$, Rest C_8H_{17} tertiäres-p-Oktylphenyldiäthoxy-dimethylbenzylammonium-chlorid.
Hyamine 10 X	Röhm und Haas	Diisobutylkresoxyäthoxyäthyl-dimethylbenzylammonium-chlorid.
Texamine K 60 Cequartyl A Zephiran Onyx BTC Quartol Zephirol Roccal Rodalon Ammonyx T	Röhm und Haas S.P.C.S., Bezons G.D.C. Onyx Onyx I.G. Farbenindustrie Rhodes Chem. Co. Rhodes Chem. Co. Onyx	10%ige Lösung von Lauryldimethylbenzylammoniumchlorid 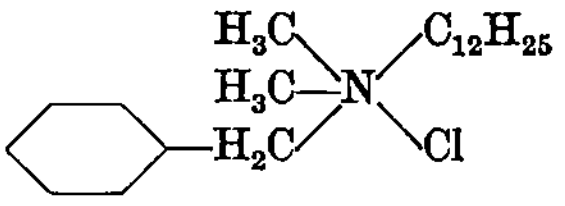 $(H_3C)(H_3C)(H_2C{-}C_6H_5){-}N^{+}({-}C_{12}H_{25})(Cl^{-})$
Onyxide Imularv P und S	Onyx Onyx	Alkenyldimethyläthylammonium-chlorid.
Navy germicide		Quaternäre Ammoniumbase.
Tetrosan	Onyx	40%ige Lösung von Cetylbenzyl-dimethylammoniumhydroxyd.
Texamine Texamine K	Commonwealth Commonwealth	Fettamine.
Texamine K 12 Triton K 400	Röhm und Haas Röhm und Haas	Cetyldimethylbenzylammonium-chlorid.

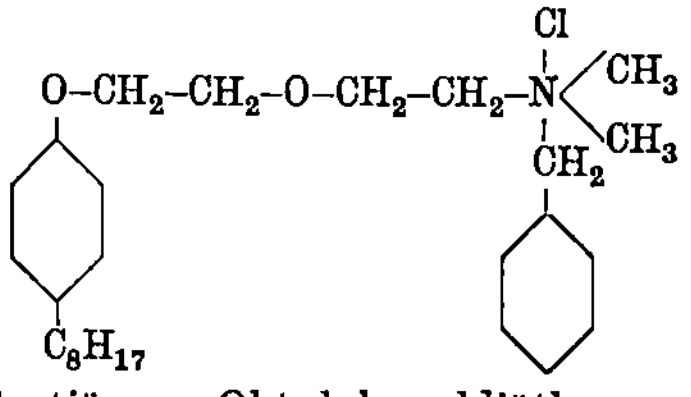

Literatur und Eigenschaften	Verwendungsgebiete
Vancide 51 Z ist eine Lösung des Natriumsalzes der Dimethyldithiokarbonsäure und 2-Merkaptobenzthiazol.	Fäulnisverhütungsmittel; wird im 2-Bad-Verfahren verwendet.

Produkte

Literatur und Eigenschaften	Verwendungsgebiete
Silk and Rayon 1951, *25*, S. 514. Dieses Werk, Kap. VIII, S. 424 und 572.	Nicht waschbeständiges Fungizid. Pilz- und Bakterientötungsmittel. Zieht substantiv auf die Faser auf und ist besonders wirksam gegen Schimmelpilze.
Wasserlöslich, beständig gegen Erdalkalisalze, unlöslich in Benzol und Trichloräthylen.	Kationaktives Keimtötungsmittel, Pilzvernichtungsmittel, Antisepticum.

Name	Erzeugerfirma	Zusammensetzung
Triton K 60 Texamine K 400	Röhm und Haas Röhm und Haas	25%ige Dispersion von Cetyldimethylbenzylammoniumchlorid
Cetyldimethylbenzyl- ammoniumchlorid	Eastmann Kodak	
Cetalvon	C.C.C.C.	Cetyltrimethylammoniumbromid.
Octab	Rhodes Chem. Co.	Oktadecyldimethylbenzylammoniumchlorid.
Triton K 12	Röhm und Haas	Cetyl-3,4-dichlorbenzyldimethylammoniumchlorid
Armid HT Arquad 8 Arquad 10 Arquad 12 Arquad 14 Arquad 16 Arquad 18 Arquad 20	Armour Armour Armour Armour Armour Armour Armour Armour	 Oktyltrimethylammoniumchlorid. Decyltrimethylammoniumchlorid. Dodecyltrimethylammoniumchlorid. Tetradecyltrimethylammoniumchlorid. Hexadecyltrimethylammoniumchlorid. Oktadecyltrimethylammoniumchlorid. Oktadecenyltrimethylammoniumchlorid.
C.T.A.B.	The William S. Merrel & Co.	
Damol	Alba Pharmaceutical	Didodecylmethyl-β-oxypropylammoniumbromid

Literatur und Eigenschaften	Verwendungsgebiete
Siehe S. 566.	Waschmittel und Fungizid.
	Antisepticum, Fungizid.
Siehe S. 564.	Antisepticum, Bakterizid.
Siehe S. 566.	Fungizid.
Dieser Band, S. 711.	Mittel gegen Bakterienangriff. Weichmachungsmittel, Verbesserung der Waschechtheiten von Färbungen mit substantiven Farbstoffen.

Name	Erzeugerfirma	Zusammensetzung
Ceepryn	The William S. Merrel & Co.	Cetylpyridiniumchlorid.
CPB	The William S. Merrel & Co.	Cetylpyridiniumbromid.
CPJ	The William S. Merrel & Co.	Cetylpyridiniumjodid.
CYB	The William S. Merrel & Co.	Carbomethoxypentadecylpyridiniumbromid.
Isothan Q 14 und Q 15	Onyx	Heterozyklisches kationaktives Produkt. Laurylisochinoliniumbromid.
Hydrocide 10 X	Röhm und Haas	Quaternäres Ammoniumsalz.
Hydrocide GK		Phosphorsaures Salz eines aromatischen Amins.
Hydrocide WF und RF		Organische Verbindung.
Nuodex 87	Nuodex Prod. Co.	Dodecylaminlactat bzw. salicylat.
Nuodex 100 SS	Nuodex Prod. Co.	Dodecyldimethylbenzylammonium-zyklopentakarboxylat.
Nuodex 100 WD	Nuadex Prod. Co.	
Nuodex 100 conc.		
Nuodex 84	Nuodex Prod. Co.	Natriumsalz des Merkaptobenzthiazols.
Isonol DL	Onyx	Dilauryldimethylammoniumbromid.
Isonol CL	Onyx	Das entsprechende Chlorid.
Emulsol 606	Emulsol	Laurylglycinchlorid $CH_2\!-\!NH_2\cdot HCl$ mit $C\!\!<\!\!^O_{OC_{12}H_{25}}$
Amerse	Vestal Laborat.	10%ige Lösung des Oktadecyldimethyläthylammoniumbromids. H_5C_2 und CH_3, N, $H_{37}C_{18}$, CH_3, Br

Acryptol DA	C.F.M.C.	

Literatur und Eigenschaften	Verwendungsgebiete
Amer. P. 2.474.339. *Amer. P. 2.519.924.*	Schutzmittel für Stärke und Schimmel- verhütungsmittel.
	Fungizid und Bakterizid. Emulgier- und Weichmachungsmittel.
Dieses Werk, S. 568.	Bakterizid, Fungizid.
Dieses Werk, S. 568.	Fungizid, keimtötend.

keimtötende Produkte.

Name	Erzeugerfirma	Zusammensetzung
Amicrol	Pyrgos	
Aseptix	Sandoz	
Antimucin AN Antimucin SR	Sandoz Sandoz	
Desinfektor I	Geigy	
Desinfektionsmittel D 23	Geigy	
Tero-Konservierung EN II	Rotta	
Aseptol		Sozolsäure. p-Phenolsulfosäure.
Bel-Ro-cide 51 F	Ross and Ass.	
Emkacide MP	Emkay	
Sozojodol		Dijod-p-phenolsulfosäure.
Preventol N Lös.	I.G. Farbenindustrie	o-Benzylphenolbenzylkresoläthanolamin.
Preventol U	I.G. Farbenindustrie	50 % Oktodecylbiguanidchlorhydrat 10 % Kupferchlorür 3 % Formamid 0,5% Emulphor O 36,5% Wasser ——— 100 %

Literatur und Eigenschaften	Verwendungsgebiete
	Konservierungsmittel in Appreturen, bei Imprägnierungen Schimmelverhütung.
	Konservierungsmittel, das fäulnishemmend wirkt und ein gutes Schutzmittel gegen Mikroorganismen darstellt.
Ber. 41, S. 696.	Antisepticum.
Amer. Dyest. Rep. 1951, *40*, S. 802.	Fäulnisverhütungsmittel.
	Fäulnisverhütungsmittel.
	Antisepticum, dessen Wirkung derjenigen des Jodoforms ähnlich ist.
	Schimmelverhütung. Konservierungsmittel.
	Schimmelverhütung. Konservierungsmittel.

Name	Erzeugerfirma	Zusammensetzung
Protectol MT Tannigan SK	I.G. Farbenindustrie	

Metallorganische

Name	Erzeugerfirma	Zusammensetzung
Micronil Green Cuprinol		Kupfernaphtenat. Kupferoleat bzw. -stearat.
Milmer Cu-8 Kuprate Kuprate OSC 10 Kuprate OS 10 Kuprate OS 10 WR special Quindex Quindex WR 10% Quindex Emulsion Base	Warwick Warwick Warwick Warwick Warwick Nuodex Prod. Co. Nuodex Prod. Co. Nuodex Prod. Co.	10%ige Lösung von Kupfer-8-oxy-chinolin. 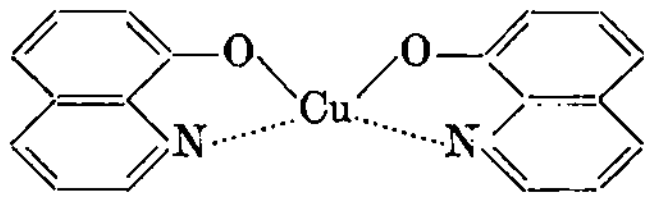 Kupferchelat.
Marcocide C 8 Marcocide C Q	Maher Maher	Kationaktive Kupfer-8-oxy-chinolindispersion. Anionaktive Kupfer-8-oxy-chinolinemulsion.
Interchem. Milmer Dispersion Interchem. Copper 8	Interchemical Interchemical	Fäulniswidrige Pigmentpaste, die 30% der Kupferverbindung des 8-Oxychinolins enthält.
Nullapon Bacid BFC liquid Bacid BFC conc.	G. D. C. G. D. C. G. D. C.	Chelatbildner für mehrwertige Ionen (Mg, Ca, Fe, Cu, Zn, N·, Cr und Pb).
Nuodex Copper 6—8% Nuodex Emulsion Nuodex Copper NH-8 Nuodex Copper HOH-6 Nuodex Copper NOH-11 Nuodex Copper S-18% Nuodex Copper QN 18% Nuodex Copper 10% Cordex S/V Copper Naphthenate	Nuodex Prod. Co. Nuodex Prod. Co. Nuodex Prod. Co. Nuodex Prod. Co. Nuodex Prod. Co. Nuodex Prod. Co. Nuodex Prod. Co. Nuodex Prod. Co. Nuodex Prod. Co. Socony Vacuum Oil Co.	6—8%ige Lösung von Kupfer-naphtenat in organischen Lösungsmitteln. Mischung von Kupfer-8-oxy-chinoli und Kupfernaphtenat.

Literatur und Eigenschaften	Verwendungsgebiete
Text. Manuf. 1947, *73*, S. 375. Wool Science Rev. 1950, *6*, S. 31. Dieser Band, S. 699.	Zum Schutze der Wolle gegen Schimmel. Man verwendet Lösungen von 10 g/l.

Verbindungen.

Literatur und Eigenschaften	Verwendungsgebiete
Marsh., Text. Science 1948, S. 379. *Brit. P. 599.493*, 1948 der Stevenson's Ltd.	Fäulnisverhinderndes Mittel; in Benzin gelöst oder mittels Emulphor emulgiert verwendet.
Verträglich mit aliphatischen und aromatischen Kohlenwasserstoffen und Weichmachungsmittel. *Amer. P. 2.021.137* *Amer. P. 2.381.863, 2.476.235, 2.457.025* der Monsanto Chem. Corp. Dieser Band, S. 721.	Fäulnisverhinderndes Mittel für Gewebe und Seilerwaren.
	Fäulnisverhinderndes Mittel.
	Fäulnisverhinderndes Mittel. Wird mit Hilfe von Aridye Padding Clear 9913 auf dem Gewebe durch Foulardieren und anschliessendes Trocknen befestigt.
	Ausschalten der Wirkung der mehrwertigen Ionen (Mg, Cu, Fe). Zusatz zu Lösungen, welche störende Mengen dieser Ionen enthalten.
Textile World 1947, *97*, S. 222. *Amer. P. 2.368.560.* N u o d e x C o p p e r O l e a t e 8% – Lösung von Kupferoleat in organischen Lösungsmitteln. N u o d e x C o p p e r 10% ist eine von organischen Lösungsmitteln freie Lösung von Kupfernaphtenat.	Farb- und geruchlose Fäulnisverhütungsmittel.

Name	Erzeugerfirma	Zusammensetzung
Nuodex Zink 8% Nuodex Zink 10% Nuodex Zink 12% Micronil clear	Nuodex Prod. Co. Nuodex. Prod. Co. Nuodex Prod. Co.	8% Lösung in organischen Lösungsmitteln von Zinknaphtenat. Zinknaphtenat.
Nuodex 321 Nuodex Mercury 25%	Nuodex Prod. Co. Nuodex Prod. Co.	Lösung von Quecksilbernaphtenat. Quecksilbernaphtenat, Gehalt 25%.
Perma-Cides	Refined Prod. Co.	Organische Quecksilberverbindung.
Fixtan		Quecksilbersalz der 2,2'-Dinaphtylmethan-3,3'-disulfosäure
Puratized N5-DS	Gallowhur Chem. Corp. und G.D.C.	Phenylmercuritriäthanolammoniumlaktat CH_3–CHOH–CO
Puratized LN	Gallowhur Chem. Corp. und G.D.C.	9-Phenylmercuri-10-azetoxyoktadekan CH_3–$(CH_2)_7$–CH–$(CH_2)_7$–COH CH_3–CO–O Hg
Puratized PC	Gallowhur Chem. Corp.	Phenylmercuri-2-merkaptobenzthiazol

Literatur	Verwendungsgebiete
Nuodex Zink 10 u. 12% sind frei von organischen Lösungsmitteln.	
P.P.Hopf und E.Race, Protection of Mechanical Cloth with Phenyl Mercurials, Ind. and Eng. Chem. 1949, *41*, S. 820. Dieser Band, S. 726.	
Amer. P. 2.423.121, 2.423.261, 2.423.262 und *2.411.815.* *Brit. P. 503.868, 514.763, 515.274* und *628.525.* H.C.Borghetty, Rayon Textile Monthly 1945, *26*, S. 141. A.J.Hall, Modern Textile Auxiliaries Nr. 535, The Skinner Co., Manchester 1952.	Antisepticum, keimtötend.
Puratized B-2 enthält phenylmercuri-karbonat Hg–O–C–O–Hg ($C=O$) **Puratized MP** enthält methylphenyl-mercuriphtalat COOCH$_3$ / C=O / O–Hg	

XI. KAPITEL

Schutz tierischer Fasern gegen Mottenschäden (Mottenfestmachen)[1]
Mottenschutzmittel.

Die durch die Motten verursachten Schäden sind schon seit sehr langer Zeit bekannt. Man findet schon in alten Schriften Hinweise darauf.

Eine Schätzung der jährlichen Verluste, die durch Mottenfrass entstehen, ergab für England die hohe Summe von einer Million Pfund Sterling und für die Vereinigten Staaten von ungefähr 100 Millionen Dollars. Meckbach (Mell. 1921, *2*, S. 350, 373) hat die durch Motten auf der ganzen Welt verursachten Schäden auf 22 500 000 Pfund Sterling geschätzt.

Man nimmt an, dass die Nachkommenschaft eines einzigen weiblichen Schmetterlings 49 kg Wolle im Jahr zu verzehren vermag und dass eine Mottenmade ungefähr 45 bis 100 mg Wolle frisst. Die in Europa auftretenden Schäden kann man etwa auf 250 Millionen Goldfranken im Jahr beziffern.

---

[1] C. O. Clark, J. Text. Inst. 1936, S. 389; Übersetzung in R.G.M.C. 1937, S. 438; Burgess, Chem. Trade Journal and Chem. Engineer 1935, Juni und Juli; Zusammenfassung in Wengraf's Ber. 1935, Sept., S. 29; Übersetzung in R.G.M.C. 1935, S. 329; Burgess, J. Soc. D. and Col. 1935, *51*, S. 85; Übersetzung in R.G.M.C. 1935, S. 201; J. Text. Inst. 1931, *22*, S. 141, 157; E. Mullin, Text. Col. 1926, S. 89; Übersetzung in R.G.M.C. 1926, S. 293; Mecheels, Mell. 1935, *16*, S. 42; Zusammenfassung in Wengraf's Ber. 1935, Januar; C.O. Clark, J. Text. Inst. 1928, *19*, S. 289, 295,325; Übersetzung in R.G.M.C. 1929, S. 273 und 1936, S. 389; Übersetzung in R.G.M.C. 1937, S. 438; Curtet-Dorat, Tiba 1939, Maiheft; C.S. Whewell, Dyer 1938, S. 537; Referat in Wengraf's Ber. 1938; Justin-Müller, Teintex 1939, S. 164, 226; Stoetter, Chem. Ztg. Cöthen, *59*, S. 475; Referat in Wengraf's Ber. 1935; Pharmacien-Colonel P. Bruère, Bull. Assoc. des Docteurs en Pharmacie 1928, Juli-August; Titschack, Tiba 1925, Mai und Juni; R.G.M.C. 1930, S. 77; Jackson, Ind. Eng. Chem. 1930, *22*, S. 399; R. W. Moncrieff, Mothproofing, Leonard Hill Ltd. London 1950; L. Diserens, Teintex 1940, *5*, S. 172, 214; C. O. Clark, The Protection of animal fibres against Clothes Moths and Dermetid Beetles, Percy Lund, Humphries & Co., Bradford 1923; Dyer 1948, *99*, S. 614; R. S. Hartley, F. F. Elsworth und J. Barritt, J. Soc. D. and Col. 1943, *59*, S. 266; L. E. Jackson, E. Wassell, Ind. Eng. Chem. 1927, *19*, S. 1175; H. H. Mosher, Amer. Dyest. Rep. 1941, *30*, S. 320; E. E. Austen und A. W. M. Hughes, Clothes Moths and House Moths, British Museum Economic Series 1948, Nr. 14; Lotmar, Mell. 1951, *32*, S. 68; Carpenter, Text. Recorder 1950, *68*, S. 83; Burgess, J. Text. Inst. 1950, *41*, S. 56; Barritt, Dyer 1949, *101*, S. 200; Fischer, Seidenberg, Weis, Helv. Chim. Acta 1949, *32*, S. 8; Manuf. Chem. 1949, *19*, S. 548; H. Luttringhaus, Amer. Dyest. Rep. 1948, *37*, S. 57; Drapal, Mell. 1948, *29*, S. 136; Goldenson, Sass, Anal. Chem. 1947, *19*, S. 320; Marsh, Textile Finishing, S. 492; E. Meckbach, Text. Forschung 1921, *2*, Heft 2 und Mell. 1921, *2*, S. 350; M. G. Minaeff, Text. Col. 1927, *49*, S. 89; C. S. Whewell, Text. Recorder 1940, *58*, Dez. S. 19; 1941, *58*, Jan. S. 15; Febr. S. 32, 36; März S. 27; April S. 40; Mai S. 35; Juni S. 39; E. Laibach, Motten

Aus diesen Angaben, die zum Teil von Justin-Müller anlässlich seines in Lille im Jahre 1928 gehaltenen Vortrages gemacht wurden, ersieht man, dass ein organisierter Kampf gegen diese Insekten von unumstrittener wirtschaftlicher Bedeutung ist.

Dieser Kampf wurde schon vor sehr langer Zeit aufgenommen. So findet man z. B. interessante Angaben hierüber in einem Aufsatz von Réaumur aus dem Jahre 1728.

Es scheint, dass das beste und wirksamste Mittel darin bestand, die Stoffe gut zu klopfen und zu bürsten, sie nachher mit Terpentinöl und schliesslich mit Schwefeldioxydgas zu behandeln. Gleich wurden auch Teppiche und Pelzsachen von Motten befreit.

Wohl verstanden erlaubten solche Massnahmen kaum, das Übel an seiner Wurzel anzufassen, und ein Schutz der Ware war in Wirklichkeit keineswegs sichergestellt.

Unumstritten kommt den Farbenfabriken Bayer & Co. und in der Folge der I.G. Farbenindustrie das Verdienst zu, methodische Untersuchungen mit dem Ziel, Mittel zum Schutze der Wolle gegen Mottenschäden zu finden, unternommen zu haben. Nach mehrjähriger, unermüdlicher Forschung gelang dann die Entdeckung der Eulane, besonders des Eulan N. Die Eulane sind bemerkenswerte Mottenschutzmittel, die der Wolle einen dauernden und vollkommenen Schutz verleihen.

Diese grossartige Leistung geht auf das Jahr 1926 zurück und basiert auf den Arbeiten von E. Meckbach und H. Stœtter. Es müssen hier aber auch die Untersuchungen von Minaeff (Larvex Co.) erwähnt werden, die die Verwendung anorganischer und organischer Salze vorschlagen. Ebenfalls die neueren Forschungsarbeiten der J. R. Geigy AG. führten zu einem ausgezeichneten Mottenschutzmittel, welches unter dem Namen Mitin FF auf den Markt gebracht wurde. Mitin FF ergibt eine vollständige und dauerhafte Immunisierung der Wolle. Anderseits schuf diese Firma auch in den DDT-Pro-

---

und Mottenschutz, Mell. 1952, *33*, S. 324; E. Titschack, Beiträge zu einer Monographie der Kleidermotte: Tineola biselliella, Zeitschr. Techn. Biologie, 1922, Bd. X, Leipzig; H. Stoetter, Entwicklungsgeschichte der Eulane, Z. f. angew. Chem. 1947, *59*, Ausg. A, S. 145; Die Mottenechtausrüstung von Wolle, Wool Science Rev. 1949, Nr. 2, S. 31; Nr. 3, S. 16; Nr. 4, S. 3; Mell. 1949, S. 549; A. Hase, Wollschutz durch Eulan gegen Motten- und Anthrenusfrass, Mell. 1937, S. 901; A. Hase, Über die Dauerwirkung des Mottenschutzes durch Eulan, Anz. Schädlkde. 1932, *8*, S. 73; 1933, *9*, S. 35, 85; 1934, *10*, S. 123; 1936, *12*, S. 37, 51; Herfs. A., Dermestiden als Schädlinge an Wolltextilien, Mell. 1932, *13*, 2. 237, 293, 349; M. Nopitsch, Mell. 1944, *25*, S. 172, 207, 243, 276; Wälchli, Textil Rdsch. 1946, *1*, S. 36; A. Hase, Wollschäden und Dauerschutz der Wolle durch Eulan-Behandlung, Mitteilungen Biolog. Zentral-Anstalt, Berlin-Dahlem, 1951, Heft 72; A. Herfs, Fressen Kleider motten Kunstseide?, Mell. 1935, *16*, S. 56; A. Herfs, Insektenschäden an Kunstseide, Mell. 1936, *17*, S. 689, 785; R. Zinkernagel, Mottenschutz heute, Text.-Rdsch. 1949, *4*, S. 169; C. O. Clark, J. Soc. D. and Col. 1943, *49*, S. 213; R. C. Roark, Text. Col. 1951, S. 828.

dukten wirksame Insektizide, die sich ganz allgemein für den Kampf gegen die verschiedensten Insekten verwenden lassen.

Unter Motten[1]) versteht man im allgemeinen jene Familie der kleinen Schmetterlinge (Tineidae), die lange und schmale, mehr oder weniger gefranste Flügel besitzen. Ihr Flug ist geradlinig wie derjenige der Teneiden oder Oecophoriden. Man unterscheidet vor allem die folgenden Arten:

  die Kleidermotte, Tineola biselliella oder Tinea sarcitella;
  die Pelzmotte, Tinea pellionella;
  die Teppichmotte, Tinea tapetiella, Trichophaga tapetzella;
  die Hausmotte, Hofmannophila, pseudospretella Stt;
  die weisse Hausmotte, Endrosis sarcitella und lacteella Schiff
   (Kleistermotte).

Die einen wie die andern greifen sowohl Gewebe als auch Kleidungsstücke, Teppiche, Wandbehänge, Wolle in der Flocke, gesponnen oder gestrickt usw. an.

Kemper (1935)[2]) führt in seiner Monographie noch etwa 40 Insektenarten an, die als Woll- und Pelzschädiger in tropischen und subtropischen aussereuropäischen Gebieten festgestellt werden. Z. B.

---

[1]) Die Käfer gehören der Familie der Speckkäfer oder Dermestidae an und zählen zu den Gattungen Anthrenus oder Teppichkäfer und Attagenus oder Pelzkäfer

Teppichkäfer: Anthrenus fasciatus Herbst, der gebänderte Teppichkäfer
      Anthrenus verbasci L, der Wollkrautblütenkäfer
      Anthrenus scrophuluriae L, der gemeine Teppichkäfer
      Anthrenus museorum L, der gemeine Kabinettkäfer
      Anthrenus pimpinellae F, der Bibernellblütenkäfer
Pelzkäfer: Attagenus pellio L, der gemeine Pelzkäfer
      Attagenus piceus Ol, der dunkle Pelzkäfer
      Attagenus japonicus Reitt, der japanische Pelzkäfer
      Attagenus plebejus Sharp, der gewöhnliche Pelzkäfer.
Speckkäfer: Dermestes lardarius L, der gemeine Speckkäfer
      Dermestes vulpinus F, der Dornspeckkäfer
      Dermestes cadaverinus F, der Leichenkäfer
      Dermestes peruvianus Cast, der peruvianische Speckkäfer
      Dermestes frischii Kug, der Frisch's Speckkäfer.

Die Liste der Wollschädlinge ist damit noch längst nicht erschöpft. Von Schmetterlingen kommen in Europa noch verschiedene, volkstümlich auch als Motten schlechthin bezeichnete Arten in Betracht, z. B. die Fellmotte (Monopis rusticella Hbn), die Nestermotte (Tinea fuscipunctella Haw.), die Samenmotte (Hofmannophila pseudospretella Stt.), die Kleistermotte (Endrosis lacteella Schiff.). In Nordamerika, Ostindien, Sundainseln sind Trichophaga, Setamorpha-, Monopis-Arten wichtige Wollschädlinge.

Von Dermestes-Arten sind in Nord- und Südamerika gefürchtete Arten Dermestes murinus L, der mausgraue und Dermestes bicolor F, der zweifarbige Speckkäfer. Von Anthrenus-Arten tritt Anthrenus fasciatus Herbst in Indien und im Sudan stark schädigend auf. Anthrenus nebulasus ist als Hornschädling in Südamerika und Anthrenus seminiveus Cast ist als Haar- und Borstenschädling in Nordamerika gefürchtet.

[2]) H. Kemper, Die Pelz- und Textilschädlinge und ihre Bekämpfung, Leipzig 1935.

Schmetterlinge: Monopis-, Blabophanes-, Endrosis-Arten;
Käfer: Anthrenus-, Niptus-, Ptinus-, Necrobia-, Tro-
                   derma-, Lasioderma-, Sitodrepa-Arten;
Flechtlinge, Staubläuse (Copeognatha): Liposcelis-, Troctes-,
                   Lepinotus-, Trogium-Arten;
Schaben, Grillen: Phyllodromia-, Blatta-, Gryllus-Arten;
Silberfischchen (Collembolla): Lepisma-, Thermobia-Arten.

Die Entwicklung dieser Insekten geht in vier Stufen vor sich: Schmetterling, Ei, Larve oder Raupe und Puppe.

Im Gegensatz zur allgemein verbreiteten Annahme, sind die Schmetterlinge insofern nicht schädlich, als sie keine Nahrung mehr aufnehmen. Sie leben aus ihrer eigenen Substanz, d.h., sie verbrauchen sich selbst, und ihr Gewicht nimmt bis zu ihrem Tode ständig ab.

In Wirklichkeit führt das Fangen der Schmetterlinge zu gar keinem Ziel, da man eben fast ausschliesslich nur die Männchen herumfliegen sieht. Das Weibchen ist bedeutend grösser und schwerer und fliegt erst, nachdem es sich seiner Eier entledigt hat. Der Flug des Weibchens ist übrigens auch sehr schwerfällig. Mit Hilfe seiner sechs Beine vermag es sehr rasch zu laufen (mehr als 30 mm in der Sekunde) auf der Textilunterlage, um dann an keratinreichen Orten seine Eier zu legen.

Die Gefahr besteht zur Hauptsache in den durch die Weibchen gelegten Eier, die sich an für die Entwicklung der Larven oder Raupen günstigen Orten befinden. Die Lebensdauer einer weiblichen Motte beträgt ungefähr 16 Tage.

In unserem gemässigten Klima vermag jedes Weibchen im Juni oder Juli bis zu 200 Eier zu legen. Nach acht Tagen kriechen die Larven aus den Eiern heraus. Diese Larven sind blind. Ihre Entwicklung und die Geschwindigkeit ihres Wachstums ist von der mehr oder weniger günstigen Umgebung, in der sie aufwachsen, abhängig. Es sind dabei die folgenden Faktoren in Betracht zu ziehen:

Unerlässlich für eine vollständige Entwicklung der Larven ist eine an Eiweißstoffen reiche Nahrung. Eine solch günstige Nahrung bietet ihnen das Keratin der Wolle, der Haare und der Federn, während weder das Fibroin der Seide noch die Zellulose der pflanzlichen Fasern eine geeignete Nahrung für die Larven darstellen.

Zu ihrer Entwicklung ist ferner eine über 14° C liegende Temperatur sowie ein ruhiger und dunkler Ort nötig.

Die Beweglichkeit der Raupen ist sehr gross. Bei der Nahrungssuche bewegen sie sich sehr rasch fort. Musste es im Larvenzustand hungern, so legt das Weibchen nur eine sehr kleine Zahl von Eiern. Die Zahl der Eier kann dann auf vier oder gar auf ein einziges zurückgehen an Stelle der üblichen 150 Eier.

Die Entwicklungsstufe der Larven dauert etwa drei Monate, die eine gefährliche Periode von 70 Tagen enthält, während der sich die Larven als besonders gefrässig erweisen. Dabei können zwei Fälle eintreten: die Larve bleibt am gleichen Platze, d. h. es bilden sich Löcher im Gewebe, oder die Larve zieht umher, so dass nur der Flor des Gewebes abgefressen wird, also gewissermassen ein Abschereffekt erhalten wird. Am Ende dieser Entwicklungsstufe besitzt die Larve ein etwa 300mal grösseres Gewicht als zu deren Beginn.

Die aus kleinen Wollabfällen bestehende Hülle, mit der sich die Larve umgibt, um sich zu verstecken, dient der Puppe dann als Nahrung. Aus der Puppe schlüpft dann wieder ein Schmetterling aus, so dass der Kreislauf der Entwicklung von neuem beginnen kann. Man kann in einem Jahre höchstens 4 Generationen beobachten. Die Lebensdauer der Schmetterlinge, wenn sie aktiv sind, beträgt nicht mehr als zwei Wochen unter der Bedingung, dass die Temperatur der Umgebung, in der sie leben, ziemlich hoch ist. Unterhalb von 14^0 C werden die Schmetterlinge sehr träge, und ihr Leben kann sich dann über 2 Monate erstrecken.

Bevor zu den sich im Handel befindlichen Mottenschutzmitteln übergegangen wird, soll noch auf jene Arbeiten hingewiesen werden, die sich mit der theoretischen Frage der Immunisierung der Wolle gegen den Befall durch Motten beschäftigen. Nach Linderstrom (Nature 1935, *135*, S. 1039) und F. Duspiva (Z. f. Physiolog. Chem. 1935, *237*, S. 131 und 1936, *238*, S. 168) beruht die Möglichkeit des Verdauens des Keratins[1]) durch die Motten darauf, dass ihr Verdauungssystem eine Proteinase ausscheidet. Dieses von der Larve produzierte Enzym besitzt bei einem p_H-Wert von 9,3 eine optimale Wirkung und ist nur sehr wenig empfindlich gegen die tierischen Trypsinkinasen in Gegenwart von Schwefelderivaten, wie Natriumsulfid.

Die Proteinase vermag nicht auf das Keratin einzuwirken, sondern es muss zuerst durch eine Verbindung reduziert werden, die sich gleichzeitig mit der Proteinase bildet. Die Wolle wird durch lange Peptidketten aufgebaut, die miteinander durch Querbrücken verbunden sind. Die wichtigste dieser Brücken ist die Disulfidbindung des Cystins. Als Schwefelbrücken kommen in Betracht

R—S—R   und   R—S—S—R
Thioäther-   und   Disulfidbrücke

Bei der Reduktion wird die Disulfidbindung gespalten, und das so veränderte Protein kann dann durch die Proteinase angegriffen werden[2]).

---

[1]) Keratin ist der Hauptbaustoff der Epidermisprodukte (Haare, Federn, Horn usw.). Es gehört zur Eiweissgruppe der Proteonoide. Chemisch zeichnet es sich durch hohen Tyrosin und Cystingehalt sowie seine Unlöslichkeit aus.

[2]) D. R. Goddard und L. Michaeles, J. Biolog. Chem. 1934, *106*, S. 605; W. B. Geiger, F. F. Kabayshi und M. Harris, J. Res. Nat. Bur. Standards 1942, *29*, S. 271, 381.

In einer sehr interessanten Arbeit von Whewell, die im Dyer 1938, S. 537 erschien, wird das Problem der Immunisierung der Wolle gegen Mottenfrass dadurch zu lösen versucht, dass man die Disulfidbindungen des Keratins schützt. Man verwendet dabei Verfahren, die dazu geeignet sind, die Überführung der Disulfidbindung in die Thiolform zu verhindern, da nur die letztere Form von Schwefel durch die Proteinase angegriffen werden kann. Es folgt daraus, dass die Mottenschutzmittel Verbindungen sein müssen, die die Spaltung der Disulfidbrücken zu verhindern vermögen oder die befähigt sind, diese Bindungssysteme gegenüber dem Reduktionsvorgang beim Verdauungsprozess der Larve beständig zu machen.

Die Schutzmassnahmen gegen die durch Mottenfrass verursachten Schäden können auf ganz verschiedenen Grundlagen aufgebaut sein. Es müssen dabei jedoch einmal vorerst zwei Gruppen unterschieden werden:

1. Massnahmen, die nur einen vorübergehenden Schutz verleihen.

2. Massnahmen, die einen dauerhaften Schutz zu verleihen vermögen. Alle neueren Arbeiten der letzten fünfzehn Jahre erstrebten einen solchen dauerhaften Schutz an. Es ist aber auch gerade auf diesem Gebiete ein äusserst bemerkenswerter Fortschritt zu verzeichnen, was sich in der Ausarbeitung wirklich guter Mottenschutzmittel von unvergleichlicher Wirksamkeit zeigt.

Die Massnahmen zur Erzielung eines vorübergehenden Schutzes bestehen in folgenden Methoden:

A. Mechanische Verfahren.

Durch energisches Klopfen und Bürsten der Stoffe gelingt es, die mit Eiern gefüllten Wollklümpchen zu entfernen, die selbstverständlich mit Sorgfalt dann verbrannt werden müssen, um jegliches nachträgliche Ausschlüpfen der gefährlichen Schmetterlinge zu vermeiden.

B. Physikalische Verfahren.

Das Ausfrieren ist eine ausgezeichnete Methode, die üblicherweise von den grossen Pelzgeschäften und ebenfalls von den Jägern in Sibirien und Kanada angewendet wird. Die Kälte zerstört die Motten und verhindert das Ausschlüpfen der Eier, wenn jene bereits gelegt wurden, bevor der zu schützende Gegenstand an einen Ort gebracht werden konnte, dessen Temperatur unterhalb von 0^0 C liegt. Die grossen Pelzgeschäfte besitzen bedeutende Kühlräume, bei denen die Temperatur zwischen $- 3^0$ und $- 5^0$ C liegt. In diese Kühlräume werden sowohl die Lagerbestände als auch die Pelze der Kundschaft während der heissen Jahreszeit gebracht.

Auch ein schroffer Temperaturwechsel, d. h. ein häufiges Abwechseln zwischen Wärme und Kälte, stellt eine gute Kampfmethode gegen die Motten dar. Ein Verfahren dieser Art wird im *brit. P. 418.992*, 1936, beschrieben. Es scheint, dass diese Methode in die Praxis Eingang gefunden hat, da sie in einer Arbeit von Prescott im Amer. Dyest. Rep. 1937, S. 26, erwähnt wird. Das Prinzip dieser Methode ist das folgende: Das aus tierischen Fasern bestehende Material wird auf 70—75° C erhitzt, bei welcher Operation die Larven zerstört werden. Hierauf bringt man die Ware während einer gewissen Zeit in einen Raum, dessen Temperatur man auf unterhalb 0° C einstellt.

Eine neuere Methode zur Zerstörung der Mottenlarven und Motteneier besteht in einem plötzlichen Temperaturwechsel zwischen —10° C und + 10° C mit anschliessender Lagerung bei + 5° C. Allerdings erfordert dieses Verfahren einen Kühlraum zur Lagerung der Ware.

Ein weiteres Verfahren, welches den Gegenstand des *franz. P. 452.678* bildet, beruht auf der Verwendung ultravioletter Strahlen in der Kälte.

Ein völlig neuartiges physikalisches Verfahren ist das im Laufe des letzten Krieges durch die Siemens-Schuckert-Werke AG., Berlin, entwickelte Ultrakurzwellenverfahren, es ist bisher in die allgemeine Praxis nicht eingeführt worden.

C. Chemische Verfahren.

Es bestehen diesbezüglich zwei Anwendungsmöglichkeiten, nämlich:

a) Schaffung einer für die Motten schädlichen oder unangenehmen Umgebung durch Streuen von Pulvern auf die verschiedenen Gegenstände, um so die Schmetterlinge zu vertreiben und daran zu hindern, ihre Eier an diesen Orten abzulagern.

b) Immunisierung der Wolle oder Haare durch Imprägnation mit Produkten, die für die Motten schädlich oder toxisch sind. Man will dadurch die Wolle für die Larven ungeniessbar machen (Mottenschutzmittel mit einer abstossenden Wirkung, Repellate) oder die Insektenlarven völlig vernichten (giftige oder toxische Mittel).

Für diese Zwecke eignen sich sowohl organische als auch anorganische Verbindungen.

Unter den giftig wirkenden Mitteln kann man unterscheiden zwischen jenen, die für das Verdauungssystem giftig sind (Magengifte) und solchen, die schon bei blosser Berührung insektizide Eigenschaften besitzen (Kontaktgifte). Eine gewisse Zahl dieser Verbindungen wirken ferner noch auf die Atmungsorgane, sind also Atemgifte.

Die Erzielung eines dauerhaften Mottenschutzes ist ein Problem, welches zuerst die Farbenfabriken Bayer & Co. in Elberfelde beschäftigte und an dessen Lösung während mehreren Jahren die I.G. Farbenindustrie unermüdlich arbeitete. Die Lösung dieser Frage besteht entweder darin, dass man auf die Wolle eine farb- und geruchlose Verbindung bringt, die in keiner Beziehung die Fasereigenschaften verändert, aber für die Motten als Gift wirkt, oder darin, dass man die Wolle für die Mottenlarven ungeniessbar macht.

Die dabei erhaltenen Resultate dürfen als beträchtlich bezeichnet werden, so dass heutzutage die Industrie über wirksame Mottenschutzmittel verfügt, die verschiedenen Klassen angehören.

1. Repellate, d. h. Mottenschutzmittel, die eine abstossende Wirkung besitzen, sind z. B. die folgenden Produkte:

Eulan NK

Phosphoniumderivat: Triphenyl-3,4-dichlorbenzyl-phosphoniumchlorid

Eulan CN

Triphenylmethanderivat:
Natriumsalz der 4, 3′, 5′, 3″, 5″-Pentachlor-6′, 6″-dioxytriphenylmethansulfonsäure

Eulan neu

Triphenylmethanderivat:
Natriumsalz der 4′, 5′, 4″, 5″-Tetrachlor-6′, 6″-dioxytriphenylmethansulfonsäure

Preventol GD

2,2′-Dioxy-5,5′-dichlor-di (bzw. tri-)phenylmethan

2. **Magengifte oder Frassgifte**, d. h. Präparate, die als Gifte für den Verdauungsapparat anzusehen sind.

Eulan AL und BL

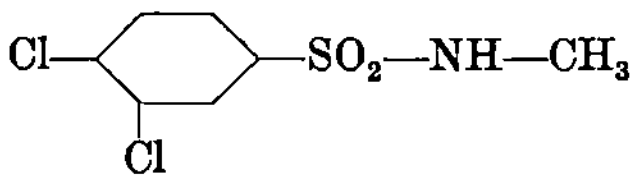

$$Cl—\langle\bigcirc\rangle—SO_2—NH—CH_3$$
$$\overset{|}{Cl}$$

ein Sulfonamid

2, 3-Dichlorbenzol-N-methylsulfonamid

Mitin FF von Geigy

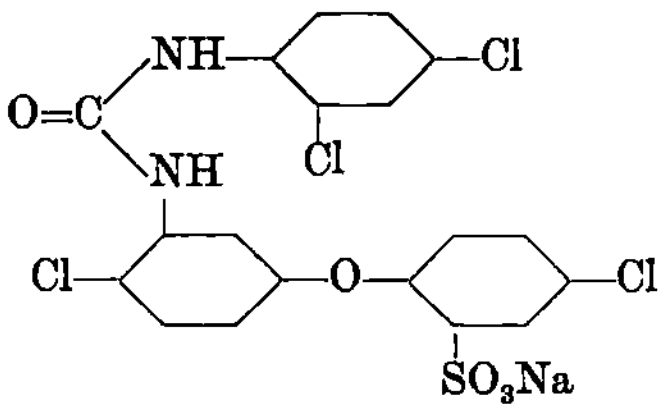

ein Harnstoffderivat

3. **Kontaktgifte oder Berührungsgifte**, d. h. Mottenschutzmittel, die bei Berührung insektizid wirken.

Das bekannteste Produkt dieser Gruppe ist das DDT (Dichlordiphenyl-trichlormethylmethan), welches auf das Nervensystem der Larven und ganz allgemein der Insekten wirkt, wobei eine rasche und vollständige Lähmung eintritt.

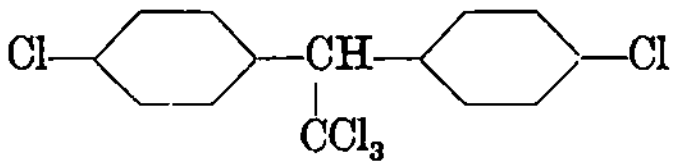

$$Cl—\langle\bigcirc\rangle—CH—\langle\bigcirc\rangle—Cl$$
$$\overset{|}{CCl_3}$$

Dieses Produkt besitzt keine Affinität zur Faser und kann durch organische Lösungsmittel entfernt werden. Die Wasserechtheit einer so behandelten Ware ist nicht besonders gross. Zudem zersetzt sich diese Verbindung oberhalb von 100^0 C.

Das Produkt, welches die I. G. Farbenindustrie unter dem Namen Gix in den Handel bringt, ist ein Fluorderivat des DDT.

Ein weiteres Kontaktgift ist das Parathion der Amer. Cyanamid Corp. oder das E 605, welches dem Diäthyl-p-nitrophenylthiophosphat entspricht. Diese Verbindung besitzt einen stechenden Geruch und eine toxische Wirkung für die Warmblüter[1]).

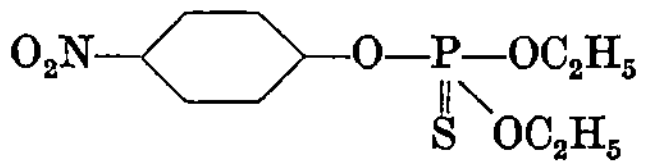

$$O_2N—\langle\bigcirc\rangle—O—P—OC_2H_5$$
$$\underset{S}{\overset{||}{}}\;OC_2H_5$$

Ferner seien noch erwähnt BHC, 666 oder Gammexan, die kürzlich als Mottenschutzmittel empfohlen wurden. Diese Produkte sind in desodorisierter Form ein Gemisch verschiedener Stereoisomer des Hexachlorzyklohexans, vor allem des γ-Isomers, wovon auch der

---

[1]) Schrader, Z. angew. Chem. 1950, *62*, S. 471.

Name Gammexan herrührt. Das Hexachlorzyklohexan wird durch Chlorieren von Benzol mit Hilfe aktinischer Strahlen erhalten. Hierauf erfolgt eine Anreicherung des gewünschten Isomers.

Das Mottenschutzmittel DCPA oder 24 D entspricht der 2,4-Dichlorphenoxyessigsäure, die man durch Chlorieren der Phenoxyessigsäure in organischen Lösungsmitteln darstellt.

4. Atemgifte. Diese Produkte werden zur Hauptsache zum Vergasen oder Bestreuen des gefährdeten Materials verwendet. Ihre Wirksamkeit dauert nur selten mehr als etwa sechs Monate, so dass also solche Schutzmassnahmen periodisch wiederholt werden müssen.

Als wichtige Atemgifte seien die nachfolgenden erwähnt:

Blausäure HCN
Schwefelkohlenstoff CS_2
Methylbromid CH_3—Br (Hüter 1951)
Tetrachlorkohlenstoff CCl_4
Aethylenoxyd (T-Gas) CH_2—CH_2 (mit O-Brücke)
Trichlorazetonitril (Tritox) Cl_3C—CN
Ameisensäuremethylester (Areginal) $HCOOCH_3$
Hexachloräthan (Hase 1923) Cl_3C—CCl_3
p-Dichlorbenzol Cl—⟨ ⟩—Cl

Nach Hase sind diese Mittel zur Schädlingsvertilgung gut geeignet, nur sind hiezu gut eingerichtete Gaskammern unbedingt erforderlich.

Nach dieser Methode lassen sich sehr gut Polstermöbel, Pelze, Federn, Museumstücke (Kleider), Teppiche, Wandbehänge, Matratzen sowie zoologische Gegenstände schützen.

Am wirksamsten ist dabei sicherlich die Blausäure (Zyklon B), die auch zu keinerlei Veränderungen der Farbe führt und die zu schützenden Gegenstände chemisch nicht schädigt.

Man hat ebenfalls die Möglichkeit in Betracht gezogen, die Wolle dadurch mottenfest zu machen, dass man die Struktur der ursprünglichen Faser durch Aufspalten der Cystin- oder Disulfidbrücken verändert. Die z.B. auf diese Art und Weise hergestellte, nicht eingehbare Wolle ist vollkommen mottenfest[1]).

Eine Formaldehydbehandlung der Wolle (*amer. P. 2.424.068*) wird ebenfalls empfohlen, um die Wolle gegen Motten unempfindlich zu machen.

So ist in der Tat bekannt, dass eine durch eine Formaldehydbehandlung schrumpffrei gemachte Wolle mottenfest ist.

---

[1]) W. B. Geiger, F. F. Kobayashi, M. Harris, J. Res. Nat. Bur. Stand. 1942, *29*, S. 381.

Endlich besteht noch eine weitere Möglichkeit, die Wolle vor Mottenschäden zu bewahren. Diese Methode bildet den Gegenstand einer gewissen Anzahl von Arbeiten. Sie besteht in einer Ablagerung von Harnstoff-Formaldehyd- oder Melamin-Formaldehydharzen auf der Faser. Auch hier konnte man feststellen, dass die so schrumpffrei ausgerüstete Wolle mottenecht wird durch die Kunstharzablagerung.

In diesem Kapitel sollen die mechanischen und physikalischen Methoden nicht mehr weiter erwähnt werden, da sie mehr für den Haushalt in Frage kommen und zur Hauptsache in einem Klopfen oder Bürsten der Ware bestehen, was möglichst oft geschehen soll. Es gilt dies besonders für die Behandlung von Stoffen, Kleidern oder Pelzartikeln. Während des Sommers werden oft auch diese Kleidungsstücke in Kühlräumen gelagert, die man heutzutage in allen grössern Städten antrifft. Hier sollen jedoch nun die verschiedenen Arbeiten und Patente, die sich auf die chemischen Verfahren beziehen, näher besprochen werden.

Vorübergehender und dauerhafter Schutz der Wolle gegen Mottenfrass.

Eine schon alte Methode zur Verleihung eines vorübergehenden Schutzes beruht auf der Wirkung von giftigen Dämpfen oder solchen, die ein Legen der Eier und eine Entwicklung der Raupen behindert. Es werden hiezu Substanzen von starkem und durchdringendem Geruch verwendet, den die Motten als unangenehm empfinden. Dadurch werden sie dazu gebracht, diese Orte zu verlassen und wegzugehen, um sich einen günstigeren zur Aufzucht ihrer Brut zu suchen. Hiezu werden die folgenden Verbindungen verwendet:

Naphtalin (das Naphtalin, welches in den Drogerien erhältlich ist),
Kampfer,
Pfeffer,
Thymian-, Lavendel- und Quendelöl (Quendel = Feldthymian, Thymus Serpyllum)

Diese Produkte sind vor allem im Haushalt stark verbreitet, weshalb hier nicht näher darauf eingegangen werden soll. Indessen ist es wichtig, in Erinnerung zu rufen, dass die Wirkung dieser Mittel nur wenig wirksam ist und die Anwesenheit eines Naphtalin- oder Kampfersäckchens in einem Kleiderschrank oder das Bestreuen mit solchen Produkten von Strickwaren, die in einer Schublade aufbewahrt werden, in keiner Art und Weise einer Garantie gegen Mottenschäden gleichkommt. So wurde vor allem festgestellt, dass der unangenehme Geruch keineswegs allein genügt, um einen Mottenschutz zu erzielen[1]).

---

[1]) Siehe J. of Economical Entomology 1934, S. 401.

In einer Arbeit über den Schutz vor Mottenfrass bespricht J. L. Stoves[1] nach einer kurzen Einleitung über die Lebensgewohnheiten der Kleidermotte die verschiedenen Schutzmassnahmen. Er macht dabei die folgenden Feststellungen: Durch häufiges Bürsten, Klopfen und Reinigen der durch Mottenfrass gefährdeten Materialien kann die Gefahr eines Angriffs stark herabgemindert werden. Ein Einschliessen der Textilien in dichtschliessende Papiersäcke bietet einen guten Schutz. Dabei stimmt es nicht, dass Zeitungspapier besser ist als andere Papiersorten.

Ein Aufbewahren von Wolle in Kisten aus Zedernholz soll diese offenbar wegen des Geruches des Holzes ebenfalls schützen.

Wirksamer sind Substanzen, die die Wolle selbst für die Larven unverdaulich oder giftig machen. Einen vorübergehenden Schutz bieten dabei gewisse Wurzelextrakte der Pflanzengattungen Derris, Luchocarpus und Tephrosia, die in den Tropen heimisch sind und deren Wirksubstanz das Rotenon oder dessen Derivate sind.

Man versuchte indessen, diese Methoden dadurch zu verbessern, dass man zu solchen Mitteln Zuflucht nahm, die für die Motten giftig sind. Diese Produkte bieten auch den Vorteil, weniger flüchtig zu sein und daher länger wirksam zu bleiben.

Ein Vergasen mit Blausäure, Schwefeldioxyd, Schwefelkohlenstoff oder chlorierten Kohlenwasserstoffen zerstört wohl die Mottenlarven, vermag jedoch die Ware vor einem späteren Angriff nicht zu schützen. Formaldehyd ist sowohl gegen Schmetterlinge als auch Larven unwirksam.

p-Dichlorbenzol sowie Kampfer und Naphtalin wirken solange sie vorhanden sind durch die für die Motten giftige Atmosphäre.

Die Dämpfe gewisser Kohlenwasserstoffe, besonders des Tetrachlorkohlenstoffs, des Hexachloräthans und des Äthylendichlorids scheinen energischer zu wirken. So stellt das unter dem Namen Mitah in den Handel gebrachte Produkt ein Gemisch aus Äthylendichlorid, Tetrachlorkohlenstoff, Kampfer und p-Dichlorbenzol dar. Dieses Produkt erwies sich als geeignet im Kampfe gegen die Motten und Käfer (Dermestes, Speckkäfer).

Dieses Produkt bietet den Vorteil, die Metalle nicht anzugreifen. Es wird mit Hilfe eines Zerstäubers in einer Konzentration von 75 bis 100 g pro Kubikmeter angewendet.

p-Dichlorbenzol ist ein ausgezeichnetes Insektizid. Es wird in Tausenden von Tonnen hergestellt und hauptsächlich in der Landwirtschaft als Schädlingsbekämpfungsmittel verwendet. Seine Wirksamkeit als Mottenschutzmittel konnte klar nachgewiesen werden.

---

[1] Fibres 1949, *10*, S. 391.

Es scheint indessen, dass es nur in kleinen Räumen in einer Konzentration von 15 g pro Kubikmeter bei einer Temperatur von 20° C als empfehlenswertes Mottenschutzmittel angewendet wird. Für die Anwendung empfiehlt sich ein Zerstäuben einer alkoholischen Lösung. Die Verwendung dieser Verbindung als Mottenschutzmittel bildet den Gegenstand des *brit. P. 19.688*, 1912, der A.G.F.A.[1]).

Ebenfalls wurden Gemische aus p-Dichlorbenzol und p-Chlornitrobenzol im Verhältnis von 1 zu 4 vorgeschlagen. Dieses Gemisch weist den Vorteil auf, bei Temperaturen unter 70° C keine Flecken auf dem Textilmaterial zu geben (A. Markowsky, *amer. P. 1.924.507*).

Die A.G.F.A. hat im *D.R.P. 258.405*, 1911, ein Gemisch aus p-Dichlorbenzol und Naphtalin empfohlen, welches sich im Kampfe gegen alle Entwicklungsstadien (Larve, Eier usw.) als wirksam erwies. Die Anwendung erfolgt durch Zerstäuben auf die zu behandelnde Ware.

A. B. Duckett erwähnt, dass p-Dichlorbenzol ein ausgezeichnetes Mottenschutzmittel darstellt, jedoch nur, wenn sich die wirksamen Dämpfe in einem geschlossenen Raum von einer Temperatur oberhalb von 24° C befinden. Er verlangt eine Konzentration von 17–18 g pro Kubikmeter.

Burgess fand, dass in einem beschränkten Raum 0,3 g des Produkts auf 18 Liter bei einer Temperatur von 22° C in drei Tagen sowohl die älteren als auch die jüngsten Raupen zerstört. In einem grösseren Raum bleibt jedoch auch die doppelte Konzentration unwirksam.

Nach *brit. P. 10.379*, 1914, werden das o- oder m-Dichlorbenzol sowie das Trichlorbenzol in kleinern Räumen verwendet, und zwar in Dampfform in einer Konzentration von 19 g pro 1 m³.

Die Verwendung von in Azeton gelöstem Dichloräthan bildet den Gegenstand des *D.R.P. 353.682*, 1922, von Griesheim.

Ein weiteres Gemisch besteht aus 9 Teilen Propylendichlorid und 1 Teil Tetrachlorkohlenstoff. Die Dauer der Behandlung mit diesen Dämpfen beträgt 48 Stunden.

Das *D.R.P. 419.464* empfiehlt die Verwendung von N-Äthylazetylaminotrichlorbenzol. Um das feste Naphtalin zu ersetzen, nahm man auch Zuflucht zum Tetrahydronaphtalin, dem Tetralin, welches man mit Hilfe eines Zerstäubers anzuwenden versuchte.

Die *brit. P. 203.905* und *D.R.P. 357.063* verlangen den Schutz auf die Verwendung des α-Tetralons (α-Tetrahydronaphtalinketon) und seiner Chlorderivate.

---

[1]) Burgess, Chem. Trade J. 1935, S. 461; R.G.M.C. 1935, S. 329; Darkis, Vermillion, Gross, Ind. Eng. Chem. 1940, *32*, S. 946.

Ferner hat man auch Versuche unternommen mit alkoholischen Lösungen von Chlor- und Bromnaphtalin (*brit. P. 253.993*).

Blausäure in sehr geringer Konzentration (10 g pro m³) ist ebenfalls sehr wirksam, doch birgt ihre Verwendung den grossen Nachteil in sich, dass sie auch für den menschlichen Organismus sehr giftig ist.

Ein sehr interessantes Resultat wurde auch erhalten, wenn mit Äthylenoxyd an Stelle von Blausäure vergast wurde. Diese Verbindung ist bei weitem weniger giftig, und ihre Verwendung birgt nur wenig Gefahren in sich.

Im *amer. P. 979.704,* 1910, von Auston Posselt findet man die folgende Zusammensetzung für ein Mottenschutzmittel:

80 g Terpentinöl
10 g Leinöl
10 g Mohnöl

Ein anderes Insektizid bildet der wässerige Auszug aus den Samen der Lupine und der Rinde der Quillaja (Panamarinde), welches im *brit. P. 253.203* von W. Schmitz empfohlen wurde.

Das *D.R.P. 272.282* bezieht sich auf die Verwendung des Hexamethylentetramins, welches sich auf der Faser bei einer Behandlung mit Formaldehyd und dann mit einer wässerigen Ammoniaklösung bildet. Die Patentschrift erwähnt, dass das sich infolge der Zersetzung dieses Produkts bildende Formaldehydgas einen beträchtlichen Schutz bietet. Diese Auffassung wird jedoch in mehreren späteren Veröffentlichungen bestritten, da die Erfahrung gezeigt habe, dass Formaldehyd keinerlei insektizide Eigenschaften besitzt.

Die Verwendung aromatischer Chloride, die in organischen Lösungsmitteln löslich sind, erwähnt z. B. das *D.R.P. 449.126,* welches das Toluol-p-sulfochlorid nennt.

Der Kampfer ist ein Mottenschutzmittel, welches üblicherweise im Haushalt verwendet wird, doch ist seine Wirksamkeit geringer als jene des Naphtalins oder p-Dichlorbenzols.

Das Problem, welches sich die Farbenfabriken Bayer & Co. stellten, hatte zum Ziele, durch die Fasern tierischen Ursprungs farblose und geruchlose Verbindungen aufnehmen zu lassen, die keine der günstigen Wolleigenschaften verändern, sich aber entweder als Gifte für die Motten oder als Substanzen, die die Wolle für die Mottenlarven unverdaulich machen, erweisen.

Der Ausgangspunkt dieser beachtenswerten Arbeiten, die als epochemachend bezeichnet werden dürfen, und die von den Farbenfabriken Bayer & Co. und anschliessend von der I.G. Farbenindustrie sowie von Geigy mit grösster Sorgfalt und Ausdauer intensiv durchgeführt wurden, beruhte auf der schon lange vertretenen Ansicht, die auch unter dem Volke verbreitet ist, dass die grün gefärbte Wolle nicht von den Motten angegriffen wird.

Stötter, der Erfinder des Eulans, konnte beobachten, dass die gefärbte Wolle von den Motten nicht regelmässig und gleichförmig verändert wird. E. Meckbach[1]) bestätigte, dass diese Ansicht aus dem Volke unbestritten berechtigt ist, wenn es sich um grün gefärbte Wolle handelt, wie sie vor 60 Jahren gefärbt wurde.

Fast alle grünen Farbstoffe dieser Zeit wurden mit Martiusgelb nuanciert:

$$OH$$

$$NO_2$$
$$NO_2$$

α-Dinitronaphtol (Bezeichnung D A N)

Die Untersuchung der verschiedenen Färbungen hat gezeigt, dass es immer diese Verbindung ist, die die guten mottenfesten Eigenschaften besitzt.

Hartley, Elsworth und Barrit haben das Dinitro-o-kresol unter der Bezeichnung D N O C als Ersatz für das Martiusgelb empfohlen, wovon eine 0,25%ige Lösung zur Verwendung kommt[2]):

$$CH_3$$

$$O_2N \quad OH \quad NO_2$$

Dieses Produkt ist besser löslich als Martiusgelb und gibt eher noch bessere Resultate.

Obwohl die Entwicklung farbloser Farbstoffe als Mottenschutzmittel der Gegenstand umfangreicher Arbeiten war, wurden auch Farbstoffe selbst in dieser Richtung untersucht. So beobachtete Minaeff der Larvex Corp.[3]), dass mit Viktoriablau, Methylviolett, Brillantgrün, Kongorot R, Fuchsin, Safranin, Chrysoidin, Indigo, Methylenblau und Auramin gefärbte Wollmuster der Teppichmotte in obiger Reihenfolge am besten widerstanden. Für die Kleidermotte ist jedoch diese Rangfolge etwas anders. Aber auch die besten dieser Muster konnten nicht als voll mottenecht bezeichnet werden. Martiusgelb und Naphtolgelb besitzen ausgezeichnete Mottenechteigenschaften, wobei das erstere ein Salz des Dinitro-α-naphtols und letzteres ein Salz der Dinitro-α-naphtol-β-sulfonsäure ist.

[1]) E. Meckbach, Mell. 1921, 2, S. 350; Text. Forschung 1921, 2, Heft 2.
[2]) J. Soc. D. and Col. 1943, 59, S. 266.
[3]) M. G. Minaeff, Text. Col. 1927, 49, S. 89.

Gleich verhält es sich auch mit Wolle, die mit Chromfarbstoffen gefärbt wurde. Eine solche Wolle ist sowohl gegen Motten als auch gegen Bakterien beständig.

Von der Feststellung ausgehend, dass Martiusgelb die Wolle gegenüber den Angriffen durch Motten unempfindlich macht, versuchte man, farblose und geruchlose Substanzen herzustellen. Diese Verbindungen können von der Wolle absorbiert und fest gebunden werden. Dabei verleihen sie auf dauerhafte Art und Weise der Wolle die Eigenschaft, durch Motten nicht mehr zerstört zu werden. Sie wird dabei entweder unverdaulich (abstossende Wirkung) oder giftig (Magengifte).

Man muss zwei Klassen von Verbindungen unterscheiden, die eine vorübergehende oder dauerhafte Mottenschutzwirkung besitzen. Diese Verbindungen wirken entweder abstossend oder auf die Atmungswege oder den Verdauungsapparat toxisch oder sind Kontaktgifte.

a) Anorganische Verbindungen.

b) Organische Verbindungen.

a) Die anorganischen Mottenschutzmittel.

Die Fluoride.

Die insektiziden und bakteriziden Eigenschaften der Fluoride sind schon lange bekannt, und gewisse dieser Salze wurden mit mehr oder weniger Erfolg angewendet, um die Zersetzung der Appreturmassen durch Schimmelpilze zu verhindern.

Die Farbenfabriken Bayer & Co. in Leverkusen machten als erste die Beobachtung, dass fluorhaltige Verbindungen, wie z. B. die Fluoride, die Wolle gegenüber Mottenbefall widerstandsfähiger machen. In Auswertung dieser Entdeckung, die den Gegenstand des *D.R.P. 173.536*, 1921, bildet, brachten die Farbenfabriken Bayer & Co. zuerst das Eulan F extra auf den Markt, das wie das Eulan M ein Gemisch verschiedener Körper ist, wovon einer ein Fluorid ist. Diese beiden Produkte hatten im Handel nur einen beschränkten Erfolg und wurden daher kurz darauf durch Eulan E extra ersetzt, welches ein Ammonium-Aluminiumfluorid darstellt. Eulan E extra wurde im Jahre 1924 in den Handel gebracht und dann seinerseits im Jahre 1928 durch das Eulan W extra ersetzt, welches ein saures Kaliumfluorid oder Kaliumbifluorid ist. Der mit diesem Produkt erzielte Mottenschutz ist nicht dauerhaft.

Im Grundpatent, dem *D.R.P. 173.536*, 1921, erwähnen die Farbenfabriken Bayer & Co. ebenfalls komplexe Säuren, wie etwa die Kieselfluorwasserstoffsäure, die Phosphorwolframsäure, die Antimonwolframsäure, die Phosphormolybdänsäure, die auch als geeignet angesehen werden, der Wolle einen Schutz gegen den Angriff durch die Motten zu verleihen.

William Lowe hat die Ergebnisse seiner Forschungsarbeiten in den *brit. P. 413.445*, 1934, *413.529*, 1934, *454.458*, 1936, *532.975*, 1941, und dem *amer. P. 2.184.147*, 1939, niedergelegt. Diese Patente beziehen sich auf die Verwendung von Chromfluorid, wodurch die Wolle unempfindlich gegen den Angriff durch Motten werden soll.

Das Verfahren von W. Lowe besteht in einer Behandlung der Wolle mit einer Lösung von 1,25 g Chrom-3-fluorid (CrF_3) in 160 g Wasser während 20 Minuten bei 82° C. Hierauf wird abgepresst und bei 65° C getrocknet.

Das in den *brit. P. 413.445* und *413.529*, 1934, geschützte Verfahren beruht auf der Verwendung von Chromfluorid und Antimonfluorid. Dabei wird die Wolle mit 0,65% Chromtrifluorid und 0,15% Antimonfluorid imprägniert. Die so erhaltene Imprägnierung widersteht einer Wäsche; so wurde bei einer Behandlung mit siedendem Wasser nur ein Verlust von 0,1% der auf der Faser abgelagerten Salze beobachtet. Der grösste Nachteil dieses Verfahrens liegt in der Tatsache, dass die Gewebe dabei einen leichten Grünstich erhalten.

Dieser Nachteil lässt sich jedoch beheben, wenn man ein Gemisch aus 4 Teilen Chromfluorid und einem Teil Antimonfluorid verwendet. Die Behandlung mit einem Gemisch aus Chromfluorid und dem Natrium-antimonfluorid, also einem Doppelsalz, wird im *brit. P. 454.458*, 1936, angegeben.

Ein weiteres auf der Verwendung von Fluoriden beruhendes Verfahren ist jenes der Kydo Mothproofing Corp., welches den Gegenstand des *brit. P. 516.317*, 1939, bildet. In diesem Falle werden die Fluoride zusammen mit Antimonsalzen verwendet. Lowe hatte jedoch bereits im Jahre 1934 als Mottenschutzmittel Chromfluorid zusammen mit Antimonfluorid vorgeschlagen (*brit. P. 413.529*, 1934 und *532.975*, 1941).

Die im *brit. P. 516.317*, 1939, von der Kydo Mothproofing Corp. vorgesehenen Verbindungen entsprechen der allgemeinen Formel:

$$RF, \ SbF_3, \ (RF)_2 SbF_3 \ und \ SbF_3 \ R_2SO_4$$

wobei R ein Alkali- (Natrium oder Kalium) oder Erdalkalimetallion (Kalzium, Barium) oder auch ein Ammoniumrest ist. Die Patentschrift gibt dabei als Beispiel

$NaF \cdot SbF_3$ Natriumantimonfluorid
$(NaF)_2 \ SbF_3$
$(NH_4F)_2 \ SbF_3$ Ammoniumantimonfluorid.

Es ist dabei vor allem das letzte dieser drei Produkte, welches sehr gute Resultate gibt.

Das Verfahren der Kydo-Mothproofing Corp. besteht in einer Behandlung der Wolle mit 2% Natriumantimonfluorid (NaF.SbF$_3$) zusammen mit 1,5% Natriumsilikofluorid oder von Ammoniumantimonfluorid ((NH$_4$F)$_{21}$ SbF$_3$) in wässeriger Lösung. Nach Entfernung der überschüssigen Flüssigkeit wird dann getrocknet.

Die Bocon Chem. Corp. hat kürzlich ein kationaktives Produkt unter der Bezeichnung Boconize auf den Markt gebracht. Dieses Produkt besteht aus Fluoriden und einer organischen Verbindung, dem 1,6-Diamino-2-difluorhexan der Formel

$$H_2N\text{---}(CH_2)_4\text{---}CF_2\text{---}CH_2\text{---}NH_2 .$$

Bortrifluorid kann ebenfalls als Mottenschutzmittel betrachtet werden. Gleich verhält es sich auch mit den Strontium-, Kupfer-, Kobalt-, Blei-, Quecksilber-, Wismut- und Selenverbindungen sowie mit dem Cerazetat[1]).

Das *amer. P. 1.757.222*, 1930, erwähnt die Verwendung des Borfluorids, und das *D.R.P. 502.600* sowie das *amer. P. 1.757.222*, 1930, der I.G. Farbenindustrie empfehlen die Anwendung von Bortrifluoriddämpfen oder Dämpfen einer Mischung von Bortrifluorid und organischen Substanzen.

Thomas schlägt im *brit. P. 547.924*, 1942, eine Behandlung der Wolle mit löslichen Fluoriden (Natriumfluorid) und anschliessende Trocknung vor.

Die Silikofluoride.

Die Salze der Kieselfluorwasserstoffsäure oder Silikofluoride wurden an Stelle der Fluoride ebenfalls als Mottenschutzmittel vorgeschlagen, da sie für den Menschen weniger giftig sind als die letzteren. Ihre Anwendung erfolgt entweder durch Imprägnierung mit einer wässerigen Lösung oder durch Zerstäuben oder Streuen in Pulverform sowie durch Behandeln mit einer Lösung in einem organischen Lösungsmittel im Laufe der Trockenreinigung (chemischen Wäsche).

Die Silikofluoride in ihrer Eigenschaft als Mottenschutzmittel wurden von Meckbach der Farbenfabriken Bayer & Co., Leverkusen, bearbeitet. Er machte dabei die Beobachtung, dass die Silikofluoride bedeutend stärker wirksam sind im Kampfe gegen die Motten als die Fluoride.

Die ersten diesbezüglichen Resultate, zu denen Bayer & Co. gelangte, fanden ihren Niederschlag in den *D.R.P. 344.266*, 1918, *346.596*, 1919, *346.597*, *346.598; brit. P. 173.536*, 1920, und *amer. P. 1.682.975*, 1925. Das Verfahren besteht in einer Behandlung der

---

[1]) Die Säuren und Salze des Selens sind nach den Angaben der *franz. P. 700.870*, *amer. P. 1.903.864* und *brit. P. 340.318* gute Mottenschutzmittel, jedoch bildet ihr hoher Preis ein grosses Hindernis.

Wollgewebe oder Pelze mit einer Mischung von Säuren, wie Kieselfluorwasserstoffsäure, Fluorwasserstoffsäure, Phosphorwolframsäure,
Phosphormolybdänsäure und Ammoniumfluorid, Silikofluoriden, Kaliumsilikat oder Ammoniummolybdat.

Die Farbenfabriken Bayer & Co. verwirklichten auf Grund dieser
Patente das erste Mottenschutzmittel, das **Eulan F extra**, ein
Produkt aus Aluminiumfluorid, Natriumsilikofluorid und einer Naph-
talinsulfosäure (*D.R.P. 344.266*, 1918, *346.596*, 1919).

In einem Zusatz zu diesen Patenten, dem *D.R.P. 347.849*, 1920,
wird eine Imprägnierung mit einer kalten Lösung einer komplexen
Säure, wie z. B. der Kieselfluorwasserstoffsäure oder der Phosphorwolframsäure, in Gegenwart von Natriumsulfat, -chlorid oder Ameisensäure empfohlen.

Das *brit. P. 295.742* von Bayer & Co., welches eine Erweiterung
der vorhergehenden Patente darstellt, erwähnt Säuren der allgemeinen
Formel

$$X. (HF)_n$$

wobei X eine organische Säure bedeutet.

Das folgende Beispiel möge dieses Verfahren illustrieren:

100 kg Wolle werden mit 100 Litern einer warmen wässerigen Lösung von
  2 kg Trikalium-difluoro-disulfat oder Monokalium-monofluoro-phosphat und Kalium-
     bifluorid behandelt

oder

Man nimmt auf 100 kg Wolle
     15 kg Kaliumbitartrat
      2 kg saures Ammoniumfluorid ($NH_4F \cdot HF$).

In der Praxis werden diese Produkte dem Färbebad zugegeben.
Man behandelt dann während einer Stunde in einer siedenden Lösung
von

      2 Teilen Kieselfluorwasserstoffsäure
    10 Teilen Natriumsulfat
      2 Teilen konz. Schwefelsäure
   auf 100 Teile Wolle.

Dieses Grundverfahren erfuhr eine Reihe von Verbesserungen,
die zum Ziele hatten, die Wirkung der Silikofluoride und Fluoride zu
vervollkommnen.

So wird in den *D.R.P. 347.720, 347.721* und *347.723* ein Verfahren beschrieben, welches erlaubt, eine dauerhafte Mottenfestausrüstung zu erzielen. Die Mottenschutzmittel, wie z. B. die komplexen
anorganischen Säuren, werden mit Hilfe gewisser Metallsalze in einen
unlöslichen Zustand übergeführt. Als Metallsalze kommen hiefür z. B.
Aluminium- oder Chromazetat in Betracht.

Anderseits kann auch die Zugabe eines Netzmittels zur Verbesserung der Durchdringung des Gewebes von Interesse sein. Gleich verhält es sich auch mit der Mitverwendung von Elektrolyten, so z. B. organischen Säuren (Zitronensäure, Ameisensäure, Oxalsäure, Weinsäure).

Brit. P. 235.915 nennt die Verwendung löslicher Silikofluoride oder Fluoride, denen eine organische Säure oder ein lösliches Sulfat zugesetzt wird.

Als Netzmittel verwendet man nach den Angaben des *brit. P. 288.825* und *amer. P. 1.634.793* Sulforizinoleate, so z. B. folgendes Gemisch

0,6 Teile Natriumsilikofluorid
0,3 Teile Alaun
0,02 Teile Gelatine
0,02 Teile Natrium- oder Ammoniumsulforizinoleat.

Seife wird im *amer. P. 1.634.792* vorgeschlagen, wobei die Patentschrift das folgende Beispiel erwähnt:

10 Teile Natriumsilikofluorid
0,5 Teile Natriumoleat.

Das *amer. P. 1.634.794* behandelt ein Gemisch von Natriumsilikofluorid und einer Aluminiumsalzlösung, welches in Wasser löslich ist. Neben diesen Arbeiten der Farbenfabriken Bayer & Co. müssen auch noch jene von Minaeff und Sachs der Larvex Corp. erwähnt werden, welche den Gegenstand der *brit. P. 235.914* und *235.915*, 1925, der Larvex Corp. bilden. Es gelangt dabei ein Verfahren zur Anwendung, welches in einer Imprägnierung der Wolle mit einer neutralen Lösung von Natriumsilikofluorid, Kaliumsilikofluorid, Aluminium- oder Zinksilikofluorid und gewissen Fluoriden besteht. Dazu wird noch ein Zusatz eines Alkalisalzes einer Naphtalin- oder Benzolsulfosäure und eines Metallsalzes, wie z. B. Zink- oder Aluminiumsulfat, gemacht.

Auch hier soll sich die Zugabe einer kleinen Menge einer organischen Säure (Zitronen-, Wein-, Ameisen- oder Essigsäure) vorteilhaft auswirken. Minaeff und Wright stellten fest, dass Natriumsilikofluorid bedeutend aktiver als das Fluorid ist. Es zieht wie ein Farbstoff auf die Wolle auf[1]).

Natrium- oder Kaliumsilikofluorid verleiht dem Wollgewebe bei einer Konzentration von 1 g auf 200 g Wolle einen Schutz gegen die Motten, doch nimmt dieser bei der Wäsche merklich ab.

Die beste Anwendungsweise besteht in einer Imprägnierung des Textilmaterials in einer kalten Lösung, einem Abquetschen und Trocknen.

---

[1]) Ind. Eng. Chem. 1929, *21*, S. 1187.

Das *brit. P. 235.914* der Larvex Corp. in New York schlägt ein Produkt folgender Zusammensetzung vor:

0,1—0,6 Teile Natriumsilikofluorid
0,1—2,5 Teile Natriumfluorid
0,1—1,0 Teile Natriumsulfat
0,1—0,4 Teile β-naphtalinsulfosaures Natrium
0,5—0,6 Teile Alaun.

Das Mottenschutzmittel Larvex[1]) des Handels ist ein Gemisch des Aluminium- und Natriumsilikofluorids. Dieses Produkt wird üblicherweise in Lösung in einer Konzentration von 0,6 % angewendet, wobei das Textilgut während 30 Minuten behandelt wird.

Turner nennt im *amer. P. 1.494.985*, 1924, ein Gemisch aus Zinknaphtalinsulfonat, Zinksulfat und Aluminiumfluorid, welches zur Imprägnierung der tierischen Fasern verwendet werden kann.

Nach dem *amer. P. 2.214.962*, 1940, von Harold und Boss behandelt man die Wolle mit komplexen Antimonfluoriden, wie z. B. $SbF_3 \cdot NaF$ oder $SbF_3 \cdot 2 NaF$.

Ein Verfahren, das den Gegenstand des *kan. P. 432.545*, 1946, von Hizone bildet, verwendet als Mottenschutzmittel ein Gemisch, welches aus Magnesiumsilikofluorid, Triäthanolaminsilikofluorid und unter Umständen noch benzolsulfosaurem Magnesium besteht.

Jones erwähnt im *amer. P. 2.291.473*, 1942, ein Verfahren, das in einer Behandlung mit Magnesiumsilikofluorid und benzolsulfosaurem Magnesium besteht.

Im *brit. P. 605.975*, 1948, empfiehlt K. Roos, die Wolle mit Substanzen zu imprägnieren, die nur wenig oder überhaupt keine Affinität zur Wolle besitzen, wie z. B. Magnesiumsilikofluorid, und gleichzeitig noch Enzyme mitzuverwenden, die eine Hydrolyse der Faser hervorzurufen vermögen, wie etwa Papain.

So verwendet man eine Lösung folgender Zusammensetzung:

4 l Wasser
1 g Papain
20 g Magnesiumsilikofluorid
5 g Laurylsulfat.

Bei 35° C behandelt man die Wolle während 30 Minuten mit einer solchen Lösung. Der Mottenschutzeffekt ist bei einer Mitverwendung von Papain bedeutend stärker.

In einem kürzlich veröffentlichten Patent von Merck & Co. findet sich ein Verfahren, welches eine dauerhafte Fixierung des Mottenschutzmittels erlaubt.

---

[1]) Burgess, J. Soc. D. and Col. 1935, *51*, S. 85; C. N. Sprankle und R. Slanbugh, Text. World 1937, *87*, S. 2015; Wengraf's Ber. 1935, April, S. 26.

Es handelt sich dabei um das *franz. P. 943.328*, welches ein insektizides Präparat und ein Vinyl-, Melamin- oder Harnstoff-Formaldehyd-Kunstharz verwendet. Das Kunstharz hat dabei das Insektizid, wie z. B. die auf die Fasern gebrachten Fluoride oder Silikofluoride, zu fixieren.

Die noch wirksame Minimaldosis an Insektizid beträgt dabei 0,1% und die kleinste Kunstharzmenge 1% auf das Gewicht der Wolle berechnet. Die Aufbringung des Insektizids und des Kunstharzes kann entweder gleichzeitig oder einzeln durch Eintauchen des Gewebes in die entsprechenden Lösungen erfolgen. Nach der Imprägnierung trocknet man an der Luft und dann bei 35° C, wenn es sich um ein selbst polymerisierendes Harz handelt, oder bei 170° C während 2 Minuten bei einem härtbaren Kunstharz.

Ein Gemisch von wasserlöslichen Silikofluoriden und einem Kunstharz auf Vinylazetatbasis wird im *brit. P. 642.248* von Merck & Co. als Mottenschutzmittel empfohlen.

Im *amer. P. 2.514.132* der American Cyanamid Co. – Kienle[1]) handelt es sich um die Kombination zweier Verfahren: Schrumpffestmachen von Wolle mittels wasserlöslicher alkylierter Methylolmelamine und Mottenechtmachen mittels Silikofluoriden.

Nach dem vorliegenden Verfahren wird die Lösung eines alkylierten wasserlöslichen Methylolmelamins, das sauer vorkondensiert und kurz vor dem Unlöslichwerden mit Melaminfluorsilikat oder Fluorborat neutralisiert wurde, hergestellt und damit die Wolle so imprägniert, dass sie nach dem Trocknen ungefähr 2,25% Trockensubstanz enthält. Man arbeitet wie üblich in Gegenwart von Puffersubstanzen und Katalysatoren, jedoch wirkt auch bereits das Fluorsilikat- bzw. Fluorboratanion als Katalysator. Nach dem Trocknen wird wie üblich auskondensiert (150° C, 10 Minuten). Das behandelte Fasergut ist schrumpffest und mottenecht.

Eine gewisse Anzahl organischer Derivate der Flußsäure oder Kieselfluorwasserstoffsäure wurden als Folge der Grundpatente von Bayer & Co. und der Larvex Corp. ebenfalls empfohlen.

Ja, man beschränkte sich nicht nur auf die Erforschung der anorganischen Fluorverbindungen als Mottenschutzmittel, sondern man findet im Gegenteil auch eine ganze Anzahl von Patenten, die sich auf die Verwendung organischer Derivate der Kieselfluorwasserstoffsäure, der Borfluorwasserstoffsäure und ganz allgemein der organischen Verbindungen des Fluors beziehen. Es erscheint angebrachter, diese Verbindungen hier zu behandeln, als sie unter den organischen Mottenschutzmitteln aufzuführen, denn die mottenabweisende und insektizide Wirkung dieser Verbindungen scheint einzig und allein durch die Anwesenheit des Fluors zustande zu kommen.

---

[1]) Amer. Dyest. Rep. 1951, *40*, S. 64; siehe auch *amer. P. 2.515.107* der gleichen Firma.

So wird von Stötter im *D.R.P. 485.101* das Pyridinhydrofluorid genannt. Von den gleichen Überlegungen scheint auch du Pont de Nemours auszugehen, wenn im *brit. P. 396.064*, 1933, für die Bifluoride von Aminen, wie z. B. Butylamin, Nikotin, sowie die Silikofluoride von Dibutylamin, Anilin oder Chinolin ein Patentschutz verlangt wird.

Es seien ferner noch die folgenden Patente genannt, die sich auf verschiedene organische Fluorderivate beziehen.

Brit. P. 305.527, 1928: Diazoniumfluorsulfonate.

D.R.P. 449.126 und *450.418*: Kaliumfluorborazetate sowie p-Toluolsulfofluorid.

Brit. P. 333.583 und *333.584*, 1929, der I.G. Farbenindustrie: Fluornaphtaline, Fluorazetanilid, Phenylfluoroform, Fluorbenzoesäure, Fluoressigsäure usw. Diese Produkte werden entweder als Räucherpräparate, in Form von Lösungen oder unter Umständen als Emulsionen angewendet.

Brit. P. 316.987: Bortrifluoressigsäure.

Brit. P. 333.863: Natriumsalz der 3-Nitro-4-fluor-1-benzoesäure.

Merck & Co. beschreiben im *brit. P. 509.676*, 1939, ein Verfahren, welches auf der Verwendung des Silikofluorids des Triäthanolamins zusammen mit Aluminiumsulfat beruht. Man nimmt z. B.

> 298   Teile Triäthanolamin
> 144   Teile reine Kieselfluorwasserstoffsäure oder
> 411,5 Teile 35%ige Kieselfluorwasserstoffsäure

Man gelangt so zum Silikofluorid des Triäthanolamins, welches die folgende Formel aufweist:

$$H_2SiF_6 \cdot 2\,N\,(C_2H_4OH)_3$$

Hierauf gibt man zu:

> 2800 Teile Aluminiumsulfat, gelöst in
> 3200 Teilen Wasser und hernach
>   80 Teile Laurylsulfat und stellt das Ganze mit Wasser auf
> 10000 Teile.

Die so erhältliche Lösung muss einen p_H-Wert von 2 besitzen und ist direkt verwendbar.

Das gleiche Verfahren wird auch im *amer. P. 2.176.984* beschrieben, welches noch einige interessante nähere Angaben macht. Die Lösung enthält das Silikofluorid des Triäthanolamins, Aluminiumsulfat und Laurylsulfat. Das so erhaltene Produkt widersteht einer wiederholten Wäsche und das Gewebe weist einen weichen Griff auf. Es muss jedoch darauf geachtet werden, dass die für dieses Produkt verwendeten Materialien rein sind. Die Kieselfluorwasserstoffsäure muss

25 bis 37%ig sein und darf keine nicht umgesetzte Kieselsäure mehr, wohl jedoch noch etwas freie Flußsäure enthalten.

Das zu verwendende Triäthanolamin muss frei von Mono- oder Diäthanolamin sein und der flüchtige Anteil der daraus hergestellten Silikofluoridverbindung darf nicht über 1% betragen.

Nach dem Beispiel in der Patentschrift mischt man sorgfältig 240 g Triäthanolamin mit 330 g 35%iger Kieselfluorwasserstoffsäure. Hierauf fügt man 20 g Flußsäure zu und darauf eine Lösung von 140 g Aluminiumsulfat in 175 g Wasser. Zum Schluss erfolgt noch ein Zusatz von 5 g Laurylsulfat in 25 g Wasser gelöst. Das ganze Gemisch wird dann mit Wasser auf 1000 g gebracht. Eine solche Lösung muss einen p_H-Wert von 2 besitzen. Vor der Verwendung wird noch auf 0,1 bis 1% verdünnt.

Die Mottenschutzwirkung gewisser Metallsalze.

Eine gewisse Anzahl anderer anorganischer Salze als die Fluoride wurden auch als Mottenschutzmittel empfohlen. Die Mehrzahl der Salze der seltenen Erden sowie Aluminium-, Kupfer-, Zink- und Zinnazetat können als mehr oder weniger wirksame Schutzmittel betrachtet werden (*amer. P. 1.688.717, 1.921.926* von H. J. Jones).

Die Farbenfabriken Bayer & Co. beobachteten vor allem, dass Uran- und Cersalze zusammen mit Ölsäure durch Imprägnierung der Wolle auf dieser niedergeschlagen werden können, wobei ein sehr wirksamer Schutz gegen Mottenfrass erhalten wird. Gleiche Verhältnisse liegen auch bei Verwendung von Antimonwolframsäure, Fluortitansäure oder Borsäure vor. So erwähnt z. B. das *D.R.P. 416.706* die Behandlung mit einer Lösung einer Antimonseife in Benzol.

Die Salze der seltenen Erden, wie z. B. das Thoriumoleat, das Lanthanstearat oder abietinsaures Titan, in Form ihrer Lösungen in organischen Lösungsmitteln werden im *brit. P. 247.242* genannt; nach Untersuchungen von Jackson (Ind. Eng. Chem. 1930, *22*, S. 339) soll jedoch die insektizide Wirkung dieser Salze nur unbedeutend sein.

Dagegen wurden nach den Angaben des *D.R.P. 515.916* und *brit. P. 365.233* die Strontiumsalze mit Erfolg angewendet, und zwar eine Lösung des Oleats in Benzol oder des Salicylats in Alkohol. Diese Verbindungen werden zum Schutze der Pelze empfohlen. Wie vorauszusehen war, können auch die Bariumsalze wegen ihrer bekannten Giftigkeit als Mottenschutzmittel verwendet werden. Den Kalziumsalzen kommt jedoch nicht die gleiche Schutzwirkung zu.

Brit. P. 413.648 der Imp. Chem. Ind. beschreibt ein Verfahren, das in einer Ablagerung von Bariumborat auf der Faser besteht. Es gelangt dabei ein Zweibadverfahren für die Imprägnierung der Fasern zur Anwendung. Im ersten Bad befindet sich eine Bariumchloridlösung, während das zweite Bad eine Natriumboratlösung enthält. So behandelte Gewebe sind zudem auch feuerfest ausgerüstet.

Im *brit. P. 589.498*, 1947, wird die Verwendung von Bariumbromid und -chlorid erwähnt. Man verwendet eine 1%ige Bariumbromidlösung, mit der man bei gewöhnlicher Temperatur das Gewebe imprägniert. Dann wird mit einem Abquetscheffekt von 94 % von der überschüssigen Lösung befreit. Es sei hier nochmals darauf hingewiesen, dass die Verwendung von Bariumsalzen bereits empfohlen wurde.

Die Behandlung der Faser mit Kadmiumsulfat im Gemisch mit Glyzerin wird von Ullmann und Mc Lochlan im *brit. P. 412.168* beschrieben.

Gemäss den *franz. P. 700.870, amer. P. 1.903.864* und *brit. P. 430.318* sind die Selensäure und ihre Salze gute Mittel gegen den Mottenangriff. Diese Produkte kommen aber wegen ihres hohen Preises technisch nicht in Frage.

Von Interesse ist es auch noch, jene neueren Arbeiten zu erwähnen, die den Gegenstand der *brit. P. 589.498* und *amer. P. 2.184.147* und *2.288.814* bilden. Darin wird die Verwendung von Kadmiumsalzen zur Immunisierung von kautschukbeschichteten Textilien gegen Mottenfrass genannt.

Bruère und Worms gelang es, durch eine Behandlung der Wolle mit Schwermetallsalzen einen Mottenschutz zu erzielen (Acad. d'Agriculture, 1930). Die Wolle vermag das Metallion auf eine dauerhafte Art und Weise zu binden. Das Metall geht dabei mit dem Wollprotein eine Bindung ein. Bei diesem Verfahren werden zur Hauptsache saure wässerige Lösungen von Salzen des Nickels, Kobalts und Kupfers verwendet, und zwar in Gegenwart von Natriumnitrit (ExcaichWorms-Verfahren). Je nach der gewünschten Nuance lässt man durch Zugabe von Phenolderivaten der Benzol- oder Naphtalinreihe die Färbungen aufziehen. Dabei wird bei Wolle in der Wärme und bei Haaren in der Kälte gearbeitet.

In dem *brit. P. 160.039*, 1920, und dem *amer. P. 1.480.289* wurde ebenfalls die Erzeugung eines Antimontannatniederschlages auf der Faser empfohlen. Diese Verbindung besitzt jedoch nur eine sehr schwache insektizide Wirkung.

b) Die organischen Mottenschutzmittel.

Die zahlreichen Arbeiten, die auf diesem Gebiete durchgeführt wurden, haben zu Mottenschutzmitteln geführt, die chemisch gesehen zu den verschiedenartigsten Verbindungsklassen gehören. Daher fällt es schwer, hier eine genaue Klassierung vorzunehmen.

Vor allem wurde versucht, der Wolle einen dauerhaften Schutz gegen Mottenfrass zu verleihen. Hiezu gehören auch die wichtigsten Mottenschutzmittel, die zur Zeit verwendet werden.

Die wichtigsten Klassen der organischen Mottenschutzmittel sind dabei die folgenden:

1. Triphenylmethanderivate (Eulan neu).
2. Phosphoniumverbindungen (Eulan NK und NKL).
3. Sulfonamide (Eulan AL und BL).
4. Harnstoffderivate (Mitin FF von Geigy).
5. Halogenierte Phenolderivate (Mystox B und LS).
6. Derivate halogenierter aliphatischer Kohlenwasserstoffe.
7. Quaternäre Ammoniumverbindungen.
8. Alkaloide.
9. Aromatische Sulfon- und Karbonsäuren.
10. Pyrazolon- und Triazinderivate.
11. Verschiedene Schwefelverbindungen, Arylsulfone, Arylsulfoxyle.
12. Diphenylverbindungen.
13. Verschiedene Produkte.

Eine grosse Zahl organischer Verbindungen wurde als Mottenschutzmittel vorgeschlagen, wobei mehrere, die der Wolle keinen dauerhaften Schutz zu verleihen imstande sind, sei es dass ihre Dämpfe wirksam sind oder sie gestreut werden oder durch ein Eintauchen zur Anwendung gelangen, bereits genannt wurden.

So wurden als Mottenschutzmittel Alkaloide, Pyrazolon- und Triazinderivate, Hydrazone, Phenylhydrazone, Thiantrene, verschiedene Schwefel enthaltende Verbindungen usw. vorgeschlagen. Die sich auf solche Präparate beziehende Anzahl Patente ist sehr gross und nimmt stets noch zu.

Die aussergewöhnlich grosse Zahl von Verbindungen, die als Mottenschutzmittel patentiert wurden, erschwert eine Klassifikation der Mottenschutzmittel bezüglich ihrer chemischen Konstitution. Die wichtigsten Fortschritte auf dem Gebiete der organischen Mottenschutzmittel wurden zum Teil bereits weiter oben besprochen oder finden sich auch in den Arbeiten von Clark[1] und Whewell[2] sehr gut besprochen. Neuere Beiträge zu diesem Thema stammen von Clark (J. Soc. D. and Col. 1943, *59*, S. 213) und Hartley, Elsworth und Barritt (J. Soc. D. and Col. 1943, *59*, S. 266).

1. Triphenylmethanderivate.

Auf dem Gebiete der Mottenschutzmittel wurden die bedeutendsten Resultate mit solchen Verbindungen erhalten, die gleichsam als farblose Farbstoffe der Triphenylmethangruppe angesehen werden

---

[1]) J. Text. Inst. 1928, *19*, S. 295 P; 1936, *27*, S. 389 P.
[2]) Text. Recorder 1940, *58*, Dez., S. 19; 1941, *58*, Jan., S. 15; Febr., S. 32, 36; März, S. 27; April, S. 40; Mai, S. 35; Juni, S. 39.

dürfen. Diese Verbindungen vermögen die Wollfasern auf eine dauerhafte Art und Weise zu schützen.

Bei den „farblosen Farbstoffen" dieser Reihe haben vor allem die deutschen Chemiker der I. G. Farbenindustrie sich verdient gemacht. Durch Ausdauer und methodisches Forschen gelang ihnen im Jahre 1928 die Entdeckung wirklich brauchbarer Mottenschutzmittel, die unter den Namen Eulan N und Eulan neu bekannt geworden sind.

Laut *D. R. P. 503.256* (26. 3. 1927) der I. G. Farbenindustrie – Berthold Wenk und Hermann Stötter wurde gefunden, dass durch Kondensation von Aldehyden mit p-Chlorphenol oder p-Bromphenol oder deren Abkömmlingen mit indifferenten Substituenten, welche wenigstens eine freie o-Stellung zum Hydroxyl besitzen, in Säuren geeigneter Konzentration oder ähnlich wirkenden, sauer reagierenden Salzen Oxy-di- oder -triarylmethane erhalten werden, die als Schutzmittel gegen Kleidermotten und ähnliche Schädlinge hervorragend geeignet sind.

Wolle wird z. B. in eine Lösung von 10 Gewichtsteilen 2,2′-Dioxy-5,5′-dichlordiphenylmethan, des Kondensationsproduktes aus zwei Mol p-Chlorphenol mit einem Mol Formaldehyd, von der Formel:

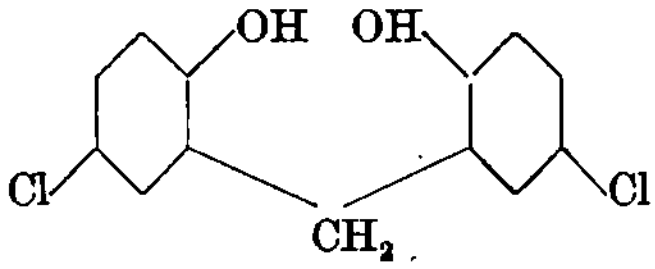

$$\text{Cl}\overbrace{\qquad}^{\text{OH}}\text{CH}_2\overbrace{\qquad}^{\text{OH}}\text{Cl}$$

und 100 Gewichtsteilen einer Mischung von Zyklohexanon und Ligroin getaucht, bis sie gleichmässig durchtränkt ist, dann zentrifugiert und getrocknet. Die so erhaltene Ware ist mottensicher.

An Stelle des 2,2′-Dioxy-5,5′-dichlordiphenylmethans können auch Oxy-di- oder -triarylmethane angewandt werden, die man aus Formaldehyd, Benzaldehyd, chlorierten Benzaldehyden, Chloroxybenzaldehyden u. dgl. mit Chlorphenol oder anderen p-halogenierten Phenolen, wie z. B. 2,4-Dichlorphenol, p-Bromphenol u. a. erhält.

Solche Oxy-di- oder -triarylmethanverbindungen sind beispielsweise 2,2′-Dioxy-3,5,3′,5′-tetrachlordiphenylmethan, 3,3′-Dimethyl-2,2′-dioxy-5,5′-dichlordiphenylmethan, das entsprechende Isomerengemisch, welches man durch Kondensation von Formaldehyd mit 2 Mol 6-Chlor-3-kresol erhält, 2,2′-Dioxy-5,5′-dibromdiphenylmethan, 2,2′-Dioxy-3,5,3′,5′,2″-pentachlortriphenylmethan (Eulan CN extra), 2,2′,3″-Trioxy-3,5,3′,5′,2″,4″,6″-heptachlortriphenylmethan, 2,6,2′,6′-Tetraoxy-3,5,3′,5′-tetrachlordiphenylmethan.

Die grundlegenden Patente zu dieser Erfindung sind die *D.R.P. 513.387*, 1929, *531.629*, 1929; *brit. P. 316.900*, 1929, der I. G. Farbenindustrie. Diese Patente behandeln Diphenyl- und Triphenylmethanderivate, die keine eigentlichen Farbstoffe sind. Nach den Angaben der I.G. Farbenindustrie in den *D.R.P. 548.629* und *595.106* scheint es möglich zu sein, dass die Anwesenheit von Phenolresten die Mottenechtheit bewirkt.

Eulan N ist das Natriumsalz der 2,2'-Dioxy-3,5,3',5'-tetrachlor-triphenylmethan-2''-sulfosäure (*brit. P. 316.900* und *335.547*).

Eulan N oder neu

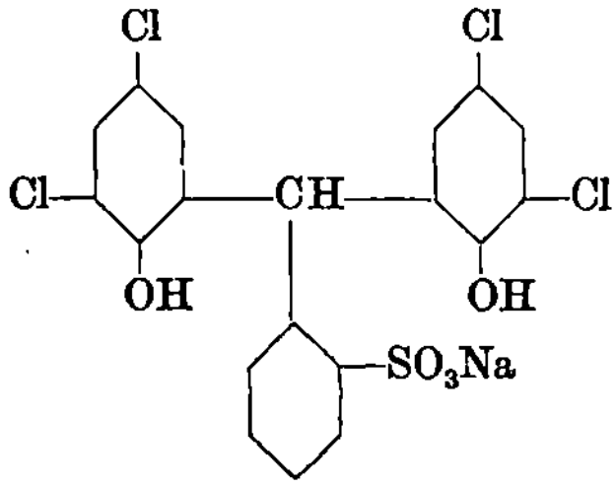

Es wird durch Kondensation von o-Sulfobenzaldehyd mit 2,4-Dichlorphenol hergestellt.

Eulan CN extra, welches im Jahre 1934 auf den Markt gelangte, wird durch Kondensation von p-Chlor-o-sulfobenzaldehyd mit 2,4-Dichlorphenol erhalten und entspricht der Formel

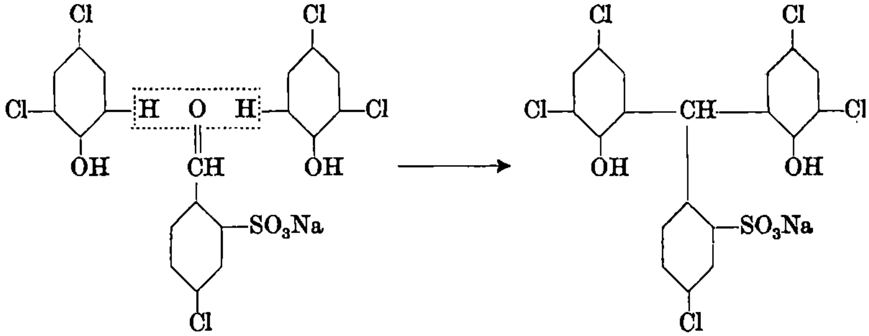

Natriumsalz der 4,3',5',3'',5''-Pentachlor-6',6''-dioxytriphenylmethan-2-sulfosäure.

Dieses Produkt unterscheidet sich von Eulan neu nur durch ein weiteres Chloratom. Es entspricht dem englischen Produkt Lanoc CN der Imp. Chem. Ind.

Die Pentachlordioxytriphenylmethansulfonsäuren eignen sich sehr gut für diesen Zweck. Sie werden wie saure Farbstoffe von der Faser aufgenommen und verhalten sich wie saure Walkfarbstoffe bezüglich der Echtheiten. Herrmann (Amer. Dyest. Rep. 1940, *29*, S. 539) empfiehlt eine Konzentration von 2% auf das Gewicht der Wolle bezogen zum Schutze gegen Teppichkäfer und eine solche von 1,5%, wenn nur ein Angriff durch Kleidermotten zu erwarten ist. Diese Mottenechtausrüstung ist licht-, waschecht und beständig gegenüber einer Trockenreinigung.

Als Zusatz zum Grundpatent, dem *brit. P. 316.900*, wurde eine Erweiterung darin gesucht, dass man die Reste direkt miteinander verband, was zu Oxydiphenylderivaten führte, wie z. B. das $3,5,3',5'$-Tetrachlor-$2,2'$-dioxydiphenyl.

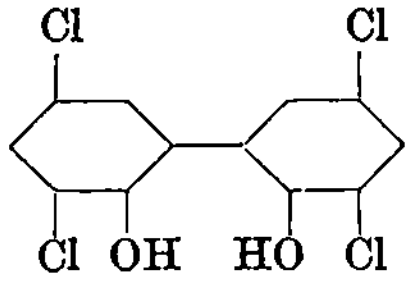

Diese Körper besitzen eine ausgesprochene Affinität zu den tierischen Fasern, wenn sie in saurer Lösung angewendet werden. Dieses Verfahren wird im *brit. P. 333.584* (siehe ebenfalls *brit. P. 422.923*) beschrieben.

Die Gen. Aniline verwendet nach den Angaben des *amer. P. 2.267.756* Halogenderivate von Oxynaphtalinen (Naphtolen), Oxydiphenyl sowie die Schwefelsäureester dieser Derivate, so z. B. $3,2'$-Dioxy-$2,4,6,3',5'$-pentachlor-$3''$-nitrotriphenylmethan.

In den *schweiz. P. 214.561, 224.830* und *224.829* empfiehlt die I.G. Farbenindustrie ein Reaktionsprodukt aus $2,2'$-Dioxy-$3,5,3',5'$, $2'',4''$-hexachlortriphenylmethan mit Sulfoessigsäure.

Das *amer. P. 1.971.436* der I.G. Farbenindustrie-Weiler entspricht dem *brit. P. 316.900* und bezieht sich daher auf Eulan neu. So werden in diesem Patent Verbindungen der allgemeinen Konstitution

$$HO-C_6H_4-\overset{\overset{\displaystyle H}{|}}{\underset{\underset{\displaystyle R_1}{|}}{C}}-R$$

beschrieben, wobei R ein Arylrest und R_1 ein Wasserstoffatom, eine Hydroxylgruppe, eine Alkylgruppe usw. bedeuten kann. Als Beispiel sei das Kondensationsprodukt aus dem Natriumsalz der Benzaldehyd-p-sulfosäure mit $2,4,6$-Trichlorphenol erwähnt. Dabei gelangt man zu einer Verbindung der folgenden Formel

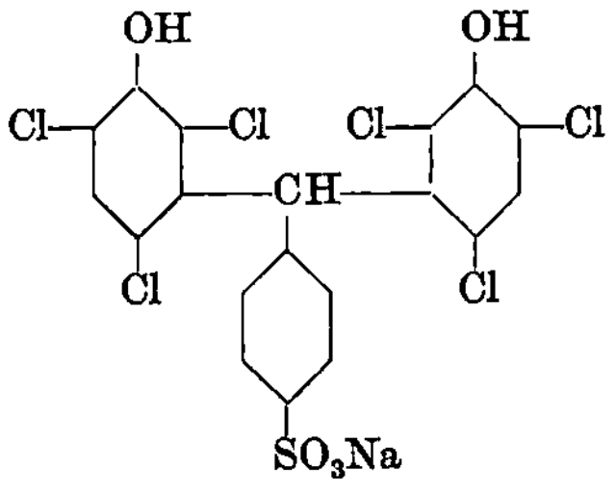

Die Abkömmlinge der Halogenoxytriphenylmethansulfonsäuren verhalten sich der Wolle gegenüber wie ein richtiger Farbstoff.

2. Phosphoniumverbindungen.

Die I.G. Farbenindustrie machte auch die Verwendung von Phosphoniumverbindungen zum Gegenstand ihrer Arbeiten über Mottenschutzmittel. Diese Firma brachte dann ein solches Produkt unter dem Namen Eulan NK *(brit. P. 312.163)* auf den Markt. Eulan NK, in einer 0,5%igen Lösung angewendet, ist ein wirksames Mottenschutzmittel. Es entspricht dem Triphenyl-dichlorbenzylphosphoniumchlorid der Formel

Dieses Produkt kann in einem neutralen Bad bei 40 bis 50° C auf die Wolle gebracht werden. Es werden dabei Konzentrationen von 3%, auf das Gewicht der Wolle berechnet, verwendet.

Geigy empfiehlt im *brit. P. 500.386,* 1939, das folgende Phosphoniumderivat

Die I.G. Farbenindustrie hat in dem *franz. P. 864.675,* 1941, und dem *holl. P. 54.803,* 1943, Verbindungen der folgenden Konstitution untersucht:

wobei R_1, R_2, R_3, R_4 Alkyl- oder Arylreste, R_5 einen Aryl- und Ac einen Azylrest bedeuten. Ein Beispiel hiefür ist jenes Produkt, welches man erhält, wenn man (Chlorphenyl)-phenyl-chlormethan mit Triphenylphosphin reagieren lässt. Anderseits kann man auch Phenyldiäthylphosphin und Triphenylchlormethan verwenden. Es sind dies also Phosphoniumverbindungen, die man erhält, indem man von tertiären Phosphinen ausgeht, auf welche man dann ein Halogenderivat des Methans einwirken lässt (z. B. Phenyldiäthylphosphin + Triphenylchlormethan).

Weitere Phosphoniumverbindungen erwähnen die *schweiz. P. 222.981* bis *222.988*, 1943, der I.G. Farbenindustrie sowie das grundlegende *schweiz. P. 218.639*.

Beispiel:

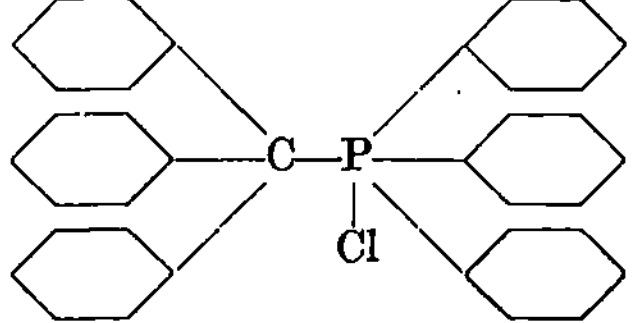

Diese Verbindung wird dann nachträglich noch halogeniert.

Nach den Angaben der I.G. Farbenindustrie in den *schweiz. P. 218.639, 225.103* und *225.104*, 1943, kann man als Mottenschutzmittel Phosphoniumverbindungen gebrauchen, wie etwa

mit einem Gehalt von 2 Chloratomen.

3. Die Sulfonamide (Arylsulfonamide).

Sulfonamide werden im *brit. P. 324.962* der I.G. Farbenindustrie erwähnt. So ist z. B. die Rede vom Dichlorbenzolmethylsulfonamid, das im Gemisch mit einem Phosphorsäureester des Diäthylbutylglykols zur Anwendung gelangt. Diesbezüglich sei auch auf die *D.R.P. 558.509; brit. P. 407.536* und *amer. P. 1.955.207* der gleichen Erfinderfirma hingewiesen.

Es handelt sich dabei um Eulan AL und BL, die die I.G. Farbenindustrie im Jahre 1927 auf den Markt brachte.

Den gleichen Gedankengang findet man auch im *amer. P. 2.282.988*, 1942, von Eavenson, Servering. Darin wird ein Verfahren zum Fixieren der Sulfonamide auf der Faser beschrieben, wobei Harnstoff-Formaldehyd-Kunstharze zur Verwendung gelangen (siehe weiter oben das *franz. P. 943.328* von Merck & Co.).

Eulan BL wurde von Bayer & Co. in den Handel gebracht. Es ist in Benzol, Gasolin oder Tetrachlorkohlenstoff löslich. Es handelt sich um ein zähflüssiges Produkt, das im Verhältnis von 28 g auf 12 kg Lösungsmittel angewendet wird.

Die Wirkung von Eulan BL unterscheidet sich deutlich von jener des Eulan F. Die Mottenlarven werden dabei braun und trocknen rasch aus. Anderseits ist jedoch beobachtet worden, dass dieses Produkt zu Hautausschlägen (Dermatitis) führen kann.

Auch Arbeiten der Firma Geigy in Basel hatten die Verwendung von Sulfonamiden zum Gegenstand. So empfiehlt diese Firma im *belg. P. 440.453*, die zu schützenden Gewebe in eine Lösung eines azylierten Arylsulfonamids, dessen Kern halogeniert ist und dessen Amidgruppe einen Alkyl-, Aryl- oder Aralkylrest als Substituenten trägt, einzutauchen. Nach der Imprägnierung werden die Gewebe an der Luft oder auch künstlich getrocknet.

4. Harnstoff- und Thioharnstoffderivate.

Die Amide bilden eine wichtige Gruppe interessanter Mottenschutzmittel. Thioharnstoff sowie seine Substitutionsprodukte besitzen eine ganz beträchtliche Wirksamkeit *(brit. P. 301.421, 340.319, 346.039)*, so z. B. die Verbindungen vom Typus

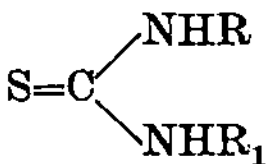

$$S=C\big\langle{}^{NHR}_{NHR_1}$$

wobei R ein Alkyl-, Aryl- oder Aralkylrest und R_1 ein Wasserstoffatom oder ein Arylrest bedeuten, wie z. B. Thiobenzamid.

Im *brit. P. 316.987* werden die Salze des Thioharnstoffs als Mottenschutzmittel empfohlen. Die Phenylvalerylthioharnstoffe, die der allgemeinen Formel

R—NH—CS—NH—Ac, wobei Ac ein Fettsäurerest (Valeryl-, Kaprylrest) bedeutet,

entsprechen, werden in den *brit. P. 326.567; D.R.P. 546.097* und *amer. P. 1.975.408* genannt.

Den gleichen Gedankengang findet man auch im *D.R.P. 546.097*, in dem noch asymmetrische Azetylalkylthioharnstoffe, der Kaprylpseudothioharnstoff usw. erwähnt werden. Die Verwendung zyklischer Harnstoffe bildet den Gegenstand der *D.R.P. 547.057* und *brit. P. 346.039*. Man kann indessen sagen, dass, ganz allgemein gesehen, diese Produkte keine industrielle Verwendung gefunden zu haben scheinen.

Die interessantesten Arbeiten auf diesem Gebiete der Harnstoffverbindungen wurden von der Firma Geigy durchgeführt. Das Resultat dieser Untersuchungen war das bedeutungsvolle Mottenschutzmittel, welches von dieser Firma unter dem Namen Mitin FF extra auf den Markt gebracht wurde[1]).

$$\text{Cl—C}_6\text{H}_3(\text{O—C}_6\text{H}_3(\text{SO}_3\text{H})\text{Cl})\text{—NH—CO—NH—C}_6\text{H}_3\text{Cl}_2$$

Mitin FF extra besitzt Affinität zur Wolle. Die damit hergestellten Färbungen (Färbung mit einem farblosen Farbstoff) sind licht-, wasch- und walkecht.

Bezüglich seiner toxischen Wirkung auf die Mottenlarven gehört Mitin FF extra zu jenen Giften, die auf das Verdauungssystem wirken (Frass- oder Magengifte).

Ähnliche Produkte, z. B. die Natriumsalze der Halogenazylaminosulfonsäuren der aromatischen Reihe, beschreibt auch Geigy im *amer. P. 2.363.074*, 1944. Diese Verbindungen entsprechen der Formel

$$\text{Cl—C}_6\text{H}_2(\text{Cl})(\text{SO}_3\text{Na})\text{—NH—CO—NH—C}_6\text{H}_3\text{Cl}_2$$

Thioharnstoffderivate von komplizierterem Aufbau werden von Arnold, Hoffman in den *amer. P. 2.304.369* und *2.362.768*, 1944, beschrieben, so z. B.

$$\text{C}_{11}\text{H}_{23}\text{—CO—NH—CH}_2\text{—CH}_2\text{—N—CH}_2\text{—CH}_2\text{—OH}$$
$$|$$
$$\text{C=S}$$
$$|$$
$$\text{C}_{11}\text{H}_{23}\text{—CO—NH—CH}_2\text{—CH}_2\text{—N—CH}_2\text{—CH}_2\text{—OH}$$

oder

$$\text{C}_{11}\text{H}_{23}\text{—CO—NH—CH}_2\text{—CH}_2\text{—S—CH}_2\text{—CH}_2\text{—NH}$$
$$\diagdown \text{HSiF}_6 \qquad\qquad\qquad\qquad |$$
$$\text{H} \qquad\qquad\qquad\qquad\qquad\qquad\qquad \text{C=S}$$
$$\diagup \text{HSiF}_6 \qquad\qquad\qquad\qquad |$$
$$\text{C}_{11}\text{H}_{23}\text{—CO—NH—CH}_2\text{—CH}_2\text{—S—CH}_2\text{—CH}_2\text{—NH}$$

In einem andern Patent neueren Datums, dem *amer. P. 2.376.930*, empfiehlt die Firma Geigy als Mottenschutzmittel Harnstoffverbindungen, die der folgenden Formel entsprechen

---

[1]) H. Martin, H. H. Zaeslin, R. Hirt und A. Staub, *amer. P. 2.363.074*, 1944, von Geigy; P. Läuger, H. Martin und P. Müller, Helv. Chim. Acta 1944, *27*, S. 892, 905; Burgess, J. Soc. Chem. Ind. 1949, *68*, S. 121; Carpenter, Text. Recorder 1950, *68*, S. 83.

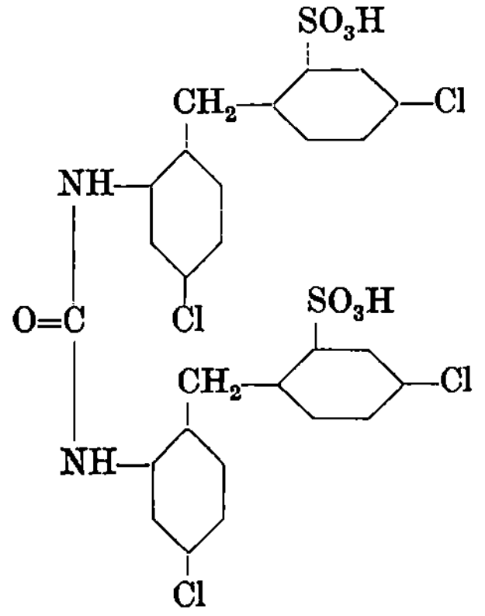

Dem Mitin FF extra entsprechende Produkte[1]), die jedoch noch einen Alkylrest besitzen, wurden von Geigy im Jahre 1941 im *schweiz. P. 212.408* erwähnt. Ein Beispiel eines solchen Mottenschutzmittels besitzt etwa die Formel

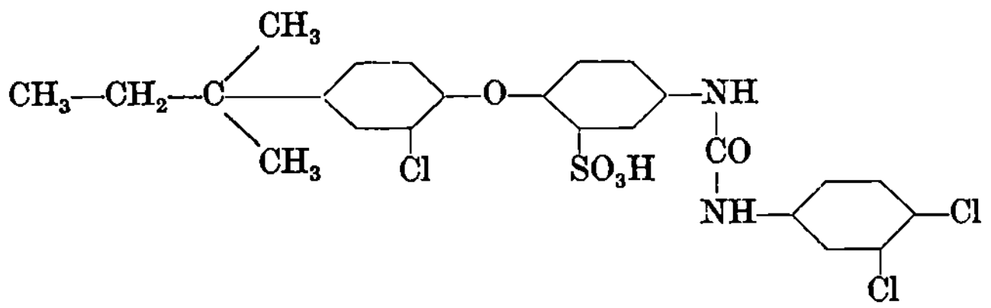

Andere, noch komplizierter aufgebaute Harnstoffverbindungen werden von Geigy in den *schweiz. P. 210.963* bis *210.973*, 1940, beschrieben, wie z. B.

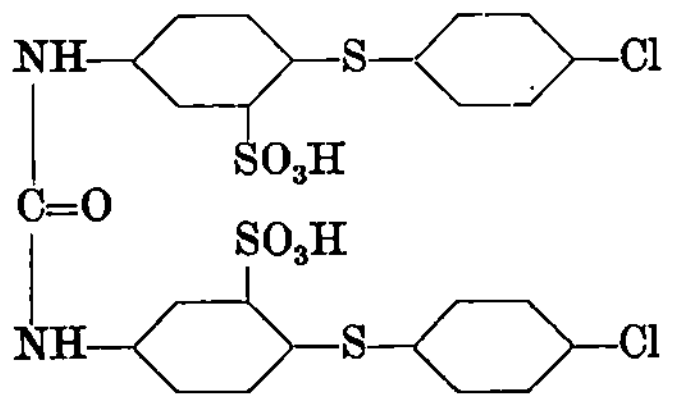

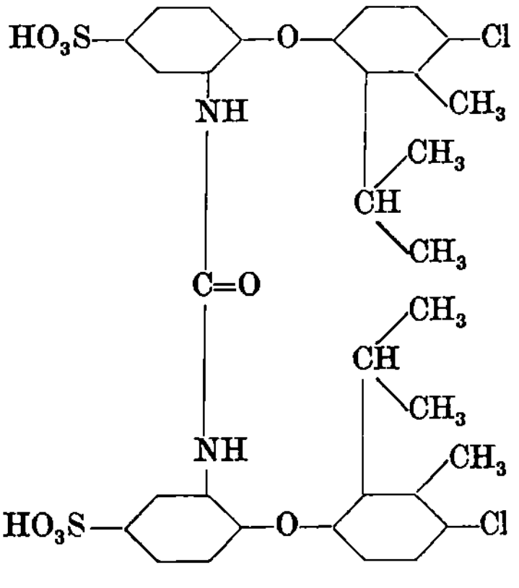

___
[1]) Siehe auch *schweiz. P. 215.291* von Geigy.

Harnstoffderivate mit Sulfonamidresten schlägt Geigy im *schweiz. P. 210.833*, 1940, vor:

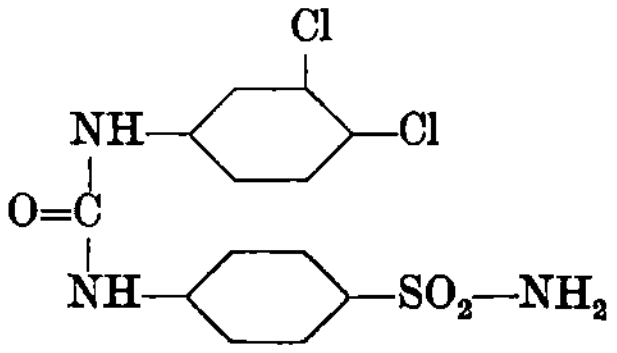

Schweiz. P. 215.291 von Geigy behandelt ein dem Mitin FF (vgl. S. 792) ähnliches Produkt der Formel

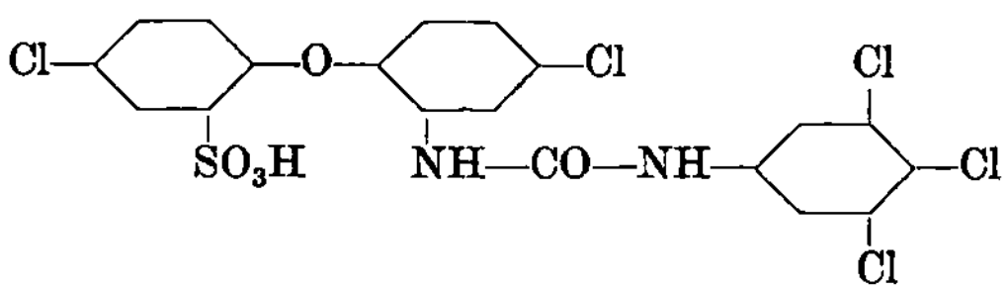

Zu dieser Verbindung gelangt man, indem man 3,4,5-Trichloranilin mit Phosgen zu 3,4,5-Trichlorphenylkarbaminsäurechlorid umsetzt und dieses mit 2-Amino-4,4'-dichlordiphenyläther-2'-sulfonsäure zur Reaktion bringt.

Die Carb. Carb. Chem. Corp. stellte die Guanidine und besonders Dixylolguanidine im *amer. P. 1.915.922* unter Patentschutz. Diese Verbindungen werden erhalten, wenn man Cyanchlorid auf Xylidin einwirken lässt. Diese Basen werden in Form ihrer Oleate in Petrolätherlösungen angewandt.

Im *amer. P. 2.311.062*, 1943, von Geigy werden auch Verbindungen der Formel

$$Z—NH—CO—NH—R$$

als Mottenschutzmittel beschrieben, wobei Z einen chlorierten Diphenyläther und R einen Benzol- oder halogenierten Diphenyloxydrest bedeuten.

Die Amide.

Auch andere Amide wurden ebenfalls von der Firma Geigy bezüglich ihrer Mottenschutzwirkung untersucht. Aus diesen Arbeiten resultierten dann mehrere Patente, und zwar:

Das *franz. Pat. 865.641*, 1942, von Geigy bezieht sich auf Verbindungen der Formel:

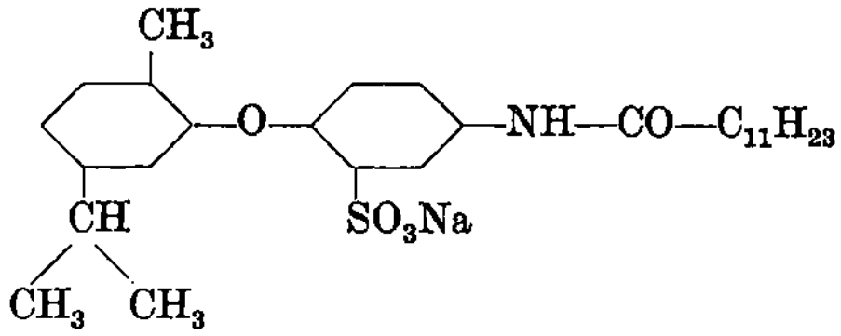

Das *franz. P. 861.221* sowie das *Zusatz-P. 51.271* haben die Verbindung

$$\text{Cl}—\overset{\displaystyle \text{Cl}}{\underset{\displaystyle \text{SO}_3\text{H}}{\bigcirc}}—\text{NH}—\text{CO}—\bigcirc—\text{O}—\bigcirc—\text{Cl}$$

zum Gegenstand.

Die *franz. P. 813.634* und *Zusatz-P. 51.025*, 1941, der gleichen Erfinderfirma, erwähnen das α-Undecylbenzyldimethylaminoazetamid.

Das *brit. P. 513.663* von Geigy hat ein neuartiges Verfahren zum Gegenstand, welches darin besteht, dass man halogenierte Fettsäuren der allgemeinen Formel

$$\text{Hlg}—\text{C}_n\text{H}_{2n}—\text{COOH} \quad (n=1, 2, 3)$$

oder ihre Derivate mit sekundären Mono- oder Polyaminen der aromatischen Reihe von folgender Konstitution

$$\text{HN}\overset{\displaystyle \diagup \text{R}_1}{\diagdown \text{R}_2} \quad \text{oder} \quad \text{R}_1—\text{NH}—\text{R}_3—\text{NH}—\text{R}_1$$

behandelt. Dabei bedeuten

R_1 einen einkernigen Arylrest, der substituiert sein kann oder nicht, jedoch keine Nitro- oder Hydroxylgruppe besitzt;

R_2 ein Wasserstoffatom oder Alkylrest mit mindestens 7 Kohlenstoffatomen oder auch eine Aralkylgruppe;

R_3 eine Alkylengruppe mit mindestens 7 Kohlenstoffatomen.

Es ist wichtig, dass alle Aminogruppen vollkommen azyliert sind.

Die Amide, die daraus entstehen, werden mit Ammoniak oder primären, sekundären oder tertiären Aminen von niederem Molekulargewicht, die der aliphatischen, aromatischen oder aliphatisch-aromatischen Reihe angehören, behandelt. Es ist dabei wichtig, dass die Amine keinen zyklischen Stickstoff enthalten.

Die so erhältlichen Produkte sind in Wasser löslich und verleihen der tierischen Faser eine bemerkenswerte Widerstandsfähigkeit gegen den Angriff durch Mottenlarven.

5. Die Phenolderivate, halogenierte Phenole.

Unter den Phenolderivaten gelten besonders die halogenierten Phenole als besonders wirksame Mottenschutzmittel.

Pentachlorphenol wurde von der Cotomance Ltd. unter dem Namen My stox B auf den Markt gebracht. Dieses Mottenschutzmittel verwendet man im Färbebad.

Mystox B kommt als 20%ige Pentachlorphenolemulsion in den Handel, die noch einen Eiweisskörper als Schutzkolloid enthält.

$$Cl\text{—}\underset{Cl\ Cl}{\overset{Cl\ Cl}{\bigcirc}}\text{—OH}$$

M y s t o x L S ist ein Gemisch aus Pentachlorphenollaurat und Gelatine[1]).

$$Cl\text{—}\underset{Cl\ Cl}{\overset{Cl\ Cl}{\bigcirc}}\text{—O—CO—C}_{11}\text{H}_{23}$$

Dieses Produkt besitzt eine sehr gute Substantivität und kann in neutralem, saurem und alkalischem Gebiet verwendet werden.

Die Phenolderivate sowie die Kondensationsprodukte der halogenierten Phenole mit chlorierten Aldehyden wurden von Geigy in den *brit. P. 334.886; amer. P. 1.910.938; franz. P. 759.662; schweiz. P. 165.377* und *167.697*, 1931, beschrieben (siehe Triphenylmethanderivate, S. 785).

In den *franz. P. 766.945*, 1934; *brit. P. 419.179* und öst. *P. 139.129* von Geigy wird ein Verfahren erwähnt, das dadurch gekennzeichnet ist, dass die Wolle mit einer Lösung wasserlöslicher Produkte behandelt wird, die durch Kondensation der Phenole oder ihrer Derivate mit Harnstoff und Formaldehyd erhalten werden. Durch eine Sulfurierung werden diese Produkte löslich gemacht.

Es handelt sich also um ein Sulfoderivat, welches erhalten wird, wenn man von Chlorphenol, Harnstoff und Formaldehyd ausgeht. Die entsprechende nicht sulfurierte Verbindung kann als Gerbstoff und unter Umständen auch als Beize für basische Farbstoffe dienen.

So stellt man z. B. das Natriumsalz einer Sulfonsäure her, indem man

    96 Teile p-Dichlorphenol oder Monochlorphenol mit
    65 Teile Wasser zusammenmischt und dazu
    38 Teile Harnstoff und
    2 Teile Schwefelsäure (40%ig), zugibt. Hierauf fügt man noch
   123 Teile 38%igen Formaldehyd zu.

Dieses Gemisch wird so lange auf 80 bis 90°C gehalten, bis sich das Wasser leicht vom zähflüssigen Harz abtrennen lässt. Darauf wird dekantiert und der Rückstand mit 150 Teilen o-Chlorphenol zu einer homogenen Masse verarbeitet. Der so erhältliche Körper wird anschliessend mit einer genügenden Menge Schwefelsäure sulfuriert,

---

[1]) E. B. Higgins, *brit. P. 613.274.*

worauf endlich neutralisiert und zur Trockene eingedampft wird. Das dabei entstehende Alkalisalz ist in Wasser löslich.

Um ein Textilmaterial aus tierischen Fasern gegen den Angriff durch Motten widerstandsfähig zu machen, taucht man es in ein auf 80° C erwärmtes Bad, welches 3% dieser Sulfonsäure und 3% Schwefelsäure (auf das Gewicht der Wolle berechnet) enthält.

Es wurden auch Phenole, wie z. B. Thymol oder Amylphenol, vorgeschlagen, die mit Isatinsulfonsäure kondensiert wurden. Ein solches Produkt bildet den Gegenstand der *öst. P. 139.129* und *amer. P. 2.070.351* von Geigy-Bindler.

Im *amer. P. 2.070.350* sowie den *schweiz. P. 162.058; 203.301* bis *203.305*, ebenfalls von der Firma Geigy, wird die Verwendung von Kondensationsprodukten von Thymol oder Amylphenol oder unter Umständen auch von p-Chlorphenol oder Dichlorphenol mit N-Benzyl-isatin-5-sulfonsäure *(amer. P. 2.070.353; brit. P. 424.967, 424.972)* oder Chlorisatinsulfonsäure-(6,5) *(amer. P. 2.070.352)* usw. empfohlen.

Nach den Angaben des *schweiz. P. 203.302*, 1939, wird ein ähnliches Produkt erhalten, wenn man N-(2'-Chlorphenyl)-isatin-5-sulfonsäure auf o-Chlorphenol einwirken lässt.

Die *brit. P. 495.639* und *495.761* der Deutschen Hydrierwerke empfehlen zum Schutze der Wolle gegen Motten substituierte Phenole, die einen zykloaliphatischen oder hydroaromatischen Rest besitzen. Als Beispiel wird das Dioxyzyklohexylbenzol erwähnt. Diese Verbindungen können auch veräthert oder verestert werden.

In einem älteren Patent, dem *amer. P. 1.085.783*, wurde vorgeschlagen, die Wolle mit Lösungen halogenierter Phenole oder halogenierter Phtalsäurederivate zu imprägnieren.

Mottenschutzmittel, die aus mit Halogenen und höher molekularen aliphatischen Resten substituierten Phenolen bestehen, werden im *brit. P. 474.600* der Deutschen Hydrierwerke beschrieben.

Die hier in Frage kommenden Verbindungen entsprechen der allgemeinen Formel

$$R\text{—}R_1\text{—OH}$$

R = Fettrest
R_1 = aromatischer Rest

Ein Beispiel hiefür wäre etwa das 4-Chlor-2-dodecylphenol

$$\text{OH}$$
$$\text{—}C_{12}H_{25}$$
$$\text{Cl}$$

Diese Verbindungen werden in organischen, wasserfreien Lösungsmitteln aufgelöst. Man kann jedoch auch durch Sulfurierung wasserlösliche Salze erhalten, die sich wie Farbstoffe auf der Faser fixieren lassen.

Nach *amer. P. 2.232.034*, 1941, von Geigy verwendet man zum Schutze der Wolle gegen Mottenfrass ein Isatinderivat folgender Konstitution

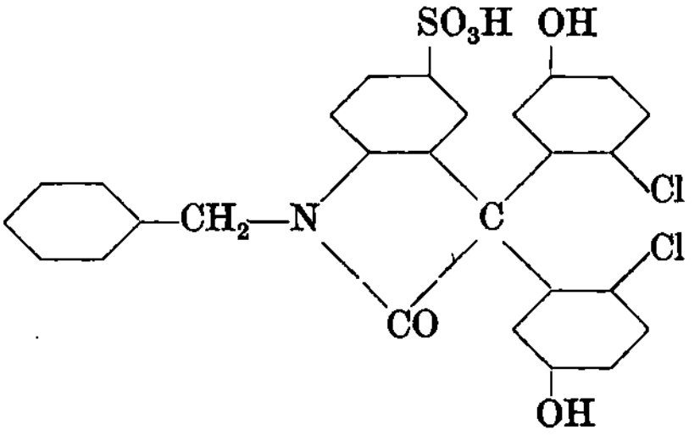

Die I.G. Farbenindustrie empfiehlt im *D.R.P. 699.887* das 2-Benzyl-4-brom-naphtol-(1) zum Mottenechtmachen der Wolle.

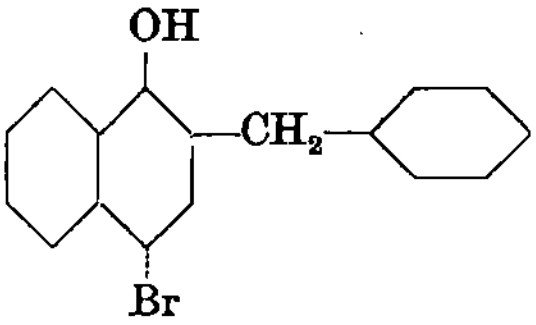

Ferner können nach den Angaben der I.G. Farbenindustrie im *D.R.P. 733.513* auch Verbindungen der Form

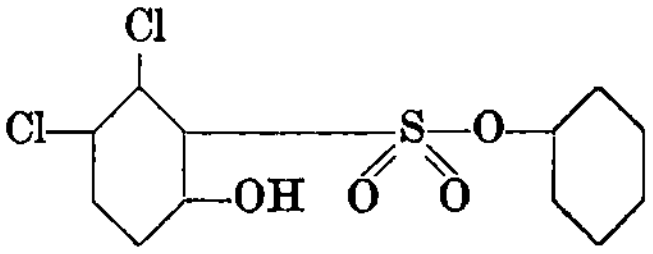

tierische Fasern vor dem Angriff durch Motten schützen.

Die Deutschen Hydrierwerke empfehlen im *D.R.P. 703.924*, 1940, zum Mottenfestmachen von Textilien, diese mit geruchsschwachen oder geruchlosen Lösungen von aromatischen Oxyverbindungen, wie etwa Zyklohexylresorcin, 4-Methylzyklohexylphenol, in Benzin zu behandeln.

6. Halogenverbindungen aliphatischer Kohlenwasserstoffe.

Hier soll ein bemerkenswertes Produkt erwähnt werden, welches zwar kein Schutzmittel gegen Pilze, jedoch ein sehr wirksames Insektenbekämpfungsmittel darstellt. Es ist dies das von der Firma Geigy[1] hergestellte Dichlordiphenyltrichloräthan, welches unter der Bezeichnung DDT bekannt ist.

---

[1] Chimie et Ind. 1946, *56*, S. 468; *amer. P. 2.329.074*, 1949, von Geigy-P. Müller.

Die Bezeichnung DDT[1]) ist eine Abkürzung für Dichlordiphenyl-trichloräthan, das in 45 Isomeren, die Stereoisomere nicht inbegriffen, existiert.

Unter DDT versteht man jedoch nur dasjenige Produkt, welches durch Kondensation von Chloral (oder seines Alkoholats bzw. Hydrats) mit Chlorbenzol in Gegenwart von Schwefelsäure erhalten wird. Diese Verbindung besitzt die folgende Formel

$$\text{Cl—}\bigcirc\bigcirc\text{—CH—C}\begin{smallmatrix}\text{Cl}\\\text{—Cl}\\\text{Cl}\end{smallmatrix}$$

Zeidler[2]) beschrieb als erster im Jahre 1874 diese Verbindung, die er im Laufe seiner Doktorarbeit an der Universität Strassburg herstellte.

Nach Campbell und West[3]) wurden die insektenvertilgenden Eigenschaften von DDT durch Paul Müller, Chemiker der Firma Geigy in Basel, in den Jahren 1936/37 im Laufe seiner sehr eingehenden Studien über die Entwicklung neuerer Mottenvertilgungsmittel entdeckt. Diese Arbeiten, die sich über 15 Jahre erstreckten, sind in den Helv. Chim. Acta 1944, *27*, S. 892 von Läuger, Martin und Müller ausführlich beschrieben worden.

Die Verwendung von DDT zur Herstellung insektizider Produkte wird durch das *amer. P. 2.329.074*, 1943, geschützt. Dieses Patent wurde Müller erteilt und ist Eigentum der Firma J. R. Geigy AG. Es wurde kürzlich umgeändert und wieder erteilt[4]).

In den Vereinigten Staaten von Amerika wurde die Fabrikation von DDT im Januar 1943 aufgenommen. Am Ende des zweiten Weltkrieges waren es bereits mindestens 12 grosse Produzenten, die nicht weniger als 1360 Tonnen DDT jährlich herstellen.

In Frankreich wird dieses Produkt von Ugine fabriziert. In 2%iger Lösung in Azeton wird es zur Vertilgung von Motten, Fliegen, Moskitos, Flöhen, Wanzen usw. verwendet. DDT-haltige Präparate

---

[1]) H. L. Haller und St. J. Cristol, Beltsville (Maryland USA), Chimie et Ind. 1946, *56*, S. 468; Brand, Ber. 1942, *75* B, S. 1819; H. Erlenmeyer, P. Bitterli und E. Sorkin, Helv. Chim. Acta 1948, *31*, S. 466; Läuger, Martin, Müller, Helv. Chim. Acta 1944, *27*, S. 892; *franz. P. 931.284* von Geigy; J. N. Misra, J. Sci. Industr. Res. J. India 1951, 10 B, *3*, S. 67.

[2]) Ber. 1874, *7*, S. 1180.

[3]) Soap Perf. Cosmetics 1944, *17*, S. 744.

[4]) *Amer. P. 22.700*, Zusatz, 4. Dezember 1945; siehe ebenfalls das *brit. P. 590.826*, 1948, von Geigy, welches Verbindungen der allgemeinen Formel

$$\begin{smallmatrix}\text{R}\\ \\\text{R}_1\end{smallmatrix}\!\!\diagdown\!\!\text{CH—CX}_3 \qquad \text{wobei X = Chlor oder Brom}$$
R und R_1 = substituierte Benzolkerne

erwähnt.

werden von der Firma Geigy unter den Bezeichnungen Gesarol, Neocid, Neocidol, Trix usw. auf den Markt gebracht.

Nach Läuger, Martin und Müller[1]) muss die insektizide Wirkung des DDT der Anwesenheit der zwei toxophoren p-Chlorphenylgruppen zugeschrieben werden. Anderseits sind Martin und Wain (Nature 1944, *154*, S. 512) der Ansicht, dass die Abspaltung freier Salzsäure von der Trichloräthylidengruppe die Hauptrolle spielt und dass die beiden p-Chlorphenylgruppen nur auf die Löslichkeit in Fettlösungsmitteln einen Einfluss haben. So vermag in der Tat die Verbindung

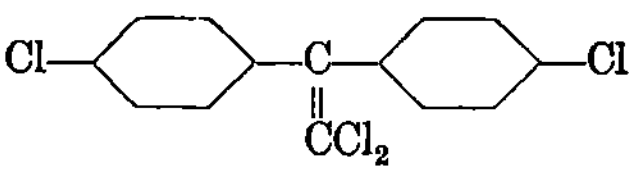

$$\text{Cl} - \langle\ \rangle - \underset{\underset{CCl_2}{\|}}{C} - \langle\ \rangle - \text{Cl}$$

die keine Salzsäure mehr abzuspalten vermag, gegen Insekten nicht toxisch zu wirken.

Die Giftigkeit wird im allgemeinen mit zunehmender Anzahl Chloratome in den Seitenketten erhöht. Es ist jedoch interessant, zu bemerken, dass das völlig chlorierte Produkt der Formel

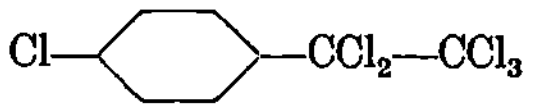

$$\text{Cl} - \langle\ \rangle - CCl_2 - CCl_3$$

keine insektiziden Eigenschaften mehr aufweist (Woodcock, J. Soc. D. and Col. 1949, S. 203).

DDT gehört zu den Kontaktgiften. Es wirkt auf das Nervensystem der Insekten, die allmählich gelähmt werden und nach Eintritt einer vollständigen Lähmung sterben. Man kann DDT entweder als Streupuder oder in Form von Lösungen oder Emulsionen durch Zerstäuben (Spray) anwenden.

Es reichen bereits sehr geringe Mengen DDT für einen sicheren Schutz der Wolle aus. Geigy empfiehlt eine 0,25%ige Lösung. Der grösste Nachteil der DDT-Präparate beruht auf der Tatsache, dass DDT flüchtig ist und nach einigen Monaten seine Wirksamkeit deutlich abnimmt. Anderseits besitzt es keinerlei Affinität zur Wolle und wird durch eine Wäsche oder beim Entschweissen der Wolle vollständig entfernt.

Irgatex D 6 von Geigy ist eine 10%ige DDT-Emulsion, die eine Fixierung von DDT auf der Wolle erlaubt. Durch die Anwesenheit eines kationaktiven Körpers lässt sich diese Substantivität erzielen.

In den *brit. P. 547.871, 547.874* und *603.428*, 1948[2]), schlägt Geigy vor, wässerige Dispersionen von DDT zusammen mit einem Salz einer

---

[1]) Helv. Chim. Acta 1944, *27*, S. 892.
[2]) Siehe auch Merck & Co., *amer. P. 2.540.311.*

quaternären Ammoniumbase, z. B. Cetyltrimethylammoniumhydroxyd, zu verwenden. So nimmt man

10 Teile DDT.
4 Teile Cetyltrimethylammoniumhydroxyd.
2 Teile Eisessig.
154 Teile Wasser.

Nach den Angaben von Geigy im *brit. P. 582.205*, 1946, verwendet man Lösungen oder wässerige Dispersionen von α, α'-bis-(4-Halogen- oder Alkyl-3-sulfophenyl)-β, β, β-trichloräthan.

Ein weiteres Verfahren wird von J. R. Geigy[1]) im *franz. P. 931.284* und im *brit. P. 650.403* beschrieben. Nach diesem Verfahren verleiht man den Zelluloseregeneratfasern, den Zelluloseestern oder -äthern, den Polyamiden usw. insektizide Eigenschaften, indem man den Spinnbädern eine Verbindung der allgemeinen Formel

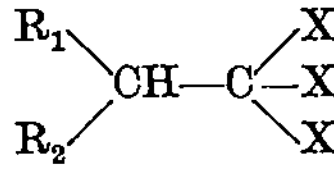

einverleibt. Dabei bedeuten R_1 und R_2 gleiche oder verschiedene alizyklische Radikale, die einen aromatischen Ring oder unter Umständen nicht salzbildende Substituenten enthalten, und X Chlor- oder Bromatome.

In erster Linie wird 2,2-bis-(p-Chlorphenyl)-1,1,1-trichloräthan, d. h. also DDT, hiezu verwendet.

In der Absicht, das DDT auf den Geweben dauerhaft zu fixieren, schlägt Merck im *franz. P. 946.067* und im *brit. P. 642.248* einen Zusatz von Weichmachern, wie z. B. Dibutylphtalat, im Gemisch mit Akrylaten oder Äthylzellulose vor.

Nach den Angaben im *brit. P. 592.670* von R. C. Woodward können Textilien, die durch die Motten angegriffen werden, mottenfest gemacht werden, indem man sie mit einer Lösung oder einer Dispersion imprägniert, welche 1—20% Hexachlorbenzol mit einem Gehalt von 8% des γ-Isomeren und 99—80% eines Kunstharzes enthält.

Das *franz. P. 915.148* der Imp. Chem. Ind. schlägt zum Schutze von Geweben aus Wolle, Baumwolle, Leinen usw. gegen Insektenangriffe vor, diese mit einer Lösung von Hexachlorbenzol in einem flüchtigen Lösungsmittel, welches dann verdampft, zu behandeln.

Geigy empfiehlt in den *brit. P. 618.858* und *618.950* eine nichtflüchtige, ölige organische Flüssigkeit, wie z. B. Butylphtalat oder Trikresylphosphat, zur wässerigen Emulsion von DDT oder ähnlicher Insektizide zu geben. Dadurch wird vermieden, dass das Insektizid

---

[1]) Siehe auch *D. A. 128.730* von Schering, Imprägnierung mit DDT-Lösungen in Vaselinöl, ferner das *amer. P. 2.540.311* von Merck & Co.

auskristallisiert, nachdem die flüchtigen Komponenten nach dem Aufbringen der Emulsion auf das Textilmaterial oder den Pelz verdampft sind.

Dieser kristallisationsverhindernde Zusatz erfolgt im Vergleich zum Insektizid im Verhältnis von 2:1 bis 4:1.

Ein Mottenschutzmittel auf Basis von Vinylkunstharzen wird durch ein Verfahren erhalten, welches im *franz. P. 916.331* (eingereicht am 13. Juni 1945, erteilt am 19. August 1946, veröff. am 3. Dezember 1946) von L. J. Richerod beschrieben wird.

Man stellt sich Mottenschutzfolien her, indem man Polyvinylchlorid mit halogenierten aromatischen Kohlenwasserwasserstoffen als Lösungsmitteln vermischt. Diese Lösungsmittel sind dann im Endprodukt noch vorhanden, aus dem sie mit der Zeit verdampfen, wobei Dämpfe mit ausgesprochen insektiziden Eigenschaften sich entwickeln. Solche Folien können z. B. zur Herstellung von Kleidersäcken dienen.

Als Beispiel sei folgende Vorschrift erwähnt: Auf 55 Gewichtsteile Polyvinylchlorid fügt man 30 Teile Monochlornaphtalin, 10 Teile Monochlorbenzol und 15 Teile Pentachlordiphenyl zu. Dieses Gemisch wird in einem Mischer unter den für Kunstharze üblichen Bedingungen bearbeitet und darauf auf dem Kalander weiterbehandelt. Man gelangt so zu Folien, die man zur Herstellung von Säcken verwenden kann.

Im *schweiz. P. 226.180*, 1942, bemerkt Geigy, dass die halogenierten Nitrile nicht für bewohnte Räume verwendet werden können, wohl jedoch Verbindungen wie

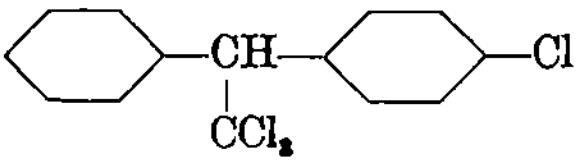

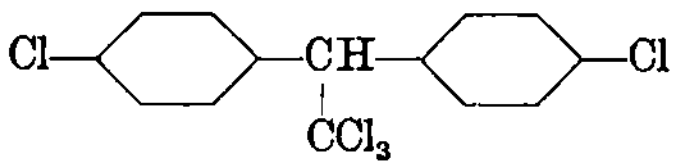

oder auch

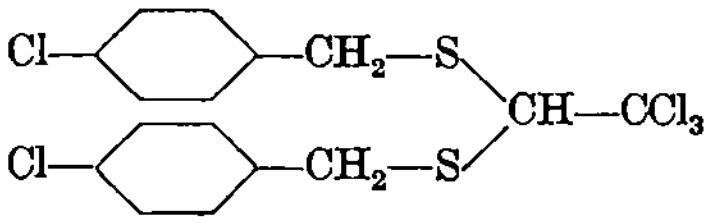

Diese Körper sind für die menschliche Haut unschädlich.

Ein weiteres, sehr aktives Schädlingsbekämpfungsmittel wurde im Jahre 1940 in Frankreich entdeckt. Diese Verbindung, deren Herstellung von Michael Faraday bereits im Jahre 1825 beschrieben wurde, entspricht dem Hexachlorzyklohexan $C_6H_6Cl_6$ (Abkürzung H.C.H.)[1]. Die Darstellung erfolgt fast quantitativ durch direkte Chlorierung von Benzol mit gasförmigem Chlor. Durch Sonnenlicht oder ultraviolette Strahlen lässt sich die Reaktion katalysieren. Die

---

[1] M. Raucourt und R. Bouchet, Chimie et Ind. 1946, *56*, S. 449.

Reaktion hat natürlich in Abwesenheit von Katalysatoren, wie Eisen, Antimonchlorid usw., zu erfolgen, da diese Katalysatoren zur Bildung von Chlorbenzolen, also Substitutionsverbindungen des Benzols, führen.

Ferner sei auch auf das Produkt BHC, 666 oder Gammexan[1]) hingewiesen, welches kürzlich auch als Mottenschutzmittel empfohlen wurde. Dieses in seiner desodorisierten Form hergestellte Produkt ist ein Gemisch verschiedener Stereoisomerer des Hexachlorzyklohexans. Dabei wird die Wirksamkeit speziell dem Gammaisomeren zugeschrieben, woher auch sein Name stammt. Hexachlorzyklohexan wird durch Chlorieren von Benzol unter Einwirkung aktinischer Strahlen erhalten. Hierauf wird das γ-Isomere noch angereichert.

Man nimmt an, dass die Wirkung des Gammexans auf einem Entzug von Inosit aus dem Insekt beruht. Gammexan ist in seinem molekularen Aufbau dem Inosit (Hexaoxyzyklohexan) sehr ähnlich. Es ist möglich, dass das Gammexan von aussen her vom Insekt aufgenommen, über den ganzen Organismus verteilt und in den Zellen abgelagert wird, wo eine lebenswichtige Reaktion, an welcher der Inosit teilnehmen sollte, blockiert wird. Dies führt dann zum Tode des Insekts. Der Inosit ist ein Zwischenprodukt bei gewissen lebenswichtigen chemischen Synthesen, die sich im Organismus abspielen. Man nimmt an, dass das Gammexanmolekül wegen seiner Ähnlichkeit bezüglich der Konfiguration und Grösse mit dem Inosit den Platz des letzteren einzunehmen vermag, so dass dann im Augenblick, wo die oben angedeutete lebenswichtige Synthese stattfinden sollte, das Insekt keinen Inosit mehr enthält und daher zugrunde geht.

Das Mottenschutzmittel DCPA oder 24D[2]) ist die 2,4-Dichlorphenoxyessigsäure, zu der man durch Chlorierung der Phenoxyessigsäure gelangt. Es wird dabei in einem organischen Lösungsmittel gearbeitet.

Die Firma J. R. Geigy in Basel erwähnt im *brit. P. 604.926* ein Insektizid, das sich für die Behandlung von Textilmaterialien eignet. Dieses Präparat setzt sich aus einer Mischung zusammen, die eine Verbindung der allgemeinen Formel

$$R_1\text{—}CX_1X_2\text{—}CHX_3\text{—}R_2$$

wobei R_1 und R_2 den gleichen oder verschiedene aliphatische, aromatische oder aliphatisch-aromatische Reste, X_1 ein Halogenatom und X_2 und X_3 Wasserstoff- oder Halogenatome, die gleich oder verschieden von X_1 oder unter sich gleich oder verschieden sein können, oder auch eine Doppelbindung zwischen beiden Kohlenstoffatomen bedeuten können sowie ein festes, halbfestes oder flüssiges Verdünnungs-

---

[1]) R. E. Slade, J. Soc. Chem. Ind. 1945, Nr. 13, S. 102.
[2]) Englische Marke 2D.

mittel enthält, wobei sich die Aktivsubstanz nicht vollständig im Verdünnungsmittel lösen soll. Dieses Präparat kann als Lösung oder Dispersion angewendet oder auch einem Waschmittel zugesetzt werden. Es lassen sich dabei Wolle, Federn und Pelze durch eine Behandlung mit 10 Teilen α,β-bis-(4-Chlorphenyl)-α,α,β-trichloräthan in 900 Teilen Kerosin gelöst mottenfest ausrüsten.

Erst kürzlich wurde von Geigy im *brit. P. 634.915* ein neues Mottenschutzmittel beschrieben. Es handelt sich dabei jedoch nicht um einen halogenierten Kohlenwasserstoff, sondern um einen halogenierten und nitrierten Alkohol der Formel

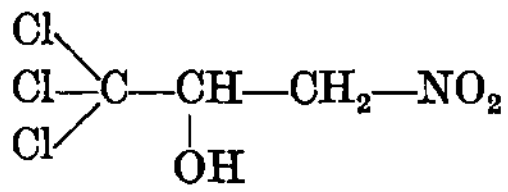

$$\begin{array}{c} Cl \\ Cl{-}C{-}CH{-}CH_2{-}NO_2 \\ Cl \qquad OH \end{array}$$

Das *brit. P. 604.212* von Geigy betrifft die Herstellung eines Produktes, bestehend einerseits aus einer Verbindung von Typus

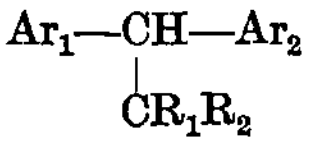

$$\begin{array}{c} Ar_1{-}CH{-}Ar_2 \\ CR_1R_2 \end{array}$$

wo Ar_1 und Ar_2 aromatische Radikale sind und R_1 und $R_2 = $ Hlg oder H, z. B. Trichlormethyl-4,4'-dichlorodiphenylmethan, also DDT

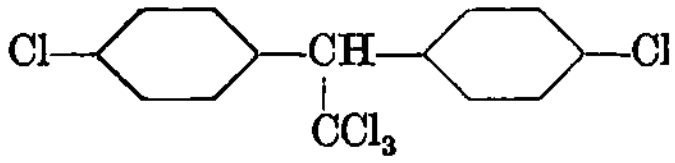

$$Cl{-}\langle\ \rangle{-}CH{-}\langle\ \rangle{-}Cl \quad CCl_3$$

und andererseits aus einem Phosphonium, Sulphonium oder Ammoniumderivat, welches in Wasser schwer oder gar nicht löslich ist, z. B. Triphenyl-3,4-dichlorbenzylphosphoniumperchlorat

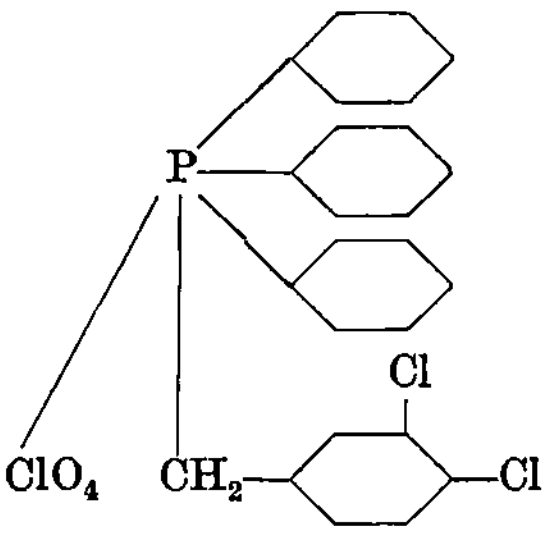

7. Quaternäre Ammoniumverbindungen.

Wie aus einer ganzen Reihe von Patenten hervorgeht, eignet sich eine grosse Anzahl quaternärer Ammoniumverbindungen als Mottenschutzmittel. Im folgenden seien die wichtigsten diesbezüglichen Patente kurz besprochen.

Im *amer. P. 2.293.826*, 1942[1]), empfiehlt Geigy Ammoniumderivate der folgenden Formel

Nach den Angaben des *amer. P. 2.312.923*, 1943, von Geigy können tierische Fasern gegen Mottenfrass beständig gemacht werden, indem man Verbindungen der allgemeinen Formel

verwendet. Dabei bedeuten:

R_1 = höhermolekularer Alkylrest oder Benzylrest;
R_2 = aliphatischer, aromatischer oder heterozyklischer Rest;
R_3 = Benzyl- oder anderer aromatischer Rest;
X = zweiwertiger, an zwei Stickstoffatome gebundener aromatischer Rest;
A = Anion.

Im *franz. P. 868.029*, 1941, nennt Geigy Verbindungen, wie etwa

Das *amer. P. 2.343.071*, 1944, erwähnt verschiedene quaternäre Ammoniumverbindungen als Mottenschutzmittel, und zwar

---

[1]) H. C. Borghetty, W. N. Pardey und O. L. Sherburne, Text. Industr. 1950, *114*, Nr. 11, 98.

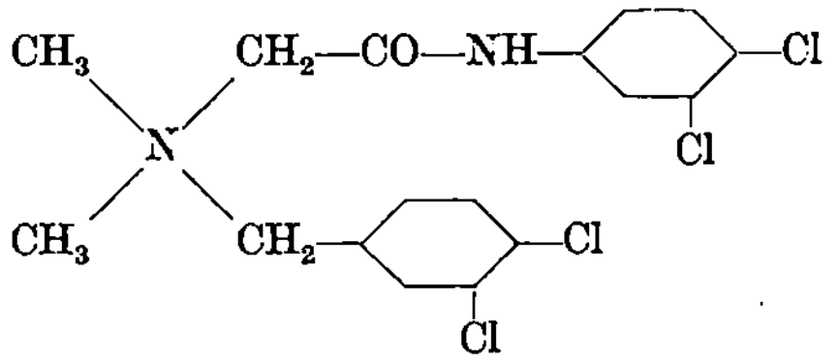

$$CH_3—N(—CH_2—CO—NH—C_6H_3Cl_2)(—CH_2—C_6H_3Cl_2)(—CH_3)$$

Diese Gruppe von Mottenschutzmitteln scheint besonders die Aufmerksamkeit der Chemiker der Firma Geigy auf sich gezogen zu haben, da man eine ganze Reihe wichtiger Patente dieser Firma findet, die sich auf quaternäre Ammoniumverbindungen beziehen, von denen die folgenden erwähnt seien:

Grundpatent: *schweiz. P. 193.076*, 1937, sowie Zusätze hiezu: *schweiz. P. 203.306, 206.896* bis *206.905; brit. P. 502.320.*

So gelangt man nach den Angaben des *schweiz. P. 206.900*, einem Zusatz zum *schweiz. P. 193.076* von Geigy, zu Mottenschutzmitteln, indem man durch Behandeln von 4-(Dimethylaminoazetylamino)-4'-phenoxydiphenyläther mit Benzylchlorid das quaternäre Ammoniumsalz herstellt.

Im *schweiz. P. 206.912*, 1939, werden wasserlösliche Mottenschutzmittel genannt, die man durch Einwirkenlassen von Dimethylanilin auf Chlorazetyl-2-amino-4,4'-dichlor-1,1'-diphenylmethan erhält. Durch Umsetzen mit Benzylchlorid gelangt man dann zum quaternären Ammoniumsalz.

Das *schweiz. P. 206.913* behandelt quaternäre Ammoniumverbindungen, die sich aus Dimethylaminoessigsäure-2-(2',4'-dichlor-6'-methylphenoxy-)5-chloranilid und Benzylchlorid bilden.

Im *schweiz. P. 206.914* wird das Dimethylaminoazeto-4-amino-2-chlor-1,1'-diphenylsulfat oder eine Verbindung, die man durch Einwirkenlassen von Dimethylaminoessigsäure-4,4'-chlorphenoxyanilid auf o-Chlor-2,5-dichlorazetophenon erhält und dann in die quaternäre Ammoniumverbindung überführt, genannt.

Ebenfalls die *schweiz. P. 210.467* bis *210.482* von Geigy sind Zusätze zum *schweiz. P. 193.076*. So erwähnt im besonderen das *schweiz. P. 210.482* folgende Verbindungen als Mottenschutzmittel:

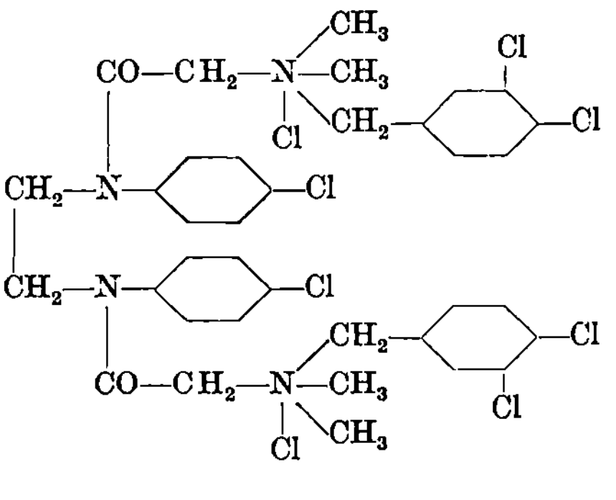

Nach *schweiz. P. 211.792*, 1941, von Geigy, einem Zusatz zu *schweiz. P. 200.669*, eignet sich auch Oktadecyldimethylanilinmethylsulfat als Mottenschutzmittel.

Man gelangt zu dieser Verbindung durch Methylierung von Oktadecylmethylanilin und nachfolgende Quaternierung mit Dimethylsulfat.

Sehr ähnlich dem *schweiz. P. 211.792* ist auch das *schweiz. P. 211.790*, 1941, von Geigy. Diese Patentschrift gibt die Herstellung von Oktadecyldiäthylanilinäthylsulfat an.

Das *öst. P. 160.370*, 1941, von Geigy beschreibt quaternäre Ammoniumsalze von Aminofettsäureamiden. Solche Verbindungen entstehen durch Umsetzung von N-Dodecyl-(dimethylamino)-essigsäureanilid mit Allylbromid. Sie dienen zum Mottenechtmachen von Textilien sowie als Netzmittel und zur Verbesserung der Wasserechtheit von substantiven Färbungen.

Nach den Angaben des *D.R.P. 723.275*, 1942, von Geigy sind Rhodanverbindungen mit quaternären Stickstoffgruppen Netz- und Dispergiermittel, können aber auch bei geeigneter Auswahl als Mottenechtmittel verwendet werden. So kommt z. B. einer solchen Verbindung die folgende Formel zu:

Von den Deutschen Hydrierwerken werden im *D.R.P. 703.191*, 1941, Dimethylbenzyl-(2-oxy-5-chlorbenzyl)-ammoniumchlorid, 5,5'-Dioxy-2,2'-dichlordibenzylpiperidinchlorid usw. vorgeschlagen.

Eine Reihe von Patenten von Geigy erwähnt ebenfalls heterozyklische Ammoniumverbindungen als Mottenschutzmittel, und zwar *D.R.P. 695.691*, 1940 (Zusatz zu *D.R.P. 641.625*); *schweiz. P. 203.305* bzw. *schweiz. P. 203.301* bis *203.304*.

Dabei werden Isatinderivate mit Phenol und seinen Derivaten umgesetzt und die erhaltenen Produkte eventuell noch sulfuriert. Es können jedoch auch die Ausgangsprodukte bereits eine Sulfogruppe enthalten, wie z. B. die Benzylisatinsulfosäure.

Ebenfalls als Mottenschutzmittel empfiehlt die I.G. Farbenindustrie im *D.R.P. 704.410* Imidazoline oder Tetrahydropyrimidinderivate in Form ihrer quaternären Verbindungen oder Salze, so z. B. die Verbindung der folgenden Formel:

$$R_1$$
$$|$$
$$N\text{---}CH_2$$
$$R\text{---}C\diagdown\quad\diagup CH_2$$
$$\diagdown\diagup$$
$$N\text{---}CH_2$$

Ein Verfahren, welches den Gegenstand des *franz. P. 825.142* und des *schweiz. P. 201.212* der I.G. Farbenindustrie bildet, beruht auf der Verwendung von Mottenschutzmitteln, die aus organischen Verbindungen mit einem ungesättigten Ring, der mindestens ein quaternäres Stickstoffatom in einem Substituenten des Rings besitzt, bestehen. Als ungesättigte Ringe kommen Benzol-, Naphtalin-, Diphenyl- oder Pyridinradikale in Frage. Interessant ist dabei vor allem die Verwendung von Diphenylderivaten, die man mit alkylierten Chloraminen reagieren lässt, worauf man mit aromatischen Chloriden das quaternäre Ammoniumsalz herstellt.

Franz. P. 825.142 beschreibt aromatische oder heterozyklische Verbindungen, bei denen einer der Substituenten mindestens ein quaternäres Stickstoffatom besitzt, wie etwa die Salze des Dodecylamins oder des Xylolpyridiniums. Die interessantesten Derivate werden erhalten, wenn man Diphenylverbindungen, besonders 4-Oxydiphenyl mit Monochlortriäthylamin zur Reaktion bringt. Hierauf wird das Reaktionsprodukt mit dem Chlorid der Monochlorbenzoesäure umgesetzt, um zum entsprechenden Ammoniumsalz zu gelangen.

Die so erhältlichen Produkte besitzen eine starke Schutzwirkung gegen Parasiten ganz allgemein und besonders gegen Mottenlarven. Diese Verbindungen besitzen zudem eine ausgesprochene Affinität zur Wolle. Ihre Anwendung erfolgt aus einer wässerigen oder alkoholischen Lösung während des Waschens oder der Appretur.

8. Die Alkaloide.

Zu Beginn der Arbeiten über die Mottenschutzmittel wurden hauptsächlich die Alkaloide untersucht. Es wurde speziell die Wirksamkeit von Lösungen der Verbindungen der Chiningruppe beobachtet. Die Salze dieser Basen sind im allgemeinen in organischen Lösungsmitteln nur wenig löslich. Man verwendete die Salze der höher molekularen Fettsäuren, z. B. die Oleate, Palmitate oder Stearate. So wird mit einer Chininoleatlösung bei einer Dosierung von 1% bereits eine gute Wirkung erzielt.

Jackson und Wassel[1] schlagen im *amer. P. 1.615.843* eine Imprägnierung der Wolle mit einer alkoholischen Lösung von Chininderivaten vor. Eine solche Behandlung vermag die Wolle für längere Zeit gegen einen Angriff durch die Motten zu schützen.

Den gleichen Gedankengang findet man im *brit. P. 263.092,* welches eine Imprägnierung mit einer Lösung von Chininoleat in Schwerbenzin empfiehlt.

Man kann ebenfalls Chinidin oder ein rohes Chinaextrakt verwenden. Diese Behandlung besitzt jedoch den Nachteil, einen ziemlich hohen Einstandspreis zu haben. Der Preis der Silikofluoride ist z. B. bedeutend niedriger.

Andere Alkaloide werden in weiteren Patenten erwähnt, und zwar in den *D.R.P. 526.611; brit. P. 327.009; amer. P. 1.885.292,* 1932, welche die Verwendung von Strychnin, Brucin, Lupin und Netzmittelzusätzen, wie Saponin, erwähnen.

Minaeff und Wright[2] nehmen an, dass die insektizide Wirkung dieser Alkaloide der Ölsäure zuzuschreiben ist, deren Wirksamkeit noch besser war, wenn sie für sich allein verwendet wurde. Auf Grund dieser Beobachtung behandelte Burgess Wolle mit Ölsäure. Er konnte bestätigen, dass eine so behandelte Wolle von den Motten nur wenig angegriffen wird, während ebenfalls zu bemerken ist, dass sich das gleiche Resultat auch mit Mineralölen erzielen lässt.

9. Aromatische Sulfon- und Karbonsäuren.

Die *franz. P. 518.821,* 1920, und *D.R.P. 344.266,* 1918, von Bayer & Co. können als die Patente bezeichnet werden, auf denen die ersten Eulane, so vor allem das Eulan F, aufgebaut wurden. Hierher gehören auch noch ergänzend die *brit. P. 173.536,* 1920, *346.598* und das *amer. P. 1.682.975* der gleichen Firma, die bereits weiter oben behandelt wurden (anorganische Verbindungen).

---

[1] Jackson und Wassel, Ind. Eng. Chem. 1927, *19.* S. 1177.
[2] Minaeff und Wright, Ind. Eng. Chem. 1929, *21,* S. 1187.

Im *D.R.P. 344.266*, 1918, werden zur Imprägnierung der Wolle Lösungen von aromatischen Sulfon- und Karbonsäuren oder auch der entsprechenden heterozyklischen Säuren mit Ausnahme der Aminonaphtolsulfonsäuren verwendet. Es werden dabei z. B. die folgenden Verbindungen genannt:

> Phenol-p-sulfonsäure
> Nitro-p-toluidinsulfonsäure
> Azetylphenylaminoessigsäure
> Aminonaphtalin-3,6,8-trisulfonsäure
> Benzolsulfonsäuren
> Nitro- oder Amino-benzolsulfonsäuren oder auch
> die entsprechenden Karbonsäuren.

Dieses Verfahren wurde in der Folge dann in den *D.R.P. 346.596, 346.597* und *346.598* noch ausgedehnt. Diese Patente erwähnen unter anderm die Zugabe von Karbonsäuren, die die Karboxylgruppe in einer Seitenkette tragen, wie etwa die Phenylessigsäure oder die α-Toluolsäure.

Das *D.R.P. 449.126* erwähnt die Verwendung der Chloride der sulfurierten aromatischen Säuren, wie z. B. p-Toluolsulfochlorid oder das Chlorid der 1,5-Naphtalindisulfonsäure.

Die Verwendung der entsprechenden Fluoride, deren Wirksamkeit noch grösser ist, bildet den Gegenstand des *D.R.P. 450.418*, wie z. B. das Kaliumborfluorazetat sowie das p-Toluolsulfofluorid.

Nach den Angaben des *brit. P. 274.428* wurden auch Verbindungen folgender Art beschrieben: o-Oxykarbonsäuren oder deren Derivate, bei denen die para-Stellung zur Hydroxylgruppe durch ein Halogen oder Schwefel besetzt ist, oder die in ortho-Stellung eine Hydroxylgruppe, ein Halogen, Schwefel oder auch einen Kohlenwasserstoffrest tragen, oder auch noch Derivate, bei denen sowohl die ortho- als auch die para-Stellung besetzt ist. Als Beispiel seien die 1-Oxy-4-chlor-2-benzoesäure, die 1-Oxy-4,6-dimethyl-2-benzoesäure oder auch die 2-Oxy-sulfonaphtoesäure genannt. Diese Verbindungen wurden als gute Mottenschutzmittel erkannt.

Das Kondensationsprodukt der o-Phenylphenolsulfonsäure mit einem Aldehyd in Gegenwart von Naphtalin ist nach *amer. P. 2.289.898*, 1942, von Heyden ebenfalls als Mottenschutzmittel verwendbar.

Salicylsäureverbindungen.

Im vorhergehenden Kapitel wurde die Verwendung der Salicylsäure als Fungizid bereits besprochen. Das *amer. P. 2.351.359*, 1944, von Hoepli erwähnt sie ebenfalls als Mottenschutzmittel.

In diesem Zusammenhang ist es auch interessant, das *D.R.P. 622.444* von Lüder[1]) zu erwähnen, welches sich wohl mehr auf Fungizide und Antiseptica bezieht, aber dennoch für den Schutz der Wolle gegen Motten von einem gewissen Interesse ist. Der grössere Teil der zum Schutze der Stoffe und Kleider verwendbaren Insektizide weist den Nachteil auf, in Wasser löslich zu sein und somit bereits bei einer gewöhnlichen Wäsche ausgewaschen zu werden.

Hier macht vor allem die schwer lösliche Salicylsäure eine Ausnahme. Aus diesem Grunde lassen sich jedoch auch nur sehr verdünnte Lösungen in Wasser herstellen, so dass es nicht möglich ist, auf dem Gewebe grössere Mengen dieser Verbindung abzulagern. Es wurde daher empfohlen, Lösungen von Salicylsäure in Tetrachlorkohlenstoff zu verwenden, da die Salicylsäure in diesem Lösungsmittel bedeutend besser löslich ist als in Wasser.

Merkel und Kienlin schlugen im *D.R.P. 666.392* vor, die Salicylsäure als Fungizid, Antisepticum und unter Umständen auch Mottenschutzmittel zu ersetzen, da sich diese Säure nur schwer auf der tierischen Faser fixieren lässt.

Diese Erfinder schlagen für die Behandlung tierischer Fasern die Veresterungsprodukte der Salicylsäure oder ganz allgemein der Oxykarbonsäuren mit Oxysulfonsäuren vor. Die Sulfonsäuren können in Form ihrer Alkalisalze für die Behandlung der Wolle verwendet werden. Es lässt sich dadurch ein Schutz gegen den Angriff durch Mikroorganismen und, wie bereits weiter oben ausgeführt, auch gegen Mottenlarven erzielen.

Die Patentschrift gibt das folgende Beispiel:

o-Oxy-benzoyl-benzolsulfonsäure

Die Herstellung solcher Verbindungen wird in den *D.R.P. 638.072, 638.824* und *640.064* der gleichen Firma beschreiben.

Diese Oxysulfonsäuren besitzen die Eigenschaft, sich mit der tierischen Faser zu verbinden, was bei der Salicylsäure oder den andern Karbonsäuren nicht der Fall ist. Man imprägniert z. B. Verbandstoffe, Kleider oder Wäsche mit diesen Produkten. Es bildet sich dann im Laufe des Gebrauchs unter dem Einfluss der Körperwärme Salicylsäure, die als Desinfektionsmittel wirkt.

---

[1]) Siehe diesbezüglich auch *amer. P. 2.351.359,* 1944, von Hoepli, sowie das *D.R.P. 743.974,* 1944, von Fuchs, Zusatz zum *D. R. P. 731.339,* die alkoholische Lösungen von Salicylsäure, Borsäure, Formaldehyd, Pikrotoxin und Veratrin empfehlen.

Nach den Angaben des *brit. P. 604.443* der Firma J. R. Geigy AG. enthalten Insektizide, die unter anderem auch zum Mottenfestmachen von Textilien verwendet werden können, als aktiven Bestandteil einen Ester der allgemeinen Formel

$$R_1-CO-O-\underset{\underset{R_3}{|}\underset{R_4}{|}}{\overset{\overset{R_2}{|}}{C}-C}=C\overset{\nearrow R_2}{\underset{\searrow R_3}{}}$$

wobei $R_1 - CO-$ = Rest einer aliphatischen, alizyklischen, aromatischen oder aromatisch-aliphatischen Monokarbonsäure.

R_2 = Wasserstoffatom oder Alkylrest.

R_3 = Wasserstoffatom oder Methylrest.

R_4 = Wasserstoff-, Halogenatom oder Alkylrest.

Ein Beispiel für ein solches Mottenschutzmittel wäre etwa das 4-Chlorallylbenzoat.

Auch im *brit. P. 606.266* bemerkt die Firma J. R. Geigy AG., dass Textilien und andere Materialien, wie z. B. Papier, Leder, Linoleum, Anstrichfarben usw., gegen das Eindringen oder den Angriff durch Insekten beständig oder für den Aufenthalt und das Nisten von Insekten ungeeignet gemacht werden, wenn man den zu schützenden Materialien Verbindungen der obigen allgemeinen Formel einverleibt.

So werden z. B. Textilien mit einer 50% ihres Gewichtes betragenden Lösung von 1 kg Allyl-o-chlorbenzoat in 100 l Tetrachlorkohlenstoff behandelt und bei 80⁰ C getrocknet. Das Material wird dadurch widerstandsfähig gegenüber dem Angriff durch oder das Einnisten von Motten, Ameisen, Flöhen, Läusen und andern Insekten, die durch das Allyl-o-chlorbenzoat getötet werden. In ähnlicher Weise kann Papier durch einen Zusatz von 5% eines Allyl-o-chlorbenzoats zum Zellstoff in der Schlagmühle geschützt werden. Ferner verleiht auch die Zugabe von 1% Allyl-o-chlorbenzoat zu ölgebundenen Wasserfarben diesen insektizide Eigenschaften.

10. Pyrazolon- und Triazinderivate.

In den *brit. P. 238.287*, 1924; *amer. P. 1.562.510* und *D.R.P. 402.344* erwähnt Bayer & Co. als Mottenschutzmittel Verbindungen, welche die Gruppe

$$\underset{\overset{|}{R}}{-N}-X-Y-$$

enthalten, wobei X ein Stickstoff- oder Kohlenstoffatom, Y ein Stickstoffatom oder einen Phenylrest und R ein Wasserstoffatom oder einen Alkyl- oder Azylrest bedeuten.

Als Beispiele werden dabei genannt: der saure Äthylester der Äthylidenhydrazonphenylkarbonsäure, das Äthylidenphenylhydrazon, das Diazoaminobenzolpyrazolon und das bis-Nitrophenylmethylpyrazolon.

In diesen Patenten wird jedoch bemerkt, dass die sich vom Pyrazolon ableitenden Farbstoffe nicht in Frage kommen.

Im *amer. P. 2.267.871*, 1941, nennt Geigy die Verwendung von Triazinverbindungen, und zwar besonders

oder nach dem *amer. P. 2.288.971*, 1942, der gleichen Firma

Nach den Angaben des *schweiz. P. 211.490*, 1940, von Geigy kann das chlorierte Umsetzungsprodukt aus einem Mol Cyanurchlorid und 2 Molen 3'-Methyl-4-amino-1,1'-diphenyläther-2-sulfonsäure ebenfalls zum Mottenfestmachen dienen.

Auch im *franz. P. 831.977* und *Zusatz P. 51.124*, 1941, empfiehlt Geigy als Mottenschutzmittel das Umsetzungsprodukt aus Cyanurchlorid mit 4-Methyl-2-amino-1,1'-phenyloxybenzol-4'-sulfonsäure. Die so erhaltenen Produkte werden anschliessend noch mit 4-Methyl-2-amino-1,1'-phenylthiobenzol-2-sulfonsäure umgesetzt.

Als Mottenschutzmittel werden anderseits von Geigy im *schweiz. P. 200.310* Umsetzungsprodukte zyklischer Iminohalogenide, wie etwa Cyanurchlorid, mit Verbindungen mit einem aktiven Wasserstoff, wie z. B. mit Aminen, Alkoholen, Phenolen usw., genannt.

Es wird dabei ferner noch vermerkt, dass diese Umsetzungsprodukte auch löslichmachende Gruppen besitzen können, so dass sie Affinität zur Faser aufweisen.

11. Verschiedene Schwefelverbindungen.

Thioäther, Sulfone, Thiazole usw.

Geigy beschreibt in den *schweiz. P. 210.200* und *212.783*, 1941[1]) Thioäther der folgenden Formel als Mottenschutzmittel

---

[1]) Siehe auch *schweiz. P. 212.779* bis *212.785*.

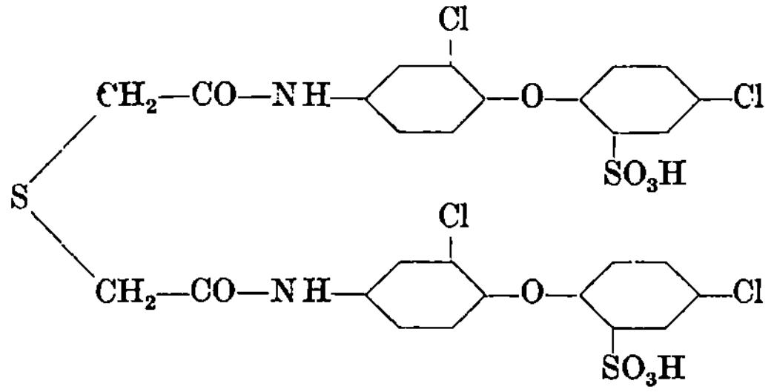

Von du Pont de Nemours werden im *brit. P. 406.979* Thiuramsulfide
als Mottenschutzmittel vorgeschlagen. Diesen Verbindungen kommt
dabei die allgemeine Formel

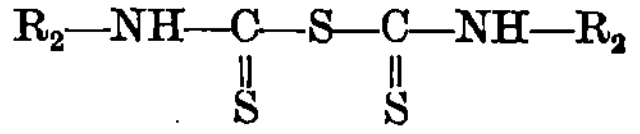

$$R_2\text{—NH—C—S—C—NH—}R_2$$

zu.

Die Thianthrene und ihre Derivate, wie z. B. das Dimethylthian-
thren, werden von Geigy im *brit. P. 467.701* zum Schutze der Wolle
gegen den Angriff durch die Motten vorgeschlagen.

Das Thianthren ist das Diphenyldisulfid der folgenden Formel:

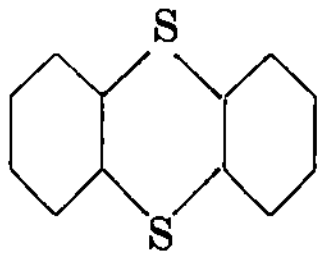

Das Wollmaterial wird mit einer Lösung eines solchen Körpers
in Wasser oder einem billigen organischen Lösungsmittel, wie Alkohol,
Azeton, chlorierte Kohlenwasserstoffe usw., imprägniert.

Die Verwendung der Aminothiazole als Mottenschutzmittel
wurde der Firma Kuhlmann in den *franz. P. 785.561* und *812.687*
geschützt. Man verwendet hiezu Aminothiazole mit aromatischen
Substituenten. Zur Herstellung solcher Körper werden aliphatisch-
aromatische Ketone verwendet, bei denen ein Halogenatom sich in
α-Stellung zur Karbonylgruppe im aliphatischen Rest befindet und
deren aromatischer Kern ein oder mehrere Wasserstoffatome besitzt.

So stellt man z. B. das Chlorhydrat des Chloraminothiazols durch
Kondensation des Dichlorazetophenons mit Thioharnstoff in alkoholischer Lösung dar. Das so hergestellte Produkt fällt in kleinen farblosen Kristallen an, die in Wasser nur wenig löslich sind und eine
sehr grosse Schutzwirkung gegenüber den Befall durch Motten besitzen. Durch Eintauchen der Wolle in eine 2%ige (auf das Warengewicht berechnet) Lösung, lässt sich die tierische Faser vollkommen
immunisieren. Eine solche Mottenechtausrüstung widersteht zudem
mehreren Wäschen.

Im *franz. P. 812.687* empfiehlt Kuhlmann zum gleichen Zwecke substituierte Aminothiazole, die mehr als acht Kohlenstoffatome enthalten. Diese Produkte entsprechen der allgemeinen Formel

$$R_1-C\underset{\underset{S-C-N<^{R_3}_{R_4}}{}}{\overset{\overset{R_2}{|}}{C-N}}$$

Nach den Angaben der Firma J. R. Geigy AG. im *brit. P. 602.479* eignet sich unter anderm zum Mottenfestmachen von Textilien auch ein Gemisch aus mindestens einem Kontaktgift der allgemeinen Formel

$$R_1-\underset{\underset{V\ W\ Hlg.}{C}}{CH}-R_2$$

wobei R_1 und R_2 mit der gleichen oder verschiedenen, nicht salzbildenden Gruppen substituierte aromatische Reste und V und W ein Halogen- oder Wasserstoffatom bedeuten, z. B. Trichlormethyl-4,4'-dichlordiphenylmethan, und wenigstens einer Verbindung der allgemeinen Formel

$$\langle\!\!\!\!\underset{R_1}{}\!\!\!\!\rangle-SO_n-\langle\!\!\!\!\underset{R_2}{}\!\!\!\!\rangle$$

wobei R_1 ein oder mehrere Halogenatome, wovon eines in p-Stellung, R_2 Halogenatome, Alkyl-, Alkoxy- und/oder Nitrogruppen und $n = 0,1,2$ bedeuten, wie z. B. 4,4'-Dichlordiphenylsulfon. Dieses Präparat wird als Dispersion oder Lösung angewendet.

Weitere Arbeiten der Firma J. R. Geigy AG. auf diesem Gebiete führten zum *schweiz. P. 200.667*, welches Aminoarylsulfone als Schutzmittel für tierische Fasern nennt.

Vom Chlorthiophenol ausgehend, stellt man sich zunächst den entsprechenden Cetylthioäther her, den man durch Oxydation dann in das Sulfon überführt.

$$\underset{\underset{Cl}{}}{\overset{\overset{SH}{|}}{\langle\rangle}}\ \longrightarrow\ \underset{\underset{Cl}{}}{\overset{\overset{S-C_{16}H_{33}}{|}}{\langle\rangle}}\ \longrightarrow\ \underset{\underset{Cl}{}}{\overset{\overset{SO_2-(CH_2)_{15}-CH_3}{|}}{\langle\rangle}}$$

Durch Umsetzen mit Dimethylamin oder irgendeiner andern Aminobase gelangt man dann zu einem Amino-arylsulfon.

Diese Verbindungen können nicht nur als Mottenschutzmittel verwendet werden. Macht man sie nach einer der üblichen Methoden wasserlöslich, so erhält man ebenfalls Weichmachungs-, Dispergier- und Emulgiermittel. Zudem eignen sich dann diese Verbindungen auch zur Verbesserung der Wasserechtheiten von Färbungen mit substantiven Farbstoffen.

In den *brit. P. 484.448* und *491.434* bezeichnet Geigy halogensubstituierte Arylsulfone und Arylsulfoxyde als Mottenschutzmittel. Aromatische Verbindungen, die durch die Anwesenheit einer Sulfon- (SO_2) oder Sulfoxydgruppe (SO), die einerseits an einen halogenierten Benzolkern und anderseits an eine —SR-Gruppe gebunden sind, gekennzeichnet sind, kommen ganz allgemein für einen Schutz tierischer Fasern gegen die Motten in Frage.

Die schematische Formel dieser Verbindungen wäre etwa die folgende:

$$B—SO_n—X$$

wobei B ein halogensubstituierter Benzolkern, n = 1 oder 2 und X ein Rest mit Substituenten, wie Imino- (= NH), Sulfoxydgruppen (SO) usw. bedeuten.

. Als Beispiel wird das Dichlordiphenylsulfoxyd genannt.

Im *brit. P. 491.434* derselben Firma wird erwähnt, dass ganz speziell eine Verbesserung erzielt wird durch Ersatz der SO_2—SR-Gruppe durch die SO_2—OR-Gruppe. Die unter Patentschutz gestellten Verbindungen sind also Arylsulfonsäureester, wie etwa der p-Chlorbenzolsulfonsäureester des p-Chlorphenols.

Zum gleichen Zwecke werden von Geigy im *brit. P. 487.804* substituierte Sulfoniumverbindungen empfohlen, und zwar besonders das Triphenylsulfoniumchlorid der Formel

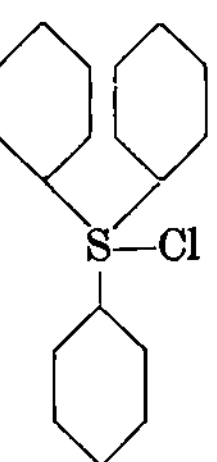

Die Herstellung dieser Verbindung wird in einer Arbeit von Courtot und Tung (Chem. Ztbl. 1934, S. 690) beschrieben. Man geht dabei vom Diphenylsulfoxyd aus, welches man mit Benzol in Gegenwart von Aluminiumchlorid zur Reaktion bringt.

Zur Imprägnierung der Stoffe verwendet man entweder Lösungen in organischen Lösungsmitteln oder solche in Wasser. Es kann mit oder ohne Zusatz eines Netzmittels gearbeitet werden. Letztere scheinen vor allem nützlich zu sein, wenn Pelze behandelt werden.

Das *öst. P. 163.433*, 1949, von Geigy erwähnt auch halogensubstituierte Azylaminosulfonsäuren der aromatischen oder heterozyklischen Reihe als Mottenschutzmittel.

Die Behandlung der Wolle mit β-Merkaptäthanol bildet den Gegenstand des *amer. P. 2.418.071*, 1947, der Textile Found.

Phenylrhodanid wurde kürzlich von den Enamalinwerken im *D.R.P. 641.086* vorgeschlagen.

12. Diphenylverbindungen.

In den *brit. P. 502.320* und *schweiz. P. 199.985* von Geigy ist von Verbindungen folgender Formeln die Rede:

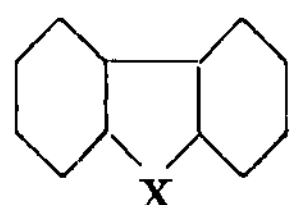 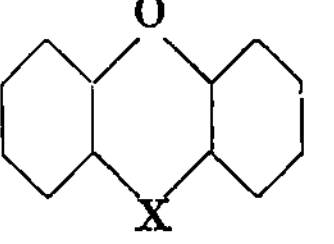 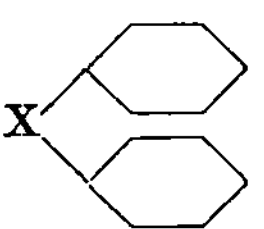

wobei X eine Sauerstoff- oder Schwefelbrücke darstellt. Diese Verbindungen eignen sich als Insektizide. Als Erweiterungen zum *schweiz. P. 199.985* können auch noch die folgenden Patente von Geigy angesehen werden: *schweiz. P. 206.471* bis *206.482, 206.906* bis *206.914, 210.467* bis *210.470*. Die einfachsten Beispiele solcher Verbindungen wären das Diphenylsulfid und der Diphenyläther sowie die entsprechenden Halogenderivate.

Diese Produkte werden in Form ihrer Lösungen in Kohlenwasserstoffen, chlorierten Lösungsmitteln, Alkoholen oder Ketonen auf die Fasern gebracht.

Nach dem *schweiz. P. 203.306*, 1939, von Geigy, einem Zusatz zum *schweiz. P. 199.985*, bestehen Mottenschutzmittel aus Verbindungen der allgemeinen Formel

wie z. B. dem 4,4'-Dichlordiphenylsulfid, welches in Azeton gelöst angewandt werden kann.

Die Verbindung der Formel

$$\text{C}_{17}\text{H}_{35}\text{—O—CH}_2\text{—NH—} \langle \text{—O—} \rangle \text{—Cl}$$

wird im *schweiz. P. 212.789,* 1941, von Geigy als Mottenschutzmittel empfohlen.

Ebenfalls Diphenylätherderivate findet man als Mottenschutzmittel noch in den folgenden Patenten der Firma J. R. Geigy A.G.:

Das *schweiz. P. 214.901,* 1942, von Geigy (siehe auch *schweiz. P. 221.813* und *221.814*) erwähnt Verbindungen wie

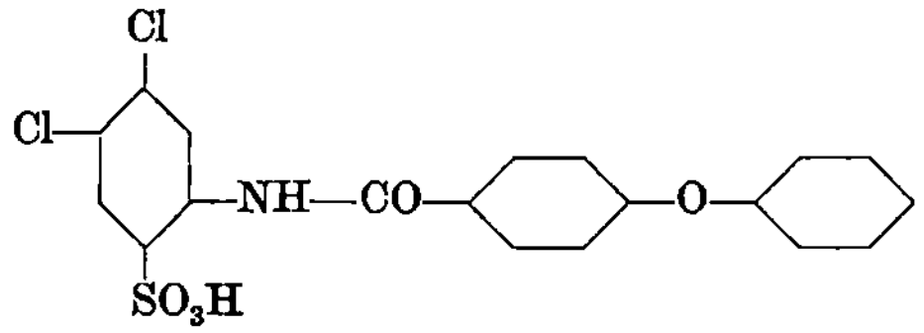

$$\text{Cl—}\underset{\underset{SO_3H}{|}}{\overset{\overset{Cl}{|}}{\bigcirc}}\text{—NH—CO—}\bigcirc\text{—O—}\bigcirc$$

In den *schweiz. P. 212.985* und *212.986,* 1941 (Zusatz zu *schweiz. P. 209.163;* siehe auch *schweiz. P. 212.987* und *212.988*) von Geigy werden z. B. 3′,4′-dichlorbenzoyl-3,4-dichloranilin-6-sulfonsaures Natrium, 4-(2″,3″,4″,6″-tetrachlorbenzoylamino)-4′-tert. amyl-1,1′-diphenyläthersulfonsaures-(2) Natrium usw. empfohlen.

Nach den Angaben von Geigy in den *schweiz. P. 221.808* bis *221.814,* 1942, eignen sich auch Verbindungen vom untenstehenden Typus als Mottenschutzmittel.

$$\text{Cl—}\underset{\underset{SO_3Na}{|}}{\overset{\overset{Cl}{|}}{\bigcirc}}\text{—NH—SO_2—}\bigcirc\text{—O—}\bigcirc$$

$$\text{Cl—}\underset{\underset{SO_3Na}{|}}{\overset{\overset{Cl}{|}}{\bigcirc}}\text{—NH—CO—}\bigcirc\text{—O—}\bigcirc$$

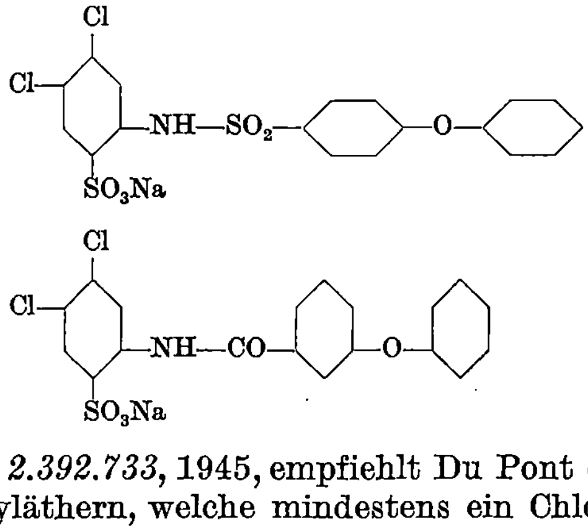

Im *amer. P. 2.392.733,* 1945, empfiehlt Du Pont die Verwendung von Benzylphenyläthern, welche mindestens ein Chloratom im Ring aufweisen und deren Molekulargewicht unterhalb von 300 liegt.

Die I.G. Farbenindustrie behandelt im *D.R.P. 705.433* Mottenschutzmittel für Zellwolle-Wolle-Mischungen, die aus neutralem und saurem Bad aufziehen. Man setzt Naphtalin- oder Diphenylabkömmlinge mit mehreren Chloratomen oder einer oder mehreren Hydroxylgruppen in Gegenwart tertiärer Basen mit halogenierten Sulfokarbonsäuren oder deren Anhydriden um. So gelangt man z. B. zu einem Mottenschutzmittel, wenn man Benzoesäuresulfochlorid mit 2,2′-Dioxy-3,3′,5,5′-tetrachlordiphenyl zur Reaktion bringt.

13. Verschiedene Produkte.

Im folgenden seien noch einige Patente erwähnt, die sich kaum in eine der obigen Gruppen einreihen lassen, bei denen jedoch auch organische Präparate, die nicht direkt aus der Natur gewonnen werden, als aktiver Bestandteil des Mottenschutzmittels dienen.

Im *amer. P. 2.318.201*, 1943 und dem *amer. P. 2.328.201* der Agriculture wird Isonitrosoazetanilid als Mottenschutzmittel beschrieben. Die Wolle wird dabei während 10 Minuten mit Lösungen von Isonitrosoazetanilid in Azeton behandelt. Diese Lösungen enthalten ebenfalls noch Benzamid, p-Toluolsulfon-N-butylamid oder auch p-Toluolsulfonylchlorid.

Stöttler und Hermann empfehlen im *amer. P. 2.082.188* ein Reinigungsmittel, welches eine neutrale Verbindung und ein Mottenschutzmittel enthält, wobei letzteres zur Gruppe der Salze der organischen quaternären Phosphoniumbasen, der aromatischen Oxykarbonsäuren oder der entsprechenden Halogenverbindungen dieser Säuren, der Arylsulfonamide oder ihrer Derivate gehört.

Im *brit. P. 479.398* und im *schweiz. P. 192.081* von Geigy werden zum gleichen Zwecke Verbindungen der schematischen Formel

$$
X\begin{cases} CO-CH-C=O \\ \quad\quad | \quad\quad OR \\ O-CO \end{cases}
$$

vorgeschlagen, wobei R ein Alkylrest und X eine aliphatische oder aromatische Gruppe darstellen.

Die einfachste Verbindung dieser Art leitet sich von der Tetron-α-karbonsäure ab

$$
CH_2\begin{cases} CO-CH-COOH \\ \quad\quad | \\ O-CO \end{cases}
$$

Im *schweiz. P. 201.549* nennt die Firma J. R. Geigy AG. als Mottenschutzmittel organische Verbindungen, die Stickstoff und Phosphor enthalten, wobei der Stickstoff direkt an den Phosphor gebunden ist. Im Patent wird hiezu ausgeführt, dass anorganische Phosphorsäuren komplizierten Aufbaus bereits als Mottenschutzmittel empfohlen wurden, aber dass die Anwendung organischer Verbindungen als neu zu betrachten ist.

In einem Beispiel wird die folgende Verbindung genannt

$$
H_3C-\langle\ \rangle-O-P=O
$$
$$
H_2N\quad NH_2
$$

Kresoxyphosphorsäurediamid

Gleichfalls wurde die Verwendung organischer Verbindungen patentiert, die direkt an Kohlenstoff gebundenen Phosphor, Arsen, Antimon, Wismut oder Zinn enthalten, wie etwa Triphenylphosphindihydroxyd, Phenylarsensäure usw., die im *brit. P. 303.092* genannt werden.

Die Weiterentwicklung dieses Gedankens führte dann zu den *brit. P. 312.163* und *326.137*. Darnach vermögen Verbindungen der allgemeinen Formel

$$\begin{matrix} \text{HO}-\text{Ar} \\ \\ \text{HO}-\text{Ar} \end{matrix} \Big\rangle \text{X}$$

einen guten Schutz gegen Motten zu verleihen. Es bedeuten dabei Ar einen Arylrest und X ein Sauerstoff- oder Stickstoffatom, welches ein Wasserstoffatom oder eine Alkylgruppe als Substituenten besitzt.

Naturverbindungen.

Es wurden Lösungen und Emulsionen von **Pyrethrum-** und **Derriswurzelextrakten** (Rotenon) vorgeschlagen.

Pyrethrum wird aus den Blüten der Chrysanthemum cinerariae folium, die in Japan und Kenya vorkommt, gewonnen. Die aktiven Körper sind das **Pyrethrin I** und das **Pyrethrin II**, die auf das Nervensystem wirken und eine Lähmung hervorrufen.

Tattersfield und Martin[1]) gelang es, zu zeigen, dass die toxischen Eigenschaften des Pyrethrumextrakts zwei Verbindungen zugeschrieben werden können, nämlich dem Pyrethrin I und II, welche als Ester eines Ketoalkohols betrachtet werden. Diese Verbindungen setzen sich aus **Pyrethrolon** und zwei Säuren zusammen, wobei die eine einbasisch und die andere zweibasisch ist. Nur die Ester wirken toxisch, während die Verseifungsprodukte bedeutend weniger giftig sind.

Pyrethrin I   **Pyrethrin II**

---

1) J. T. Martin, J. Soc. Chem. Ind. 1937, *56*, S. 90 T.

R. W. Moncrieff gibt in seinem Werke[1]) ein Beispiel eines Mottenschutzmittels auf Pyrethrumbasis[2]), welches zur Entmottung dient. Man stellt sich zwei Lösungen her, nämlich

I.	5 kg	Zedernöl
	10 kg	p-Dichlorbenzol
	10 l	Dichloräthylen
	5 l	Pyrethrumextrakt in
	30 l	Carbitol
II.	30 l	Glyzerin
	30 l	Wasser.

Durch Mischen gleicher Mengen beider Lösungen stellt man sich eine Emulsion her, die man zur Imprägnierung verwendet.

Rotenon ist eine weisse, kristalline Verbindung der Bruttoformel $C_{23}H_{22}O_6$, die bei 163° C schmilzt[3]).

Burgess beobachtete, dass Pyrethrum und Rotenon eine ausgesprochene Schutzwirkung gegen Motten im Augenblick ihrer Anwendung besitzen, dass dann aber diese Schutzwirkung sehr rasch wieder abnimmt.

Man stellt sich Lösungen, die zur Behandlung der Wolle dienen können, durch Einlegen von 1 kg Derriswurzelpulver mit 5% Rotenongehalt in 10 Liter Benzin (zwischen 150° und 200° C siedende Fraktion) her. Die Wolle wird darauf in diese Lösung eingetaucht oder unter Umständen damit bespritzt.

Bach Cotton und Roark (J. of Econom. Entomology 1930, S. 14) empfehlen, Lösungen von Rotenon in Azeton zu gebrauchen.

Es scheint indessen, dass diese Produkte keine grosse Bedeutung als Mottenschutzmittel erlangt haben. Die Schwierigkeit der Herstellung der Lösungen, die mangelnde Beständigkeit und überdies die schlechte Aufnahme des Rotenons durch die Wolle bildeten bedeutende und ernsthafte Hindernisse zur Einführung dieser Produkte in die Praxis.

---

[1]) Mothproofing, L. Hill Ltd. London 1950.
[2]) *Amer. P. 2.376.327*, 1945 von Lindauer & Co. – F. Y. Chuck; *amer. P. 2.369.992*, 1945 von Merck & Co. – G. S. Tracey.
[3]) J. T. Martin, J. Soc. Chem. Ind. 1937, *56*, S. 86 T.

Die Verwendung von Rotenon wird durch das *amer. P. 1.854.948* geschützt.

Die Wirksamkeit des Rotenons geht in Luft und Licht rasch verloren. Das Rotenon und die Pyrethrumextrakte werden oft in Form von Sprays angewendet. Viel wirksamer als solche Sprays sind jedoch solche, die DDT oder Gammexan enthalten.

Ein weiteres Naturprodukt wird von E. Naefe in den *D.R.P. 304.506,* 1920, und *brit. P. 160.039* vorgeschlagen. Die Gewebe werden dabei mit einer Lösung eines löslichen Salzes der Alginsäure, z. B. von Natriumalginat, imprägniert. Alginsäurederivate werden in Frankreich von der Gesellschaft Alginate Maton Frères, Pleubian, sowie der Société Bretonne des Produits Pharmaceutiques in Quimper hergestellt (siehe dieses Werk Kap. VII, S. 71). Obwohl sich damit kein dauerhafter Schutz erzielen lässt, so ist diese Art der Behandlung doch einem gewissen Interesse begegnet.

Immunisierung mit Hilfe von Formaldehyd.

Die Imp. Chem. Ind. haben in den *brit. P. 549.362,* 1942; *amer. P. 2.424.068,* 1947, und *franz. P. 910.836* (eingereicht am 17. Mai 1945, ert. am 18. Februar 1946, veröff. am 19. Juli 1946, brit. Prior. vom 14. Mai 1941 und 15. Juni 1942) ein Immunisierungsverfahren gegen den Angriff durch Motten beschrieben. Dieses Verfahren wurde von A. McLean und D. Trail im Jahre 1942 in die Praxis eingeführt. Es besteht in einer Behandlung der entfetteten Wolle mit einer angesäuerten wässerigen Formaldehydlösung, die einen nicht 1,0 überschreitenden p_H-Wert, bei 20° C gemessen, besitzt. Darauf wird ohne die Ware zu trocknen die Temperatur erhöht und so lange gewaschen, bis der Formaldehydgeruch verschwunden und praktisch keine Säure mehr in der Wolle vorhanden ist.

Die Patentschrift gibt hiezu die folgende Vorschrift: Man taucht die ungefärbte Wolle in ein das Fünfzigfache der Warenmenge betragendes Bad, welches auf 100 Teile 1,3 Teile Formaldehyd, 2,6 Teile Salzsäure und 96,1 Teile Wasser enthält. Der p_H-Wert dieser Lösung beträgt bei 20° C 0,9. Die Lösung wird nun auf 35° C erwärmt und das Bad dann 20 Stunden bei dieser Temperatur belassen. Anschliessend wird gewaschen.

Immunisierung gegen den Angriff durch Motten durch Verändern der Molekülstruktur der Wolle.

Die Arbeiten, die auf diesem Gebiete ausgeführt wurden, haben zu sehr interessanten Resultaten geführt, wobei besonders das Verfahren von Harris und seinen Mitarbeitern[1] von Bedeutung ist.

---

[1] W. B. Geiger und M. Harris, J. Res. Nat. Bur. Standards 1942, *29,* S. 271; *amer. P. 2.418.071,* 1947, von M. Harris und W. I. Patterson.

Harris machte die Beobachtung, dass Wolle, die mit Reduktionsmitteln so lange behandelt wurde, dass die Cystinbrücken aufgespalten und in Sulfhydrylgruppen übergeführt wurden, weniger dem Angriff durch Motten ausgesetzt ist. Durch Oxydation und damit verbundenen Neuaufbau der Cystinbindung wurde jedoch wieder eine Wolle erhalten, die sich wie das Ausgangsprodukt verhält.

Das heute durchgeführte Verfahren, welches für die Wollveredlung noch von praktischem Interesse werden kann, umfasst zwei Arbeitsgänge: die Reduktion und die Alkylierung. Die Reduktion beruht auf der Verwendung von Kalziumthioglykolat.

$$CH_2\text{---}SH$$
$$|$$
$$COOH$$

Thioglykolsäure

Die Alkylierung erfolgt unmittelbar nach der Reduktion und dem Waschen. Als Alkylierungsmittel verwendet man meistens Trimethylendibromid oder Methylenbromid.

$$Br\text{---}(CH_2)_3\text{---}Br \qquad\qquad Br\text{---}CH_2\text{---}Br$$

Trimethylendibromid   Methylenbromid

In einem etwas später erschienenen Artikel wurde gezeigt[1]), dass die Disulfidbindung nach der Reduktion zur Sulfhydrylgruppe durch eine Behandlung mit einem aliphatischen Dihalogenid in eine Bisthioätherbrücke umgewandelt werden kann. Es werden dabei die beiden Schwefelatome, die im Cystin benachbart sind und die Disulfidbrücke bilden, zuerst durch die Reduktion von einander getrennt und dann wiederum über eine kurze aliphatische Kette miteinander verbunden. War die ursprüngliche Struktur

$$R\text{---}S\text{---}S\text{---}R$$

so wird diese durch diese Behandlung in die neue Struktur

$$R\text{---}S\text{---}(CH_2)_n\text{---}S\text{---}R$$

übergeführt, wobei n eine kleine Zahl bedeutet.

Es wurde gefunden, dass diese Veränderung der Wollstruktur zu einer bedeutend grösseren chemischen Beständigkeit — verglichen mit der unbehandelten Wolle — gegenüber Alkalien, Säuren, Oxydations- und Reduktionsmitteln führt. Ebenfalls ist eine so veränderte Wolle auch widerstandsfähiger gegenüber gewissen biologischen Angriffen, einschliesslich jenen durch Motten, Teppichkäfer und Enzyme. Dies ist eine äusserst wichtige Entdeckung auf dem Gebiete der Mottenechtbehandlung. Denn durch eine Veränderung der chemischen Struktur der Wolle in der Art, dass sie mottenfest wird, wird natürlich

---

¹) W. B. Geiger, F. F. Kobayashi und M. Harris, J. Res. Nat. Bur. Standards 1942, *29*, S. 381.

eine beständige Mottenechtheit erreicht. Anderseits weisen alle andern bekannten Mottenfestausrüstungen den Nachteil auf, dass die Wirksamkeit mit einem wiederholten Waschen abnimmt. Wohl widerstehen einige der bereits vorher bekannten Mottenechtbehandlungen einer Wäsche bedeutend besser als andere, aber all diese Verfahren führten doch nicht zu einer vollkommenen Beständigkeit. Bezüglich der Echtheit beim Waschen und Trockenreinigen steht die von Harris und seinen Mitarbeitern entdeckte Methode einzigartig da.

Diese erste Methode von Harris wurde noch vereinfacht[1]), so dass die Behandlung heute in einem einzigen Bade stattfindet. Zu diesem Zwecke ersetzte Harris die Thioglykolsäure durch Natriumhydrosulfit, was dann das Arbeiten in einem einzigen Arbeitsgange ermöglichte.

Auf der Suche nach einem billigeren Reduktionsmittel als Thioglykolsäure versuchte Harris Natriumhydrosulfit, eine Verbindung, die tonnenweise für die Küpenfärberei gebraucht wird.

Die Reduktion der Cystinbindung durch diese Verbindung lässt sich dabei wie folgt formulieren:

$$R\text{—}S\text{—}S\text{—}R + Na_2S_2O_4 \rightarrow R\text{—}SNa + R\text{—}S\text{—}S_2O_4Na .$$

Es führt dies zu einer unsymmetrischen Aufspaltung und beim Neuaufbau der Querbrücke mit einem Alkyldihalogenid wurde eine offensichtlich instabile Wolle erhalten, die rasch quillt und beim Vorliegen von Geweben diese brettig und schwach macht.

Harris und seine Mitarbeiter waren jedoch der Ansicht, dass, wenn die Querbrücke sofort nach ihrer Spaltung wieder aufgebaut werde, eine Verbesserung eintreten würde. Sie versuchten daher, ein Bad zu verwenden, welches sowohl Natriumhydrosulfit als auch ein Alkylhalogenid enthielt. Es ist hier jedoch zu bemerken, dass Thioglykolsäure nicht zusammen mit dem Alkylhalogenid verwendet werden kann. Harris und Brown fanden nun, dass eine gleichzeitig mit Natriumhydrosulfit und Alkylhalogenid behandelte Wolle ihre Festigkeit, Elastizität und ihren Griff beibehält und gegen Alkalien noch beständiger wird. Zur Zeit, da Harris über diese Arbeiten berichtete, hatte er noch nicht Gelegenheit gehabt, die Beständigkeit der so veränderten Wolle gegenüber Motten zu prüfen. In Analogie zu den vorhergehenden Versuchen darf jedoch angenommen werden, dass sich auch diese Wolle als mottenbeständig erweisen wird.

Bei Verwendung von Äthylendibromid und Natriumhydrosulfit lässt sich die Reaktion wie folgt beschreiben

$$R\text{—}S\text{—}S\text{—}R + Br\text{—}C_2H_4\text{—}Br + Na_2S_2O_4 \rightarrow R\text{—}S\text{—}(CH_2)_2\text{—}S\text{—}R + 2\,NaBr + 2\,SO_2$$

Diese Methode hat den grossen Vorteil, dass sie sich in 30 Minuten bei niedrigen Kosten durchführen lässt.

---

[1]) M. Harris und A. E. Brown, Amer. Dyest. Rep. 1947, 36, S. 316.

Eine andere Methode, die von der I.G. Farbenindustrie stammt, verwendet Epichlorhydrin. Es hat den Anschein, dass die I.G. Farbenindustrie das Verfahren zur Behandlung der Wolle mit Epichlorhydrin anfänglich zur Verbesserung der Waschechtheit der Färbungen, die nachträglich dann auf die Wolle gebracht wurden, entwickelte. Es wird jedoch betont, dass die so behandelte Wolle auch widerstandsfähig gegenüber dem Angriff durch Motten ist. Die Behandlung besteht darin, dass man die Wolle bei 50° C Epichlorhydrindämpfen aussetzt. Katalysatoren sind für diese Reaktion nicht notwendig. Es wird angenommen, dass die Molekularstruktur der Wolle dadurch verändert wird, dass das Epichlorhydrin mit den freien Aminogruppen der Wolle reagiert.

Ein ganz neues Verfahren beruht auf der Verwendung von Glyoxal[1]) als Reduktionsmittel. Die Arbeitsweise besteht dabei hauptsächlich in einer Behandlung der Wolle mit einer verdünnten Lösung eines Dialdehyds, wie etwa Glyoxal. Es ist bekannt, dass Aldehyde mit Aminen unter Bildung von Schiff'schen Basen reagieren:

$$R\text{—}NH_2 + R'\text{—}CHO \;\rightarrow\; R\text{—}N{=}CH\text{—}R' + H_2O \;.$$

Amin   Aldehyd   Schiff'sche Base

Es wird daher angenommen, dass, wenn Wolle mit Dialdehyden behandelt wird, die freien Aminogruppen der Wolle mit dem Aldehyd reagieren, wobei sich Schiff'sche Basen bilden. Freie Aminogruppen besitzt die Wolle daher, weil sie Aminosäuren enthält, die neben der Aminogruppe in α-Stellung noch eine weitere Aminogruppe besitzen, wie das Arginin, das Lysin und das Histidin. Da nun bifunktionelle Aldehyde verwendet werden, können sich bei einer solchen Behandlung der Wolle Querbrücken ausbilden. Die dabei stattfindenden Reaktionen lassen sich etwa so beschreiben:

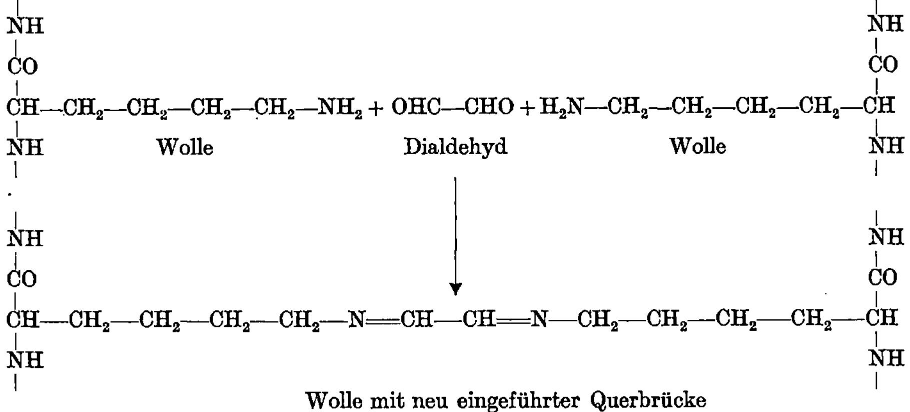

Wolle mit neu eingeführter Querbrücke

---

[1]) Patons und Balwins Ltd. und R. W. Moncrieff, English Provisional Specif. 15707 (1948).

Der für die ersten Versuche gewählte Dialdehyd war das Glyoxal, CHO—CHO, der einfachst mögliche Dialdehyd, der sich von der Oxalsäure ableitet. Die beiden aus der Patentschrift stammenden Beispiele mögen dieses Verfahren noch näher illustrieren.

300 cm³ Wasser, die 1 mg einer 35 %igen Glyoxallösung in Wasser enthalten, werden in einen 600 cm³ fassenden Rundkolben gebracht. Ein 5 g wiegender Kammgarnstrang wird in den Kolben gegeben, der Inhalt des Kolbens zum Kochen gebracht und dann eine Stunde am Rückfluss gekocht. Die in diesem Beispiel verwendete Glyoxalmenge beträgt 0,007 % auf 100 %iges Glyoxal berechnet und auf das Gewicht der Wolle bezogen. Nach der Behandlung wird das Garn aus dem Kolben genommen, gemangt und getrocknet. Das Garn wurde darauf zu einem Trikot verarbeitet und 6 grosse Mottenlarven (gewöhnliche Kleidermotte) darauf gebracht. Nach 11 Tagen wurde dieses Muster mit einem unbehandelten Vergleichsmuster verglichen. Das unbehandelte Stück wies Mottenlöcher auf, und alle Mottenlarven waren noch lebend. Auf dem behandelten Trikot liessen sich keine Mottenschäden feststellen und die Larven waren tot.

Auf gleicher Grundlage beruhend, d. h. durch Veränderung der Wollstruktur durch Aufspaltung der Disulfidbindung, erhielt du Pont de Nemours Gewebe, die gleichzeitig uneingehbar und beständig gegen Motten und Alkalien sind. Dieses Verfahren wird im *amer. P. 2.406.958*, 1946, beschrieben. Die Aufspaltung der Disulfidbindung erfolgt in absolutem Äther mit Akrylonitril oder Styrol in Gegenwart kleiner Mengen Jod; so wird z. B. ein Wollgewebe während 24 Stunden bei 30° C mit folgender Lösung behandelt:

6,9   Teile Styrol
1,65 Teile Jod
2830   Teile Äther, wasserfrei

Immunisierung durch Kunstharzeinlagerung.

Im *amer. P. 2.515.105* und *2.515.107*, 1950, der Amer. Cyanamid Corp. findet man ein Verfahren beschrieben, welches erlaubt, die Wolle uneingehbar und gleichzeitig mottenfest zu machen.

Das Verfahren beruht auf einer Behandlung der Wollgewebe mit wässerigen Lösungen methylierten Methylolmelamins, welche im Verhältnis von 1:10 bezüglich des Melaminharzes 1,1'-bis-(Chlorphenyl)-2,2'-dichloräthylen in Azeton gelöst enthalten. Nach der Imprägnierung wird an der Luft getrocknet und dann bei höherer Temperatur, wobei die Härtung des Kunstharzes eintritt.

Ein ähnliches Verfahren beschreibt das *amer. P. 2.514.132*, 1950, der gleichen Firma. Die Wolle wird dabei mit 4 Teilen alkyliertem Methylamin und ½ bis 1 Teil Methylolaminsilikofluorid behandelt.

Ein auf dem gleichen Prinzip aufgebautes Verfahren erwähnt auch noch das *brit. P. 612.154*, 1948, *615.413* und *615.673* der Amer. Cyanamid Corp. Die Wollgewebe, die man mottenecht ausrüsten will, werden mit wässerigen DDT-Dispersionen und dann mit wässerigen Lösungen von Vorkondensaten von alkyliertem Methylolmelamin imprägniert. Nach dem Trocknen erfolgt die Kondensation bei höherer Temperatur. Durch ein solches Vorgehen lässt sich das DDT auf der Faser fixieren.

Auf dem Markt erhältliche Mottenschutzmittel[1]).

Die wichtigsten Mottenschutzmittel, die sich zur Zeit im Handel befinden sind einerseits die

Eulane der I.G. Farbenindustrie

und anderseits das

Mitin FF von J. R. Geigy AG.

Die Eulane der I.G.Farbenindustrie.:

Die I.G. Farbenindustrie hat seit dem Jahre 1920 eine gewisse Anzahl von Mottenschutzmittelmarken auf den Markt gebracht, und zwar

alte Marken	Eulan M	1920	auf Fluoridbasis
	Eulan F	1921	
	Eulan E	1923	Ammonium-Aluminiumfluorid
	Eulan extra	1924	
	Eulan W extra	1925	Kaliumbifluorid
Eulan NK			Phosphoniumverbindungen: Dichlorbenzyltriphenyl-phosphoniumchlorid
Eulan NKF extra			
Eulan AL			Sulfonamid: 3,4-Dichlorbenzol-1-N-methylsulfonamid
Eulan BL			
Eulan neu 1928			2,2′-dioxy-3,5,3′,5′-tetrachlortriphenylmethan-2″-sulfosaures Natrium
Lanoc CN (I.C.I.)			chloriertes Triphenylmethanderivat: dioxypentachlortriphenylmethansulfosaures Natrium
Eulan CN 1934			
Eulan CN extra			
Eulan CNA			Gemisch aus 66% Eulan CN, 31,5% Harnstoff und 2,5% Trilon A
Prestofen M			G.D.C.
Eulan RH			1-oxy-4-chlor-6-methyl-2-benzoesaures Natrium.
Eulan RHF			

Die Mitine von J. R. Geigy AG.:

Mitin A	
Mitin T	
Mitin FF	Harnstoffderivat

---

[1]) H. Ris, Fortschritte im Wollschutz gegen die Motten, Teintex 1948, *10*, S. 353; H. Luttringhaus, Chemie und Physiologie des Mottenschutzes, Amer. Dyest. Rep. 1948, *37*, S. 57; Ruth Lotmar, Untersuchungen über die Wirkung des Mitins auf die Raupen der Kleidermotte, Mell. 1951, *32*, S. 68.

Verschiedene Produkte:

Mystox B	Cotomance Ltd.	Pentachlorphenol
Mystox LS	Cotomance Ltd.	Laurylpentachlorphenol
Mystox LT, LW	Cotomance Ltd.	Proteinkomplex der Marke B
Santobrite	Monsanto	Pentachlorphenol
Santochlor	Monsanto	p-Dichlorbenzol
Amuno 51	Merck USA	Natriumsilikofluorid
Boconize LCB	Bocon Chem. Corp.	Alkylarylammoniumfluorid

Die Eulane.

Die ersten von der I.G. Farbenindustrie herausgebrachten Marken waren

Eulan F
Eulan M
Eulan E

die dann in der Folge durch Eulan W und Eulan W extra ersetzt wurden.

Etwas später mussten dann auch diese den endgültigen Eulanmarken weichen, und zwar

Eulan neu
Eulan CNA
Eulan NK
Eulan NKF extra
Eulan AL
Eulan BL

die alle verschiedene und zum Teil ganz spezielle Anwendungsbereiche besitzen.

Man unterscheidet zwei Eulangruppen: die wasserlöslichen Marken (Eulan neu, Eulan NK, NKF extra und Eulan W extra) und die in organischen Lösungsmitteln löslichen Marken (Eulan AL und BL). Die letzteren werden dabei zur Hauptsache in der chemischen Wäscherei verwendet. Je nach der für die Mottenechtausrüstung gewählten Methode empfiehlt es sich, ganz bestimmte Eulanmarken zu verwenden, und zwar:

Eulan N oder neu: kommt nur als Zusatz zum sauren Färbebad in Frage.

Eulan NK und NKF extra: werden für die Mottenechtausrüstung schon gefärbter Textilien verwendet.

Eulan AL und BL: Diese beiden Marken sind völlig anders als die übrigen Eulane. Sie sind für die Trockenreinigung als Lösungen in organischen Lösungsmitteln von Interesse. Sie besitzen keinerlei Affinität zur Faser.

Da die Eulane nicht flüchtig sind, verleihen sie einen dauerhaften Mottenschutz. Anderseits wirken sie auch nur dann, wenn sie das zu schützende Gut mit den vorgeschriebenen Mengen an Eulan vollkommen und genügend durchsetzen. Sie besitzen also keinerlei Fernwirkung, so dass die nicht eulanisierte Ware, die neben der eulanisierten aufbewahrt wird, Mottenschäden aufweisen kann. Die Qualität des Mottenschutzes leidet daher, wenn man eulanisiertes Material mit unbehandeltem vermischt. Es folgt also daraus, dass für einen einwandfreien Mottenschutz eine gleichmässige Verteilung des Eulans auf der Faser von grösster Bedeutung ist. Es erfordert also die Eulanbehandlung grösste Sorgfalt.

Eine solche gleichmässige Verteilung erzielt man am sichersten, wenn man die Ware in eine Eulanlösung bestimmter Konzentration eintaucht. Aus diesem Grunde wurden die Eulanverfahren als Tauchverfahren ausgearbeitet oder die Eulanbehandlung direkt solchen Arbeitsgängen eingegliedert, die eine derart intensive Durchdringung der Ware in wässeriger Flotte ohne weiteres gestatten.

· Eulan neu (Eulan N) ist eine farb- und geruchlose Verbindung, die in einer Konzentration von 3 % bezüglich dem Gewicht der Wolle verwendet wird. Es wird der stark sauren Farbflotte direkt zugegeben. Bei 60.⁰ C zieht es wie ein saurer Farbstoff auf die Faser auf. Es besitzt einen schwach sauren Charakter. Mit Eisenchlorid bildet es einen blauen Niederschlag. Eulan neu ist in organischen Lösungsmitteln löslich; so entstehen besonders mit Amylazetat blaue Lösungen.

Die optimale Temperatur des Behandlungs- und Färbebades beträgt 60⁰ C. Unterhalb dieser Temperatur wirkt das Eulan N als Egalisiermittel für das Färbebad, indem es das Aufziehen des Farbstoffes auf die Faser verlangsamt. Um eine wirklich waschechte Eulanisierung zu erhalten, ist es unerlässlich, bis zum Sieden der Flotte zu gehen. Das Ausziehen des Bades kann unter diesen Bedingungen als vollständig angesehen werden.

Bei der Anwendung im Färbebad spielt das Flottenverhältnis keine so grosse Rolle wie bei den Farbstoffen. Da Eulan neu eine sehr grosse Affinität zur Wolle besitzt, zieht es auch aus langen Flotten auf, wenn diese sauer reagieren. Eulan neu wird dem Färbebad bei 50—55⁰ C zusammen mit dem Farbstoff zugegeben. Die Flotte wird wie üblich zum Kochen getrieben und mindestens eine halbe Stunde bei Siedetemperatur gehalten. Lässt der verwendete Farbstoff einen genügenden Zusatz von Säure, wie er zur Fixierung des Eulan neu nötig ist, schon zu Beginn des Färbeprozesses nicht zu, so bringt man das Eulan erst dann in die Flotte, wenn der Farbstoff bereits ausgezogen hat. Dabei muss man zuerst das Bad auf 80⁰ C sich abkühlen lassen und kann das Eulan neu in klar gelöster Form und etwas Säure bis zur sauren Reaktion des Bades zugeben. Darauf treibt man zum Kochen, wobei es wichtig ist, dass am Schluss der Behandlung das Bad noch sauer reagiert. Man rechnet normalerweise bei weichem, neutralem Wasser für schwach sauer zu färbende Farbstoffe mit einem Zusatz von 4—6% Essigsäure oder 1—2% Ameisensäure bzw. 8—10% Ammoniumazetat oder 4—6% Ammoniumsulfat. Bei hartem oder alkalischem Betriebswasser käme dann noch die zur Korrektur des Wassers benötigte Menge an Essigsäure hinzu.

Eulan neu darf nicht dem kochenden Färbebad zugesetzt werden. Da Eulan neu gut egalisiert, säureecht, chromierungsecht, chlorecht, pottingecht, überfärbeecht und auch gegenüber einer leichten Walke beständig ist, sind seine Verwendungsmöglichkeiten im Fabrikationsgang gefärbter Wolle ausserordentlich gross. Eulan neu fixiert sich zudem noch seewasserecht und waschecht auf der Faser.

Die mit Eulan neu behandelte Ware kann ohne nachteilige Beeinflussung der Mottenechtheit mit Ramasit wasserdicht gemacht werden. Eulan neu ist auch lichtecht, unbegrenzt haltbar und unempfindlich gegen Fleckenentfernungsmittel und eine chemische Reinigung.

Der qualitative Nachweis von Eulan neu kann einerseits mit Ferrichlorid (Blaufärbung) oder anderseits mit Ninhydrin (Triketohydrinden) erfolgen. Ninhydrin gibt mit nicht eulanisierter Wolle eine Blaufärbung (Aminosäurereagens), während die eulanisierte Faser sich nur hellblau anfärbt.

C. O. Clark[1]) hat durch folgenden Versuch die ausgezeichneten egalisierenden Eigenschaften von Eulan N bewiesen. Ein Muster von 100 g Wolle wurde in einem kochenden Bade mit 6 g Eulan N behandelt. Nach dieser Behandlung betrug das Gewicht der Wolle 106 g. Hierauf wurde dieses Muster zusammen mit einem neuen Muster von 100 g nicht behandelter Wolle eine halbe Stunde lang in einem Glaubersalzbad gekocht. Am Ende wogen beide Muster je 103 g.

Vergleichende Frassversuche mit Motten an unbehandelter und mit Eulan neu behandelter Wolle haben gezeigt, dass sich durch die Eulanisierung eine vollkommen mottenbeständige Wolle erhalten lässt.

Das Eulan bewirkt keine Veränderung der Nuance der gefärbten Fasern. Das Aussehen und der Griff der Wolle bleiben völlig erhalten.

Die Affinität zur Wolle entspricht etwa jener der sauren Farbstoffe, und es lässt sich von der Wolle nach den gleichen Verfahren und unter den gleichen Bedingungen wieder abziehen. Von Bedeutung ist auch die Beständigkeit des Eulan N gegenüber den Chromverbin-

---

[1]) C. O. Clark, J. Text. Inst. 1936, S. 389; 1928, *19*, S. 289, 295, 325.

dungen, da sich dadurch eine eulanisierte Faser auch mit Chromierungsfarbstoffen färben lässt.

Eulan NK entspricht bezüglich seiner Affinität zur Wolle etwa den Farbstoffen, die aus einem neutralen Bade ziehen. Es ist in Wasser löslich. Diese Lösung ist neutral und gegenüber Erdalkalisalzen nicht empfindlich.

Es ist für eine nachträgliche Behandlung gefärbter oder weisser tierischer Fasern in allen Fabrikationsstadien geeignet.

Eulan NK ist eine farblose Verbindung, die sich in kochendem Wasser klar löst. Es zieht aus einem neutralen Nachbehandlungsbade auf Wolle auf. Die Temperatur dieses Bades schwankt dabei je nach der Art der Ware und der Wasserechtheit der Färbung zwischen 20 und 80° C, wobei die Fixierung bei höherer Temperatur wesentlich besser und schneller ist als bei Zimmertemperatur. Die Behandlung der Ware mit 3% Eulan NK dauert ½—1 Stunde. Dabei wird entweder die Ware in der Flotte bewegt oder die Flotte durch die Ware gepumpt. Durch ruhiges Einlegen in eine Eulanflotte wird kein gleichmässiges Aufziehen von Eulan NK erzielt. Neutral reagierendes Fasermaterial nimmt schon bei gewöhnlicher Temperatur Eulan NK gut auf.

Die Absorption von Eulan NK sowie Eulan NKF wird in Gegenwart von Säure verzögert. Es ist daher in gewissen Fällen nötig, vorgängig die Ware durch Eintauchen in ein Bikarbonatbad zu neutralisieren.

Ein Zusatz von 1—2 g Ammoniumbikarbonat pro Liter Behandlungsflotte erleichtert in manchen Fällen, besonders beim Vorliegen sauer gefärbten Textilmaterials, die Eulan NK-Aufnahme wesentlich. Andere Zusätze verträgt jedoch ein Eulan NK-Bad nicht, da es mit andern Chemikalien leicht Ausfällungen gibt.

Eulan NK kann auch bei der üblichen Färbung mit basischen Farbstoffen mitverwendet werden, während neutral ziehende Wollfarbstoffe sofort Fällungen mit Eulan NK ergeben würden.

Eulan NK ist licht- und wetterecht, schweiss- und bügelecht und in den üblichen Lösungsmitteln der chemischen Wäscherei unlöslich. Besonders bei einer Eulanbehandlung bei höherer Temperatur ist die Beständigkeit selbst bei wiederholter leichter Wäsche gut. Da Eulan NK keine Eigenfarbe besitzt, eignet es sich gleicherweise für ungefärbte und gefärbte tierische Fasern.

Eulan NKF wird vor allem für Weisswaren als Mottenechtappretur verwendet.

Eulan NKF extra steht bezüglich seinen Eigenschaften der Marke NK sehr nahe und wird in sonst gleicher Weise mit 2% vom Gewicht der Ware angewendet. Es besitzt jedoch nicht das gute

Netzvermögen von Eulan NK und findet daher an Stelle von Eulan NK in solchen Fällen Verwendung, wo die netzenden Eigenschaften stören, wie etwa beim Wasserdichtmachen. Auch für Bleichwaren ist Eulan NKF extra die vorteilhafteste Marke, mit der sich das beste Weiss erzielen lässt.

Genau wie Eulan NK ist auch die Marke NKF extra nur für säurefreie Ware zu gebrauchen, da es sonst nicht aufzieht. Eulan NK und NKF extra greifen die Metalle nicht an und können daher in jeder Apparatur angewandt werden.

Eulan W extra besitzt stark sauren Charakter und wird mit 2% vom Gewicht der Ware ausschliesslich zur Nachbehandlung von Rosshaaren, Borsten, Kuhhaaren und Polstermaterial verwendet. Es ist ein schwach gelbliches Pulver, das sich in kochendem Wasser klar löst und sehr gut netzende Eigenschaften besitzt.

Die Verwendung in eisernen Apparaturen ist infolge der stark sauren Reaktion nicht statthaft. Ferner empfiehlt sich beim Arbeiten mit Hartwasser wegen seiner kalksalzbildenden Eigenschaften ein Zusatz von 1 bis 2 g Igepon T pro Liter Flotte je nach der Wasserhärte.

Der mit Eulan W extra erzielte Mottenschutz ist licht- und bügelecht sowie beständig gegen eine mechanische Beanspruchung und eine chemische Wäsche. Bei einer energischen Nassbehandlung, wie z. B. starkes Spülen oder Waschen, leidet der Mottenschutz, weshalb die Anwendungsmöglichkeiten für Eulan W extra auf solche Artikel beschränkt sind, die keiner nachträglichen Nassbehandlung unterworfen werden.

Ein Verfahren zum Färben von tierischen Faserstoffen mit sauer ziehenden Farbstoffen bei Gegenwart von Mottenschutzmitteln ist im *D.R.P. 734.398* (eing. am 6. November 1936, veröff. am 18. März 1943) von der Chemischen Fabrik Grünau in Berlin-Grünau beschrieben.

Um zu erreichen, dass einerseits eine beim Färben mit sauren Farbstoffen mögliche Verschlechterung des Griffes und der Verspinnbarkeit der Wolle vermieden wird und andererseits doch eine ausreichende Mottenfestigkeit erzielt wird, soll erfindungsgemäss die Behandlung der tierischen Faserstoffe mit Mottenschutzmitteln, die wie saure Farbstoffe auf Wolle aufziehen, in Gegenwart von Eiweissabbauprodukten unter solchen Bedingungen erfolgen, dass die Bildung eines Niederschlages zwischen den Mottenschutzmitteln und den Eiweißstoffen nicht erfolgt. Wie beobachtet wurde, tritt die Bildung von Niederschlägen nur in verhältnismässig saurer Lösung, dagegen nicht in mässig saurer Lösung auf. Es gibt einen kritischen p_H-Wert, oberhalb welchem die Eiweissabbauprodukte in Lösung bleiben und unterhalb welchen sie durch die Mottenschutzmittel ausgefällt werden.

Beispiel: 100 Teile lose Wolle (gewaschene Schweisswolle) werden im Flottenverhältnis 1:25 mit 5% 2,2'-dimethoxy-3,5,3',5',4''-pentachlortriphenylmethan-2''-sulfonsaurem Natrium (Eulan CN neu $D.R.P. 595.106$), 3% Schwefelsäure und 2% Echtlichtgelb G G (Schultz, Farbstofftabellen, 6. Auflage, Nr. 19) behandelt. Man geht dabei bei einer Temperatur von 60° C ein und hantiert die Wolle ½ Stunde bei dieser Temperatur. Hierauf setzt man 5% einer 50%igen Lösung von lysalbinsaurem Natrium zu und steigert die Temperatur langsam bis auf 95−98° C. Bei dieser Temperatur belässt man die Wolle 1 Stunde, spült sie und macht sie in der üblichen Weise fertig. Die Wolle zeichnet sich durch eine gute Verspinnbarkeit aus. Da während der halbstündigen Behandlung bei 60° C die Schwefelsäure so weit auf die Faser aufzieht, dass der p_H-Wert des Behandlungsbades über den kritischen Punkt steigt, bildet sich ein schmieriger Bodensatz. Während die Behandlungsflotte zu Beginn gegen Kongorot sauer reagiert, reagiert sie am Schluss des Versuches kongoneutral. Setzt man dagegen das lysalbinsaure Natrium gleich zu Anfang der Behandlungsflotte zu, so schlagen sich diese schmierigen Niederschläge auf der Faser nieder und geben zu Störungen Anlass.

Lässt man den Zusatz von lysalbinsaurem Natrium weg, so tritt zwar keine Bildung von Niederschlägen ein, aber die Wolle zeigt eine schlechtere Verspinnbarkeit.

Mitin FF.

Das Mitin FF der J. R. Geigy AG.[1] ist ein neues Mottenschutzmittel, das sich auf der Wolle dauerhaft fixieren lässt. Das Produkt ist ein weisses Pulver, welches sich leicht in der zehnfachen Menge kochenden Wassers löst.

Mitin FF zeigt eine ausgesprochene Affinität für tierische Fasern beim Arbeiten in neutralem oder saurem Bade, und zwar bereits bei Zimmertemperatur. Die Fixierung ist schon gut beim Arbeiten bei einer Temperatur von 40° C und noch besser bei Kochtemperatur, ist jedoch auch bei 25° C möglich.

Sänger[2] gibt Aufziehkurven bei 30, 40, 60 und 80° C in schwefel- und essigsaurer Lösung sowie in Gegenwart von Ammoniumsulfat für Mitin FF, aus denen hervorgeht, dass es besonders bei höheren Temperaturen sehr rasch aufzieht.

---

[1] Ruth Lotmar, Untersuchungen über die Wirkung des Mitin FF auf die Raupen der Kleidermotte (Tineola biselliella), Mell. 1951, *32*, S. *68*.

[2] Fibre e Colori, 1951, *1*, Nr. 2, S. 5.

Die Wolle kann in Gegenwart von Mitin FF mit sauren Farbstoffen gefärbt werden, ohne dass je eine Veränderung der Nuance oder der Echtheit der Färbung beobachtet werden konnte. Die physikalischen Eigenschaften der Wolle erleiden ebenfalls keinerlei Veränderung.

Das Färbebad wird wie üblich mit dem Farbstoff, der Säure, einem Natriumsalz und schon von Anfang an mit der nötigen Menge Mitin FF, welches vorher in kochendem Wasser aufgelöst werden muss, beschickt. Die gut gereinigte und genetzte Ware wird bei 30° C eingegangen, die Temperatur darauf langsam erhöht und wie üblich durch Kochen die Färbung fertiggestellt.

Bei der Nachbehandlung bereits gefärbter Artikel ist es nicht empfehlenswert, ein kochendes Mitinbad zu verwenden, um jegliche Änderung der Nuance (wie dies z. B. bei Kleidern, Teppichen usw. eintreten könnte) zu vermeiden. Man verwendet hiezu ein Bad mit 3% Mitin FF und ½% Ameisensäure. Die gereinigte und genetzte Ware wird bei 30° C eingegangen, die Temperatur innert 20 Minuten auf 45° gebracht und ³/₄ Stunden bei dieser Temperatur behandelt. Zum Schluss wird die Ware noch getrocknet.

Der nach dieser Methode erzielte Mottenschutz ist licht-, wasch-, säure-, reib- und bügelecht und widersteht einer Trockenreinigung.

Mitin FF weist eine Lichtechtheit von 7 auf, doch geht mit der Belichtung die Festigkeit der Fixierung auf der Wolle zurück, eine Erscheinung, die aber auch bei Farbstoffen zu beobachten ist.

Wird Mitin FF bei 25° auf die Faser gebracht, so ist der Mottenschutz wohl unempfindlich gegenüber einem Spülen mit Wasser jedoch nicht waschecht. Diese Methode ist nur interessant für bereits gebrauchte Gegenstände sowie für Kleider und Teppiche.

R. Zinkernagel[1]) bezeichnet Mitin FF hoch konz. als ein Schutzmittel, das ohne besondere Mehrleistung normal in den Färbe- und Ausrüstprozess sich einfügen lässt. Es ist ein schwach saurer Farbstoff mit einem Anwendungsbereich zwischen p_H 5,0 und 2,0. Bei hoher Temperatur ist die Affinität sehr hoch. Es besitzt jedoch kein ausgeprägtes Egalisiervermögen. Es verträgt sich mit allen anionaktiven Verbindungen, besonders mit allen Wollfarbstoffen mit Ausnahme der basischen und allen anionaktiven Textilhilfsmitteln.

Unter den Arbeiten, die sich mit den Eigenschaften der verschiedenen Mottenschutzmittel, die sich im Handel befinden, befassen, seien die folgenden erwähnt:

---

[1]) Zinkernagel, SVF-Fachorgan 1951, *6*, S. 110; siehe auch Textil Rdsch. 1949, *4*, S. 169.

J. Barritt[1]) untersuchte die Methoden zur Bestimmung der Eigenschaften und Echtheiten gegenüber verschiedenen Einflüssen.

R. Burgess[2]) stellte fest, dass die Mottenschutzmittel, gleichgültig, ob es sich um Magengifte wie Mitin FF, Lanoc CN oder Kontaktgifte wie DDT handelt, einer Trockenreinigung widerstehen, jedoch nur Lanoc CN (Eulan CN) und Mitin FF eine gute Waschechtheit aufweisen[3]).

Interessant ist auch die Beobachtung von Lamb[4]), dass nach 2, 4 oder 6 Hauswäschen eine fühlbare Abnahme des Gehalts an Mottenschutzmittel sich beobachten liess, jedoch die Wirksamkeit des noch auf der Faser sich befindlichen Mottenschutzmittels verstärkt gefunden wird.

H. Luttringhaus[5]) verglich die Wirkung verschiedener Mottenmittel auf die Kleidermotten und Teppichkäfer Attagenus.

Das DDT (Dichlordiphenyltrichloräthan) zeigt eine gute Wirkung auf die Kleidermotte, ist jedoch unwirksam gegenüber dem Teppichkäfer, da in diesem Falle die Kontaktwirkung ungenügend ist.

Preventol GD der I.G.Farbenindustrie ist weder Frass- noch Kontaktgift, besitzt aber abstossende Eigenschaften.

Eulan CN, ein chloriertes Triphenylmethanderivat, ist ebenfalls kein Frassgift für Kleidermotten, jedoch verhungern die Motten auf einer so behandelten Ware. Eulan CN führt beim Teppichkäfer zu einer Sterblichkeit von 100 bis 80%, Mitin nur zu einer solchen von 40 bis 50%.

Mitin FF, ein sulfuriertes Harnstoffderivat, hat gewisse Abstossungseigenschaften auf den Teppichkäfer. Da das Verdauungsferment spezifisch ist auf die Disulfidbrücke des Wollkeratins, wurden die Versuche auf solche Produkte ausgedehnt, die dieses Ferment unwirksam machen und damit den Verdauungsvorgang im Schädling unterbrechen sollen. Dies ist beim Eulan BL der Fall, welches dem Chlorbenzolsulfonamid entspricht, also dem Sulfanilamid ähnlich ist.

Eulan NK (Dichlorbenzyltriphenylphosphoniumchlorid) fällt das Ferment aus und blockiert dadurch seine Wirkung, hat also im Endergebnis die gleiche Wirkung wie Eulan BL. Es besitzt zudem eine abstossende Wirkung gegenüber dem Teppichkäfer.

In dieser Arbeit wird auch eine Parallele gezogen zwischen belichteter und chlorierter Wolle. In beiden Fällen wird die Disulfid-

---

[1]) Dyer 1949, *101*, S. 200.
[2]) J. Text. Inst. 1950, *41*, S. 56; J. Soc. Chem. Ind. 1949, *68*, S. 121.
[3]) Text. Rdsch. 1950, *5*, S. 413; C. H. Bayley, Can. Text. J. 1950, *67*, Nr. 16, S. 45.
[4]) K. P. Lamb, Nature 1950, *166*, S. 37.
[5]) Amer. Dyest. Rep. 1948, *37*, S. 57.

brücke gespalten. Es konnte gezeigt werden, dass sowohl die belichtete als auch die chlorierte Wolle dem Motten- oder Teppichkäferfrass viel weniger unterworfen sind als ungeschädigte Wollproben.

H. Ris der Firma J. R. Geigy AG.[1]) gibt in einem Vortrag über die Entwicklung der Verfahren zum Schutze der Wolle gegen die Motten, der am XX. Kongress der A.C.I.T. gehalten wurde, einen interessanten Überblick über die verschiedenen Entwicklungsstufen auf diesem Gebiete. Er bemerkt, dass viele der früher verwendeten Mittel überhaupt keinen Schutz boten oder aber sehr rasch ihre Wirkung verloren. Während z. B. Kampher überhaupt ohne Wirkung ist, stellt p-Dichlorbenzol ein sehr wirksames Mittel dar, sofern es in hoher Konzentration und vor einer Sublimation geschützt angewandt wird. Die Giftigkeit, der starke Geruch sowie der Angriff der Metalle, Kunstharze und Kautschuk sind weitere Nachteile dieses Produkts.

Es wird dann die Entwicklung permanenter Mottenschutzmittel durch die I. G. Farbenindustrie (Eulane) und J. R. Geigy AG. (Mitin) und die schrittweise Verbesserung dieser Produkte beschrieben.

Um eine Giftwirkung zu erzielen, ist es nötig, dass Mitin FF wie auch die Eulanmarken von den Motten in kleinen Mengen gefressen werden. Geigy hat nun auch andere Mittel herausgebracht, die schon beim Kontakt der Motten mit diesen Substanzen diese töten, wobei deren Nervensystem zerstört wird. Es sind dies Trix-Pulver und Trix-Lösung. Während das Pulver namentlich für Kleider und Pelze bestimmt ist, leistet die Lösung gute Dienste zum Schutze von Wollwäsche.

Ruth Lotmar beschreibt in Mell. 1951, *32*, S. 68, ihre ausgedehnten Arbeiten über die Wirkung von Mitin auf die Raupen der Kleidermotte.

G. Sänger gibt ebenfalls in Fibre e Colori 1951, *1*, Nr. 2, S. 5 einen Überblick über die Mottenechtverfahren und die wichtigsten wollverzehrenden Schädlinge unter den Schmetterlingen und Käfern. Unter den nicht permanenten Schutzmitteln werden Amuno 51 von Merck USA, Boconize als Vertreter der Silikofluoride und das DDT in seiner Anwendungsform als Trix besprochen. Als die wichtigsten permanenten Mittel werden Eulan neu, Eulan CN, Eulan NK, Lanoc CN der Imp. Chem. Ind., Prestofen M der G.D.C. und ganz speziell Mitin FF genannt.

Neben den Anwendungsverfahren finden sich auch noch Angaben über die Prüfung der biologischen Wirksamkeit nach den Methoden der Amerikaner und der EMPA (Eidg. Materialprüfungs- und Versuchsanstalt, St. Gallen).

---

[1]) Teintex 1948, S. 353.

Neuere Untersuchungen[1]) haben gezeigt, dass die durch Motten angerichteten Schäden an Wolltextilien geringer sind als jene, die den Käferlarven zugeschrieben werden müssen. Diese sind als Teppich- und Pelzkäfer bekannt und gehören zur Familie der Dermestiden Attagenus und Anthrenus. Es ist dabei zu beachten, dass nicht alle Mottenschutzmittel auch gegen Käfer wirksam sind. Mitin FF hoch konz. in einer Dosierung von 1% entspricht jedoch allen Anforderungen.

Bei gewissen Schutzmitteln wurden auch klimatische und Temperaturgrenzen der Wirksamkeit festgestellt. Auch hier erwies sich Mitin FF hoch konz. in einer Konzentration von 1% als völlig unempfindlich gegenüber solchen Einflüssen[2]).

[1]) Zinkernagel SVF-Fachorgan 1951, *6*, S. 110; siehe auch Textil Rdsch. 1949, *4*, S. 169.

[2]) Weitere Literatur über Mottenschutzmittel: M. A. Lesser, Soap & Sanit. Chem. 1949, *25*, Nr. 3, S. 133 und Nr. 4, S. 133; *amer. P. Appl. 707.528* der B. F. Goodrich Co. (Diarylsulfide in organischen Lösungsmitteln); *amer. P. 2.537.022* und *2.537.023* des US Secretary of the Army (Mottenfestausrüstung mit Indanol, Azetoxyindanol oder einer Verbindung der Formel

$$CH_3-(CH_2)_n-\overset{\displaystyle CHO}{\underset{\displaystyle C_2H_5}{C}}-CH_2-CH_2-CN \text{ (bzw. COOH), wobei } n = 1 \text{ bis } 3);$$

Kan. P. 448.249 der Amer. Cyanamid Co. (Morpholinamide einer Imidokarbonsäure in organischen Lösungsmitteln).

Bezeichnung	Erzeugerfirma	Zusammensetzung
Mitah		Mischung von Dichloräthylen + Tetrachlorkohlenstoff + Kampfer + p-Dichlorbenzol.
p-Dichlorbenzol Mothaks	Rhône-Poulenc Thompson and Capper Wholesale Ltd. Liverpool	(Strukturformel p-Dichlorbenzol: Benzolring mit Cl oben und Cl unten)
Santochlor	Monsanto Ltd., Liverpool	p-Dichlorbenzolverbindung.
Eulan M	I.G. Farbenindustrie (Meckbach, 1920)	Auf Fluoridbasis.
Eulan F	I.G. Farbenindustrie (1921)	Mischung von Fluoriden mit anderen anorganischen Verbindungen.
Eulan E extra	I.G. Farbenindustrie (1924)	Doppelsalz: Ammonium- und Aluminiumfluorid.
Eulan extra	I.G. Farbenindustrie (1924)	
Eulan W extra Eulan AWA extra konz.	I.G. Farbenindustrie (1927) Farbenfabr. Bayer	Kaliumbifluorid KF·HF. Weisses, geruchloses Pulver; in Wasser leicht löslich.

Literatur	Verwendungsgebiete
Siehe S. 771.	Mottenschutzmittel. das für Zerstäubung in einer Konzentration von 75—100 g pro m³ Verwendung findet.
Brit. P. 19.688, 1912, der A.G.F.A. Burgess, Chem. Trade J.1935, Juni, S.461. A. Markowsky, amer. P. 1.924.507: Mischung von p-Dichlorbenzol+p-Chlornitrobenzol. D.R.P. 258.405, 1911, der A.G.F.A.: Mischung von p-Dichlorbenzol + Naphtalin. R. Burgess, J. Soc. D. and Col. 1935, 51, S. 85. Dieser Band, S. 771.	Mottenschutzmittel; wird in alkoholischer Lösung zum Zerstäuben oder in fester Form verwendet. Man rechnet ungefähr 15 g pro m³ bei 20° C. Atemgift.
Dieser Band, S. 771.	Mottenschutzmittel. Wird auch zur Verhinderung von Schimmelbefall an Textilien beim Lagern verwendet. Das Mittel wirkt nur in einer mit den Dämpfen der Verbindung gesättigten Atmosphäre.
D. R. P. 344.266, 1918, 346.596, 1919, 346.597, 346.598. Amer. P. 1.682.975, 1925. Brit. P. 173.536, 1921.	
D.R.P. 347.849, 1920.	Immunisierung der Wolle gegen den Angriff durch Motten durch Tränkung in einer heissen, sauren Lösung von Eulan F extra unter Zusatz von Schwefelsäure.
D.R.P. 347.720, 347.721, 347.723. Brit. P. 235.615, 281.825. Amer. P. 1.634.792, 1.634.793, 1.634.794. Franz. P. 518.821, 1920.	Wird in 0,4%iger Lösung zum Imprägnieren der Wolle verwendet. Nicht wasserecht.
Brit. P. 295.742, 1928, der I. G. Farbenindustrie. Seifensieder-Ztg. 1932, S. 382	Zur Nachbehandlung von Wolle, Haaren und Borsten in kalter wässeriger Lösung. Zum Mottenechtmachen. Mengen: 2% vom Gewicht der Wolle. Nicht seifenecht.

Bezeichnung	Erzeugerfirma	Zusammensetzung
Larvex Smite Larv-o-Nil P Eulava extra, SM Eulava W extra Larvicide Amuno 51	Larvex & Cie. Aqua Sr. Corp. Onyx G.D.C. G.D.C. Richmond Chem. Cp. Merck & Co.	Natriumsilikofluorid. Mischung von Natrium- und Aluminium-fluorid.
Eulan N Eulan neu Eulan neu	I.G. Farbenindustrie I.G. Farbenindustrie Farbenfabr. Bayer	Kondensationsprodukt von 1 Mol Benzaldehyd-2-sulfosäure mit 2 Molen 2,4-Dichlorphenol 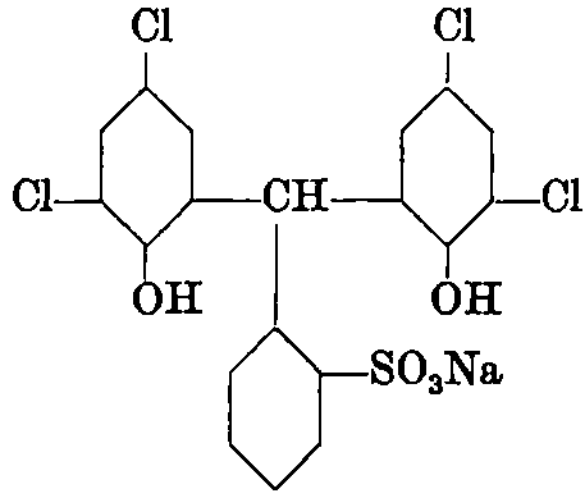 2,2'-dioxy-3,5,3',5'-tetrachlortriphenylmethan-2''-sulfonsaures Natrium. Weisses, in Wasser lösliches, kalkbeständiges Pulver.
Eulan CN extra Lanoc CN Prestofen M Eulan CN, CNW Eulan CN neu	I.G. Farbenindustrie (1934) Imp. Chem. Ind. G.D.C. G.D.C. I.G. Farbenindustrie	6',6''-dioxy-4,3',5',3'',5''-pentachlortriphenylmethan-2-sulfosaures Natrium Schwach crême gefärbtes Pulver, das in kochendem Wasser nur zu 1,5 % löslich ist. Durch Verätherung von Eulan CN extra erhaltene Verbindung
Eulan CNA Eulan CNA extra konz.	I.G. Farbenindustrie Farbenfabr. Bayer	Mischung von: 66% Eulan CN extra 31,5% Harnstoff 2,5% Trilon A

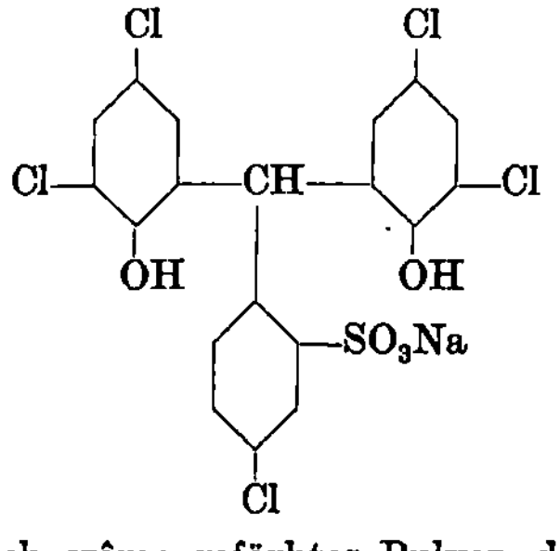

Literatur	Verwendungsgebiete
Brit. P. 235.914, 235.915, 1915. C. N. Sprankle u. R. Slaubugh Text. World, 1937, *87,* S. 2015. *Amer. P. 2.176.984* von Merck & Co.	Mottenschutzmittel; nicht waschecht.
Brit. P. 316.900, 1927; *D.R.P. 503.256, 513.387,* 1929, *531.629, 548.822;* brit. *P. 333.584, 422.923.* Siehe S. 785.	Mottenschutzmittel. Kann dem essig-, ameisen- oder schwefelsauren Färbebad zugesetzt werden. Wirkt als abstossendes Mittel (Repellat). Mengen: 3% Eulan neu vom Gewicht der Ware werden dem Färbebad bei 55° C mit dem Farbstoff zugesetzt. Lässt sich wie ein saurer Farbstoff aus kochendem Bade ausfärben. Eulan neu wird beim Färben von loser Wolle, Kammzug, Strang und Stück angewendet. Wasch-, walk-, bleich- und lichtecht.
Wasch- und walkecht. Text. Manuf. 1947, *73,* S. 378.	Mottenschutzmittel für Wolle. Das Produkt kann als ein farbloser Wollfarbstoff aufgefasst werden, welcher in saurem Bade bis 60% aufzieht. Der Mottenschutz ist beständig gegen Trockenreinigung, Chlor, Bleichen und Karbonisieren. Das Produkt kann den Färbebädern zugesetzt werden. Mit 2% auf das Gewicht der Wolle erzielt man einen permanenten Mottenschutz. Eulan CN ist als ein abstossendes Mittel zu betrachten (Repellat); die behandelte Faser wird von den Motten nicht gefressen, so dass sie verhungern.
	Mottenschutzmittel, welches hauptsächlich für Militärtuch verwendet wird.

Bezeichnung	Erzeugerfirma	Zusammensetzung
Eulan NK Eulan NK Eulan NK extra konz.	I.G. Farbenindustrie (1930) Farbenfabr. Bayer G.D.C.	Dichlorbenzyltriphenylphosphonium- chlorid 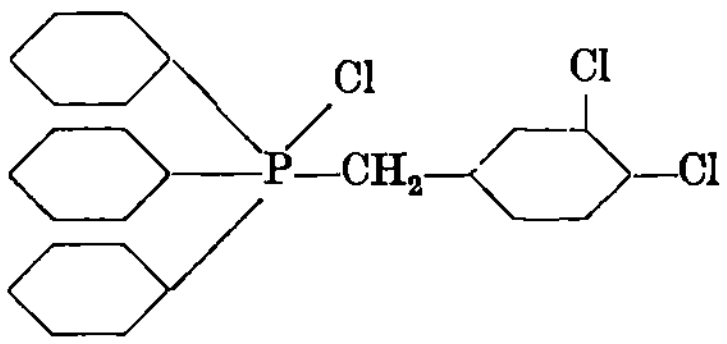 (Strukturformel) Wird durch Kondensation von Triphenyl- phosphin mit 3,4-Dichlorbenzyl- chlorid erhalten. Hellbraunes Pulver, wasserlöslich.
Eulan NKF extra Eulan NFK extra	I.G. Farbenindustrie (1930) Farbenfabr. Bayer	Ähnlich der Marke NK, unterscheidet sich nur durch verschiedene Konzen- tration. Weisses Pulver; in warmem Wasser leicht löslich.
Eulan AL	I.G. Farbenindustrie	Lösung von Eulan BL in Dichloräthylen.
Eulan BL Eulan BLN Eulan BL Mitin T	I.G. Farbenindustrie Farbenfabr. Bayer G.D.C. Geigy	3,4-Dichlor-N-methylbenzolsulfonamid. 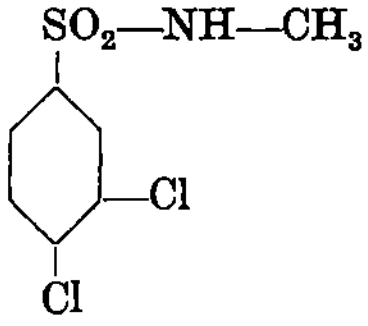 SO_2—NH—CH_3 (Strukturformel) Weisses Pulver, löslich in organischen Lö- sungsmitteln.
Eulan RH Eulan RHF	I.G. Farbenindustrie	2-oxy-5-chlor-3-methylbenzoesaures Natrium 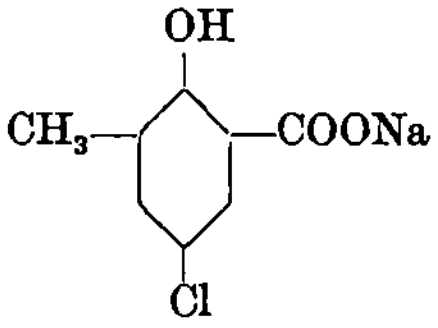 (Strukturformel)

Literatur	Verwendungsgebiete
Brit. P. 312.163, 1930 der I.G. Farbenindustrie. Textile World, 1950, *100*, S. 212. Die Effekte sind sehr wasserecht und halten mehrere Trockenreinigungen aus. Siehe S. 789.	Schützt Wolle gegen Mottenfrass; wird für die Nachbehandlung ungefärbter und gefärbter Wolle (Garne, Tuche, Möbelstoffe, Wirkwaren) sowie für Haare und Borsten in neutralem Bade bei 40—50° C angewendet. Mengen: 3% vom Gewicht der Wolle; die Waschbeständigkeit ist nicht so gut wie bei Eulan neu oder Eulan CN extra. Eulan NK hat eine abstossende Wirkung und ist daher als Repellat zu betrachten.
Mell. 1936, *17*, S. 232.	Mottenschutzmittel; besonders für den Schutz der Pelze empfohlen. Gute Haftfestigkeit. Menge: 5% der trockenen Ware.
	Mottenschutzmittel für die Trockenreinigung.
Brit. P. 324.962, 407.536; D.R.P. 558.509; amer. P. 1.955.207 der I.G. Farbenindustrie. Siehe S. 790.	Mottenschutzmittel für die Trockenreinigung von toxischer Wirkung. Mengen: 1,5—2% vom Gewicht der trokkenen Ware. Die vorgereinigten Stücke werden in Eulan BL-Benzinlösung 10 bis 20 Minuten behandelt, dann abgeschleudert und getrocknet.

Bezeichnung	Erzeugerfirma	Zusammensetzung
Mitin FF extra	Geigy 1939	Harnstoffderivat
Mitin A	Geigy	Weisses, geruchloses, für die Faser unschädliches Pulver.
Mystox B	Cotomance Ltd.	Feine, wässerige Emulsion von 20% Pentachlorphenol + Kasein (Stabilisator für die Emulsion)
Mystox L	Cotomance Ltd.	Laurylpentachlorphenol oder Pentachlorphenyllaurat Ist in organischen Lösungsmitteln (White Spirit, Trichloräthylen, CCl_4 und Benzol) löslich.
Mystox LS	Cotomance Ltd.	Protein-Komplex der Marke L; in Form einer weissen, rahmartigen Emulsion mit einem p_H von 8—8,5.
Mystox LT	Cotomance Ltd.	Lösung von Mystox LS in Trichloräthylen.

Literatur	Verwendungsgebiete
P. Läuger, H. Martin, P. Müller, Helv. Chim. Acta, 1944, 27, S. 892—928. *Amer. P. 2.363.074*, 1944, von Geigy-H. Martin, H.H. Zaeslin, R. Hirt und A. Staub. R. Zinkernagel, S.V.F.-Fachorgan 1951, 6, S.110 und Textil Rdsch. 1949, 4, S. 169; H. Ris, Teintex 1948, S. 353. R. Lotmar, Mell. 1951, 32, S. 68. *Brit. P. 547.874* und *627.549*	Sehr energisches Mittel gegen den Angriff der Motten. Zeigt starke Affinität zur Wolle; wird in saurem Bade bei Kochhitze aufgefärbt. Beständig gegen Wäsche, Trockenwäsche, Walken, Überfärben, Karbonisieren, Meerwasser, Schweiss, Licht, Chlor, Schwefel- und Peroxydbleiche. Die Nuancen und Echtheiten von Färbungen werden nicht beeinflusst. Mitin FF kann entweder bei Kochhitze oder bei 45° C, ja sogar bei 25° C verwendet werden. Mitin FF ist ein Magengift.
Siehe S. 796. E.B. Higgins, *brit. P. 613.274.*	Wird als Frassgift für Motten als Wollschutzmittel empfohlen. Das Produkt zieht aus saurem Bad auf die Wolle in der Kälte wie in der Wärme auf und schützt die Faser ausserdem noch vor Schimmel und Bakterien. Die Präparation ist gegen Trockenreinigung beständig und lässt sich mit einer wasserabstossenden Ausrüstung mittels Mystolene kombinieren. Mengen: 3% (0,6% Pentachlorphenol) bei 40—50° C; kann dem Färbebad zugesetzt werden.
Brit. P. 597.068 und *613.274.*	Mottenschutzmittel, das auch für Mischgewebe aus pflanzlichen Fasern verwendet werden kann.
	Mottenschutzmittel, welches durch Foulardieren appliziert werden kann.
	Mottenschutzmittel für die Trockenreinigung.

Bezeichnung	Erzeugerfirma	Konstitution und Eigenschaften
Mystox LW Mystox LWW Mystox LTW	Cotomance Ltd. Cotomance Ltd.	Lösung von Mystox LW in White Spirit. Ähnliche Produkte wie Mystox LT und LW; enthalten Mittel zum Wasserechtmachen.
Santobrite	Monsanto	Natriumpentachlorphenolat 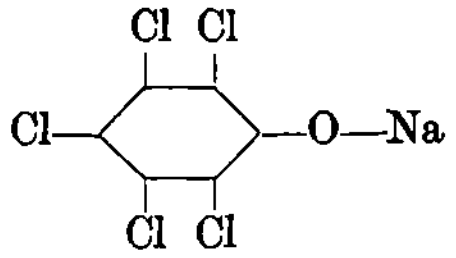 Weisses, neutrales Pulver; leicht löslich in Wasser; hitzebeständig und Metalle nicht angreifend.
DDT Gesarol Trix Trix W Neocid Neocidol	Geigy Geigy Geigy Geigy Geigy G.D.C. Geigy	p-Dichlordiphenyltrichloräthan. 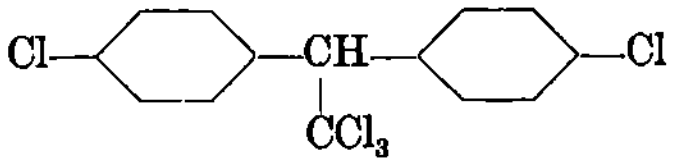 In organischen Lösungsmitteln löslich.
Irgatex D	Geigy	10%ige Emulsion von DDT.
Gammexan BHC 666 HCH		Hexachlorzyklohexan.
Preventol GD	I.G. Farbenindustrie	2,2′-Dioxy-5,5′-dichlordiphenylmethan 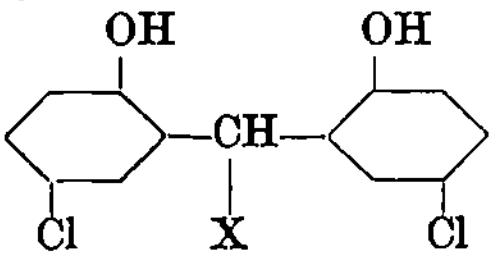
GIX	I.G. Farbenindustrie	Entsprechende Fluorverbindung des DDT. Difluordiphenyltrifluoräthan 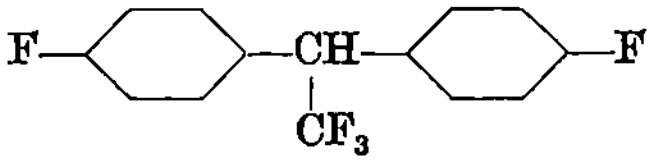

Literatur	Verwendungsgebiete
	Mottenschutzmittel, das sich für die Verwendung bei der Trockenreinigung eignet.
	Mottenschutzmittel. Wirkt auf sehr viele Mikroorganismen giftig und eignet sich als Fungizid.
Brit. P. 566.386, 566.387; *amer. P. 2.329.074*, 1943. Siehe S. 798. Ris, Schweiz. Text. Ztg. 1946, *39*, S. 1296.	Mottenschutzmittel; wirkt als Kontaktgift. Besitzt keine Affinität zur Faser; die Wasserfestigkeit der Behandlung ist nicht gross.
Andere Marken: Irgatex M, TX, MDX, SS, RSS.	
Stade, J. Soc. Chem. Ind. 1945, Nr. 13, S. 102.	Wird als Mottenschutzmittel empfohlen und findet sich in desodoriertem Zustande im Handel.
	Wollschutzmittel gegen den Angriff von Motten. Abstossende Wirkung (Repellat).

Bezeichnung	Erzeugerfirma	Konstitution und Eigenschaften
Parathion E 605	Amer. Cyanamid Corp. I.G. Farbenindustrie	Diäthyl-p-nitrophenylthiophosphat O_2N—⟨ ⟩—$OP(OC_2H_5)(OC_2H_5)$ ‖ S
Zephirol Texamine K 60 Cequartyl A Zephiran Bionol A konz. Onyx BTC Quartol	I.G. Farbenindustrie Röhm & Haas S.P.C.S. G.D.C. G.D.C. Onyx Onyx	Alkyldimethylbenzylammoniumchlorid. ⟨ ⟩—CH_2—$N(Cl)$—R, mit CH_3 und CH_3
DCPA 24 D 2 D	USA. USA. England	2,4-Dichlorphenoxyessigsäure.
Boconit	Bocon Chem. Corp.	Aromatische und aliphatische Amine+ Siliziumfluoridverbindungen.
Boconize	Bocon Chem. Corp.	Saures Salz eines aromatischen Amins. In konzentrierter Form wasserlöslich; bildet auf der Wolle eine wasserunlösliche Form. Farblos, geruchlos, nicht giftig.
Boconize LCB Boconize WD	Bocon Chem. Corp. Bocon Chem. Corp.	Alkylarylammoniumfluorid. Organisches Fluorid.
Tritox		Trichlorazetonitril Cl_3C—CN.
Areginal		Ameisensäuremethylester $HCOOCH_3$.
Zyklon B		Blausäure HCN.
T-Gas		Äthylenoxyd CH_2 / CH_2 ⟩O

Literatur	Verwendungsgebiete
Chem. Eng. News 1948, S. 118. Schraeder, Z. f. angew. Chem. 1950, *62*, S. 171.	Schutzmittel gegen den Angriff der Insekten und Motten. Wirkt als Kontaktgift 5—25mal stärker als DDT; hat toxische Wirkung auf Warmblütler.
Andere Handelsmarke: I m u l a r v P und S der Onyx. Siehe Kap. VIII, S. 407, 566, 748.	
	Wird als Mottenschutzmittel empfohlen.
Can. Text. J. 1948, *65*, S. 30. Text. Col. 1948, *70*, S. 30. J. B. Billard, Rayon Text. Monthly 1948, *29*, S. 82. *Brit. P. 516.317* der Kydo Moothproofing Corp.	Mottenschutzmittel. Licht-, schweiss- und salzwasserbeständig; kann in jedem Verarbeitungsstadium der Wolle appliziert werden.
Siehe S. 769.	Atemgift.
	Atemgift.
Dieser Band, S. 769, 773.	Atemgift.
	Atemgift.

Patentverzeichnis

Amerikanische Patente

Nummer	Seite	Nummer	Seite	Nummer	Seite
683.407	137	1.918.373	341, 350, 523	1.986.808	321
687.903	137	1.921.546	390	1.987.558	361
707.528	837 (Appl.)	1.921.926	783	1.987.559	361
861.397	308, 499	1.922.978	160, 225	1.989.325	412
872.179	70	1.924.507	772, 839	1.990.330	54
901.905	304	1.930.845	517	1.993.415	469
942.699	76, 199	1.931.257	385	1.996.391	401
942.809	80	1.931.491	392, 557	1.998.583	400
979.704	773	1.932.176	344, 515, 517	1.999.128	396, 559
1.085.783	797	1.932.180	344, 349, 517	2.000.994	374
1.199.184	269		521	2.002.613	354
1.480.289	784	1.933.431	363	2.003.471	469
1.494.985	780	1.935.217	517, 535	2.004.476	427, 575, 577
1.541.175	137	1.939.236	34	2.007.492	377
1.562.510	812	1.942.544	26	2.008.017	390
1.589.606	225	1.943.427	269	2.009.015	163
1.615.843	809	1.946.079	422	2.011.728	55
1.634.792	779, 839	1.946.080	422	2.013.081	729
1.634.793	779, 839	1.947.951	429	2.013.108	354
1.634.794	779, 839	1.951.469	457	2.015.023	469
1.682.975	777, 809, 839	1.951.718	623	2.015.912	355, 356, 525
1.688.717	783	1.955.207	790, 843	2.019.022	362
1.722.927	225	1.958.630	396, 559	2.019.758	471
1.722.928	225	1.959.930	449, 601	2.020.385	386
1.737.458	427, 428, 575, 577	1.962.941	360, 527	2.020.453	363
		1.963.257	396, 559	2.021.100	374, 467
1.737.792	387	1.967.655	312	2.021.137	725, 757
1.757.222	777	1.968.793	363, 529, 539	2.021.926	360, 527
1.796.801	312	1.968.794	363	2.021.932	168
1.822.977	312	1.968.795	363	2.022.678	422
1.822.978	312	1.968.796	363	2.023.387	332, 511
1.822.979	312	1.968.797	363, 529	2.023.388	332, 455, 511
1.823.815	327, 507	1.969.347	27	2.026.190	730
1.828.592	647	1.969.963	741	2.028.091	380, 549
1.836.487	312	1.970.578	452, 581, 595, 597, 599, 605	2.032.313	312, 327, 507
1.836.588	387			2.032.314	312, 327, 507
1.839.974	361	1.971.305	472	2.032.383	361
1.847.583	741	1.971.436	706, 788	2.035.106	396, 559
1.854.948	822	1.972.764	650	2.035.527	730
1.857.163	475	1.974.007	327, 507	2.036.469	396, 559
1.870.516	160	1.975.408	791	2.036.525	382, 551
1.873.365	705	1.979.469	168, 223	2.040.673	399
1.881.172	335, 513	1.980.342	312, 322	2.040.796	599
1.885.292	809	1.980.414	360	2.041.205	525
1.901.507	387	1.981.108	458	2.043.164	435, 583
1.903.864	777, 784	1.981.292	419	2.043.923	398
1.906.484	527	1.981.608	724	2.044.399	364
1.906.924	315	1.981.792	350, 355, 519	2.044.919	364, 527
1.910.938	796	1.981.901	374	2.044.929	364
1.914.100	455	1.984.246	30	2.045.738	728
1.915.922	794	1.984.713	338	2.046.090	392
1.916.776	335, 513	1.984.714	338	2.047.612	367, 535
1.917.749	741	1.985.747	335, 338, 513	2.049.043	398
1.918.372	312	1.986.360	34, 649	2.049.670	364, 537

Nummer	Seite	Nummer	Seite	Nummer	Seite
2.050.196	707	2.091.956	364, 376, 527	2.148.952	168
2.050.197	707	2.093.576	507	2.149.265	367, 535
2.051.947	439	2.094.608	451, 603	2.149.537	422
2.052.027	378, 379, 547	2.094.609	451, 603	2.149.709	440
2.052.210	469	2.096.036	361, 527, 533	2.149.734	32
2.056.114	473	2.096.036	361, 527, 533	2.150.557	364
2.058.389	469	2.096.749	421	2.150.568	687
2.060.254	364, 527	2.098.114	324, 364	2.151.106	377
2.060.425	469	2.098.527	475	2.151.188	581
2.060.733	707	2.098.538	569	2.152.047	435
2.061.601	399	2.098.824	390	2.152.292	396, 559, 561
2.062.782	650	2.099.214	324. 364	2.153.286	396, 559
2.063.934	412	2.099.765	21, 96	2.154.922	457
2.063.987	469	2.101.831	369	2.154.977	455
2.065.706	599	2.103.140	467, 468	2.155.027	396, 559, 561
2.069.303	448	2.103.497	476	2.155.877	436
2.070.318	361	2.104.728	571	2.155.878	436
2.070.350	797	2.106.298	227	2.156.217	361
2.070.351	797	2.107.508	468	2.157.320	396, 559
2.070.352	797	2.108.725	431	2.157.727	720
2.070.353	797	2.108.765	410, 567	2.159.967	442
2.071.459	235, 332	2.109.941	431	2.160.578	409
2.071.512	398	2.111.911	399	2.160.782	167
2.072.155	474	2.114.042	529, 539	2.161.173	388, 553
2.073.464	468	2.114.043	360, 527	2.161.857	378, 379, 545, 547
2.073.797	332	2.114.256	431		
2.075.914	363, 364	2.115.192	609	2.163.133	329
2.075.915	363, 364	2.115.206	707	2.163.651	377
2.076.563	467	2.115.207	707	2.163.807	429
2.077.478	709	2.115.861	436	2.164.431	454, 593, 601
2.077.479	709	2.115.862	436	2.166.136	390, 557
2.078.516	396, 559, 561	2.115.863	436	2.166.971	409
2.079.347	364, 369, 527 533, 537	2.115.864	436	2.167.931	350
		2.116.931	519	2.168.253	412
2.079.803	398	2.118.995	347, 348	2.169.250	127
2.079.973	650	2.119.674	334	2.169.546	113
2.080.413	661	2.119.872	525	2.169.976	443
2.080.419	361	2.121.611	402	2.170.111	423, 573, 711
2.081.865	364, 367, 369, 527, 535	2.126.054	399	2.170.380	391
		2.127.476	410	2.170.474	382, 551
2.081.876	387	2.130.212	126, 127	2.173.041	25
2.082.188	819	2.131.305	356	2.173.058	422
2.082.576	527, 533	2.133.287	390, 557	2.173.069	410
2.083.982	637	2.133.480	454, 593, 601	2.174.110	392
2.084.253	380	2.134.711	390, 557	2.174.127	374
2.085.706	452, 581, 595, 601, 605	2.134.712	390, 557	2.174.760	447, 591
		2.136.379	329	2.175.101	482
2.085.801	591	2.137.314	410	2.176.423	380, 549
2.087.131	573, 711	2.139.393	396, 559, 561	2.176.510	687
2.087.565	412, 433	2.139.394	561	2.176.984	782, 841
2.088.014	547	2.139.669	396, 559	2.177.612	127
2.088.017	547	2.142.604	717	2.178.751	390, 557
2.088.018	547	2.143.388	410	2.179.209	338
2.088.019	378, 545, 547	2.143.751	409	2.181.087	381, 549
2.088.020	547	2.145.464	121	2.183.721	485
2.088.021	547	2.146.392	420	2.184.147	776, 784
2.089.212	451, 603	2.146.408	420, 571	2.184.462	581
2.089.413	662, 683	2.147.241	455, 599	2.185.163	442
2.090.537	650	2.147.785	363	2.185.817	348, 521
2.091.800	361	2.148.951	168	2.186.464	427

Nummer	Seite	Nummer	Seite	Nummer	Seite
2.320.814	82	2.342.563	336	2.377.552	390
2.320.816	82	2.342.785	19	2.377.834	168
2.320.818	82	2.343.071	805	2.378.363	106
2.320.846	387	2.343.089	116	2.378.724	107
2.321.020	377	2.343.095	116	2.380.166	449, 601
2.321.022	393	2.343.247	82	2.381.020	688
2.322.095	361	2.343.497	82	2.381.863	725, 757
2.322.096	361	2.344.154	312, 507	2.383.581	333
2.322.097	361	2.345.041	381	2.383.752	391, 557
2.322.098	361	2.345.632	484	2.384.053	687
2.322.099	361	2.346.568	393	2.385.438	19
2.322.202	421	2.346.569	393	2.385.714	22, 116
2.322.566	82	2.347.178	429	2.385.765	107
2.322.820	449, 601	2.348.200	385	2.385.940	76
2.322.821	449, 601	2.348.447	116	2.387.201	427
2.324.300	390	2.350.139	106, 205	2.387.547	106
2.325.062	452	2.351.359	810, 811	2.387.572	388, 553
2.325.514	573, 711	2.352.698	312	2.389.873	720
2.326.270	377	2.353.081	351	2.390.235	716
2.327.160	571	2.354.012	747	2.390.295	388, 553
2.327.213	413	2.354.013	747	2.390.370	184
2.327.213	413	2.355.442	349, 421, 521	2.390.476	107
2.328.201	819	2.355.503	350, 521	2.391.830	429
2.328.748	116	2.355.837	438	2.391.831	421
2.328.922	116	2.356.897	116	2.392.733	818
2.328.931	315, 316	2.357.273	107	2.392.841	393
2.329.074	798, 799, 847	2.357.469	168, 223	2.393.526	388, 553
22.700	799	2.357.598	427, 484	2.394.851	388, 553
2.329.086	457, 521, 523	2.357.698	581	2.396.715	482
2.329.406	581	2.358.276	107	2.397.133	388, 553
2.330.922	388, 553	2.358.871	569	2.398.344	116
2.331.276	569	2.359.043	484	2.399.559	486
2.331.387	82	2.359.378	26	2.399.873	721
2.331.664	687	2.359.863	413	2.400.808	116
2.331.926	81	2.359.884	412, 413	2.401.028	714
2.332.555	390	2.362.768	792	2.402.032	82
2.333.452	107	2.363.074	792, 845	2.402.075	116
2.333.568	393	2.364.391	720, 721	2.402.767	483
2.333.788	393	2.364.590	37	2.402.791	436, 583
2.334.408	747	2.364.767	388, 553	2.403.450	81
2.334.517	423	2.364.900	106	2.403.945	716
2.334.764	393	2.367.878	433	2.404.297	451, 603
2.334.852	484, 579	2.368.082	483	2.404.426	184
2.335.194	168	2.368.560	757	2.405.988	184
2.335.582	116	2.369.992	821	2.406.217	81, 106
2.336.370	106, 205	2.370.362	107	2.406.407	687
2.336.868	439	2.371.284	329	2.406.454	142
2.337.552	393	2.371.333	456, 599	2.406.958	826
2.337.924	390, 557	2.371.618	717	2.407.071	19
2.338.178	413	2.371.884	723	2.407.107	142
2.338.429	82	2.371.892	107	2.407.376	107
2.339.038	396, 559, 561	2.372.985	437	2.407.599	81
2.339.184	116	2.373.135	81	2.407.703	569
2.339.912	714	2.374.259	107	2.410.382	448
2.340.044	82	2.374.379	362	2.410.395	82
2.340.654	388, 389, 553	2.375.007	185	2.410.788	82, 413
2.340.881	429	2.376.327	821	2.410.789	413
2.341.218	377	2.376.381	385	2.411.557	76
2.341.398	116	2.376.595	82	2.411.815	759
2.341.553	116	2.376.930	792	2.412.430	692

Australische Patente

Belgische Patente

Britische Patente

Nummer	Seite	Nummer	Seite	Nummer	Seite
293.690	312	350.425	327, 507	404.364	321
293.806	291, 298, 319	350.432	363, 527, 537, 539	404.931	454, 593, 601
294.582	427, 428, 575, 577	351.359	361	405.986	129
294.890	427, 575	351.403	364, 527	406.641	364, 537
295.742	778, 839	351.452	529, 539	406.862	355
296.999	312	351.456	329	406.979	814
297.382	315	351.911	327, 507	407.050	129
297.383	313, 316	353.232	457	407.187	378, 545
298.559	298	353.475	392, 557	407.536	790, 843
298.560	298	353.873	649	407.990	367, 535
298.599	312, 327, 507	354.217	361, 539	408.754	433
301.421	791	354.851	363	409.336	452, 597
303.092	820	356.166	321	409.598	533
303.917	312	357.452	364, 527	411.474	599
304.900	203	357.649	364, 527	411.930	695
305.230	168, 227	357.650	364, 527	412.168	730, 784
305.527	782	357.670	321	413.016	355, 356, 525
306.052	312	358.539	364, 527	413.328	203
307.948	517, 535	359.839	527	413.357	355
308.824	364, 527	359.893	335, 513, 517	413.445	730, 776
312.163	789, 820, 843	360.602	321	413.529	730, 776
313.160	312, 327, 507	360.982	344, 517	413.648	729, 783
313.453	327	365.233	783	414.303	351
315.832	312, 327, 507	365.938	363, 364, 527	414.403	347
316.132	327, 507	366.351	172	414.576	21, 38, 96
316.900	786, 787, 788, 841	366.916	335, 513, 517	415.213	730
316.987	782, 791	366.918	427, 575	416.379	388, 400, 553
317.039	364, 527	367.420	452, 597	416.658	440
317.117	225	368.853	327, 507	417.340	623
318.542	341, 342, 515	372.005	335, 513, 517	417.394	347
318.610	364, 527	372.325	410	417.552	649
323.579	705	372.389	344, 517	417.582	402
324.962	790, 843	375.842	455, 599	418.139	370
326.137	820	379.396	418, 571	418.247	354
326.567	791	380.431	452, 581, 595, 599, 605	418.992	766
327.009	809	380.851	410, 595, 605	419.010	383, 435, 583
333.583	782	383.778	34	419.048	347
333.584	782, 788, 841	383.786	31	419.179	796
333.863	782	385.378	21	419.308	370
334.886	796	387.323	124	419.588	354, 410
335.547	787	387.335	124	419.942	419
340.272	299, 341, 515	388.485	363	420.275	27
340.318	777	388.642	341, 515	420.883	354
340.319	791	389.543	344, 517	420.884	354
341.053	341, 342, 344, 515, 517, 523	390.290	172	421.718	354
343.542	341, 342, 344, 515, 517	390.517	172	421.862	440
343.899	341, 342, 515, 523	390.553	427, 575, 577	422.461	440
343.989	330, 507	394.816	475	422.466	565
344.828	312	396.064	782	422.530	652
346.039	791	396.992	428, 577	422.556	565
346.237	361	398.150	382, 513, 551, 583	422.923	709, 788, 841
346.550	452, 597	398.175	418, 571	423.286	27
346.598	809	400.239	565, 571	423.933	412
346.912	687	400.587	321	424.717	412
350.080	537	403.883	433	424.967	797
		403.977	382, 436, 551, 583	424.972	797
				425.084	547
				425.217	469
				425.370	356
				425.680	458

Nummer	Seite	Nummer	Seite	Nummer	Seite
501.727	436	561.136	177	601.374	191
502.320	710, 806, 817	562.581	223	601.456	715
502.868	759	563.707	221	601.983	205
503.830	227	563.708	221	602.223	19
503.868	759	563.709	221	602.446	727
504.666	113	563.710	221	602.479	815
505.989	713	563.711	221	603.102	727
506.049	363	563.712	221	603.428	709, 800
506.610	477	563.713	221	603.463	719
506.721	203	563.725	591, 687	603.616	719
507.203	227	566.347	111	603.647	719
507.521	269	566.386	847	604.212	804
507.766	457	566.387	847	604.443	812
508.135	65, 193	568.884	142	604.926	803
508.519	456	571.274	549	605.442	727
508.547	168	572.331	176	605.975	780
509.676	782	572.401	176	606.066	712
510.288	203	573.574	116	606.266	709, 812
512.022	457	574.408	713, 723	611.510	674
512.187	105	574.488	482	612.125	184
513.663	795	574.842	636	612.154	827
513.917	169, 227	575.608	482	613.274	712, 796, 845
514.134	687	575.949	265	614.600	225
514.763	759	580.205	671	615.413	827
515.274	759	581.090	671	615.673	827
515.882	348, 519, 521	581.339	416	618.858	801
516.317	776, 849	582.205	801	618.950	801
517.011	104	584.435	670	621.792	191
518.656	457	584.436	670	622.208	191
522.672	38, 662, 681	584.484	671	622.470	730
523.466	350, 519	584.489	672	622.970	184
523.566	38	585.549	670	622.985	184
526.630	227	586.505	716	623.849	664
526.683	687	588.294	729	623.996	727
526.845	168	588.972	674	624.051	664, 683
531.194	361, 527	589.498	784	624.052	664, 683
531.673	227	590.599	729	624.550	184
532.975	776	590.826	799	624.551	184
533.219	416	590.999	121	627.549	845
535.261	635	592.670	801	628.525	739, 759
537.980	168	592.891	723	629.659	689
538.129	729	593.727	184	631.619	184
538.909	168	594.475	454	632.154	727
543.432	21	594.479	454	634.915	804
543.433	21	594.722	225	636.459	739
545.496	342	594.901	184	640.162	184
545.541	393	595.065	664	640.402	739
547.158	142	596.153	482	641.553	184
547.871	800	596.154	482	641.580	688
547.874	800, 845	596.324	671	642.248	781, 801
547.924	777	596.362	712	644.208	681
548.276	393	596.405	671	645.389	184
549.328	438	597.068	845	645.409	739
549.362	822	597.608	712	645.413	681
549.512	393	597.819	725	645.504	739
551.246	381	599.443	720, 738, 757	645.768	184
553.467	393	599.847	111	646.207	739
553.945	733	600.696	674	647.537	184
559.265	553	600.834	720	647.718	681
560.532	111	601.167	205	647.759	681

Nummer	Seite	Nummer	Seite	Nummer	Seite
596.510	338, 468	627.673	35	651.733	420
596.943	385	627.808	269	652.317	571
597.957	322	628.064	361, 364, 527	652.410	335, 336, 337, 339, 344, 513, 517
598.653	581	628.715	449, 601		
599.837	298	628.828	340, 341, 523		
601.860	55	629.182	321	652.541	398
602.832	32	629.444	361	652.769	21, 96
604.401	599	629.594	29	652.956	474
604.641	399	630.525	623	653.186	18
605.444	400	630.679	397	653.427	21, 96
605.687	382, 551, 583	631.722	35	654.102	26
605.912	571	631.910	323	655.942	327, 507
605.973	452, 559, 581, 595, 597, 605, 609	633.082	327, 330, 507	655.999	335, 344, 513, 517
		633.334	344, 3455, 517		
		634.032	341, 515	656.000	324
606.081	128	634.037	452, 559, 605	656.600	365, 539
606.083	364	634.759	327, 507	656.730	399
606.189	36	634.951	291	657.357	335, 337, 513, 517
606.429	35	635.522	343, 355, 517		
606.776	319	636.193	323	657.404	335, 337, 513, 517
607.750	599	636.259	323		
607.792	361	636.305	597	657.704	380
608.413	363	636.681	361	657.705	370
608.692	312	637.910	356	657.706	356
608.693	291	638.072	811	658.650	399
608.829	401	638.302	527	659.277	364, 527
609.456	364, 527	638.824	811	659.528	327, 507
609.752	623	639.079	339, 344, 347, 517	659.766	36
611.441	471			660.326	476
611.780	473	639.527	361	661.429	340
611.924	410	639.821	35	661.734	28
611.967	62, 193	640.064	811	661.883	371
613.344	126	640.369	35	662.088	24
613.730	583	640.508	636	662.444	705
614.227	400	640.581	432	662.538	423
614.347	312	640.681	364, 367, 369, 527, 535	662.936	223
615.962	651			663.022	33
616.055	370	640.791	319	663.624	32
616.312	400	640.997	312	663.808	443
616.765	360, 527	641.086	817	663.953	369
617.542	361	641.625	808	664.309	345, 517
618.818	94	641.752	36	664.425	443
619.500	431	642.414	323, 335, 513	664.514	375 376
621.978	29	642.531	125	664.818	424
621.979	269	643.052	312, 364, 527	665.268	25
622.262	299	643.650	127	665.371	450
622.268	364, 527	644.027	32	665.708	708
622.296	363	644.475	436	665.742	33
622.444	811	644.686	371, 527, 533	666.066	427, 575
622.728	320, 321	645.608	312	666.252	10, 18
623.482	455, 591	646.289	473	666.388	347
623.632	312	646.290	375	666.392	704, 811
623.708	269	646.480	376, 527	666.828	312
624.876	17	647.303	106	667.627	409
624.988	27	647.988	398, 553	667.744	601
625.637	327, 507	647.997	18, 33	667.864	169
626.491	591	648.448	364, 369, 537	668.572	165
626.718	421, 427, 575, 577	648.510	361	669.541	457
		649.027	474	669.849	476
626.979	361	649.323	323, 363	669.955	364, 375

D. P. Anmeldungen

Französische Patente

Nummer	Seite	Nummer	Seite	Nummer	Seite
633.661	397	695.575	137	752.728	571
636.448	312	696.104	317	752.831	452, 597
636.586	314	698.637	327, 507	753.189	571
636.817	319	699.945	361	754.626	382, 551, 585
637.274	304, 305	700.870	777, 784	755.769	338
639.150	163	701.190	367	755.961	62, 193
640.617	291, 314	701.200	361	757.763	333
641.580	687	701.256	367, 527, 533	759.662	796
641.629	320	702.626	327, 330, 331,	762.711	127
642.392	313		507, 511	763.691	376
645.395	320 u. Zus. P.	702.698	327, 507	763.743	338
36.214	321	703.090	367, 527, 533	765.475	439
645.819	315	703.844	361	766.103	126, 215
646.819	517	704.756	527	766.119	21, 96
648.819	535	705.081	335, 336, 338,	766.528	623
650.142	320		344, 513, 517	766.903	388, 553
654.554	89	705.710	317	766.945	796
654.624	320	706.182	376	767.788	455
657.161	314	708.236	127	768.732	354, 449 und
657.220	291, 319	709.652	20		Zus. P.
657.794	89	712.121	344	46.129	449
657.799	316	712.913	527	769.171	55
657.974	427, 575	713.382	348, 349, 352,	770.235	571
658.094	316		521	770.804	452
659.209	291	713.426	452, 597	770.884	364
662.627	89	713.427	452, 597	771.270	599 u. Zus. P.
662.628	89	715.205	341, 344, 515	44.949	599
666.577	320	715.585	347	771.349	571
667.904	320	715.813	335	771.746	407
669.517	348, 349, 352,	716.238	429	772.476	513
	363, 422, 521,	716.458	455, 599	772.585	355, 356, 525
	573, 591	716.500	472, 575	772.787	375, 547
	u. Zus. P.	716.560	434	773.367	409
37.914	349, 363, 521	716.705	341, 391, 515	774.018	551
671.065	367, 527, 533	718.393	341, 523	774.107	383
671.456	363, 367, 527,	718.395	364, 367, 527,	776.044	363, 364, 527,
	533		535		539
676.331	327, 507	719.901	321	776.495	380, 549
676.336	327, 507	720.529	344	778.476	382, 551, 583
677.526	327, 507	720.590	335, 513, 517	779.503	347
677.527	327, 507	721.070	327, 507	779.913	410
679.185	318, 341, 515	721.340	342	780.208	349, 521
679.186	364, 527	721.988	345	781.854	400
682.127	123	725.637	427, 575, 577	782.835	378, 545
682.227	320	727.202	452, 559, 581,	784.869	436
688.637	312		595, 597, 605	785.561	814
689.713	361	732.306	31, 189	786.334	442
690.022	312, 320	735.235	364, 527	786.391	356
692.718	128, 215	735.647	341, 515	786.734	378, 545, 547
692.862	364, 527	737.744	127	786.911	442
693.620	335, 341, 344,	738.028	418, 571	787.819	343, 355, 517,
	513, 515, 517	739.214	475		525
	u. Zus. P.	740.013	468	788.632	651
40.097	344	743.942	126	788.748	337
693.814	363	746.440	419	789.004	343, 355, 370,
693.815	344	748.091	454, 593, 601		517, 525
693.930	349, 521 u.	748.510	418, 571	789.172	128
	Zus. P.	748.972	123	789.304	433
41.447	349, 521	751.641	349, 521	789.405	457
694.692	318	751.795	349, 521	789.406	378, 545, 547

Nummer	Seite	Nummer	Seite	Nummer	Seite
789.811	18	831.977	813 u. Zus. P.	881.496	43
789.857	124	51.124	813	881.787	478
789.993	386	832.072	378, 545	884.961	465 u. Zus. P.
790.447	390, 557	838.169	348, 519, 521	52.714	465
792.822	442	838.184	65, 195	887.285	415
792.963	123	838.904	65, 193	888.623	663, 681
793.473	457	840.125	436	890.214	713
796.059	467	841.506	434	895.249	63, 193
796.463	312	842.219	605	904.199	142
796.917	457	842.943	455	908.258	270
797.201	469	843.711	34	910.836	822
797.631	341, 515	851.904	656, 663, 681	913.945	125
798.056	123	852.077	316	915.148	801
798.967	378, 545	852.613	127	916.331	802
799.035	18, 35	852.597	269	918.017	674
801.106	527, 533	853.686	393, 557, 605	920.615	636
804.344	469	858.459	480	921.914	184
805.768	440	858.596	403	922.702	18
807.042	126, 127	858.875	403	922.703	18
807.984	434	859.048	349, 521	922.704	18
809.360	410, 454, 601	861.221	795 u. Zus. P.	924.405	270
810.688	29	51.271	795	925.003	37
810.847	330, 511	863.793	348, 353, 521	925.640	670
811.423	436	864.595	348, 352, 521	925.641	670
811.808	433, 474, 583	864.675	789	925.788	478
811.874	11, 74	865.641	794	926.773	416
812.687	814, 815	866.855	422	928.830	676
812.792	335, 513	867.109	480	931.284	799, 801
812.793	330, 511	867.507	177	936.219	141, 215
813.634	795 u. Zus. P.	867.508	156	937.525	689
51.025	795	868.029	805	939.547	172
814.166	344, 346, 517	870.294	394	939.613	172
815.755	128	870.470	656, 633, 681	941.732	36
816.281	128	874.786	403	943.328	781, 790
816.471	11	874.939	656, 663, 681	943.513	471
816.667	341, 515	875.615	356	944.108	177
818.919	383	876.720	348, 353, 521	944.432	184
819.945	419	877.596	656, 663, 681	946.067	801
821.107	431	877.623	656, 663, 681	947.589	677
822.438	165	877.672	395	948.595	486
822.785	423, 571	878.234	177	949.616	713
823.454	605	879.053	478	973.938	667
825.142	808	879.190	478	974.438	668
827.014	480	879.487	478	987.803	664, 665
827.186	348, 352, 521	881.396	713	988.852	673
				991.103	721

Holländische Patente

Nummer	Seite	Nummer	Seite	Nummer	Seite
48.512	39	55.779	34	57.225	20
54.803	789				

Italienische Patente

Nummer	Seite	Nummer	Seite	Nummer	Seite
332.636	378, 545	731.053	130	391.675	396

Kanadische Patente

Nummer	Seite	Nummer	Seite	Nummer	Seite
354.961	321	370.638	378, 545	381.193	396, 559
356.113	529, 539	376.873	329	426.100	332, 511
361.490	126	377.543	374	426.101	332, 386, 511

Nummer	Seite	Nummer	Seite	Nummer	Seite
212.789	818	232.278	441	243.782	675
212.898	818	232.283	441	243.961	675
212.985	818	232.284	441	244.048	482
212.986	818	232.285	441	244.507	481
212.987	818	232.822	441, 442	245.277	481
212.988	818	233.345	441	246.967	674
213.176	438	234.350	442	246.970	21
213.253	382, 551	234.351	442	247.212	39
213.837	430	234.509	673	247.918	481
213.838	430	234.510	673	247.919	481
213.839	430	234.581	442	247.984	479
213.840	430	235.553	675	248.209	482
214.093	382, 551	235.554	675	248.687	482
214.561	788	235.570	674, 675	249.633	480
214.901	818	235.767	481	251.101	63, 193
215.291	793, 794	236.917	479	251.643	674
217.482	439	236.995	481	251.642	480
218.639	790	237.394	664, 683	252.517	670
219.925	480	237.621	481	252.518	670
219.930	486	238.148	674	253.876	675
221.808	818	238.329	481	259.428	26
221.809	818	238.330	481	261.950	674, 675
221.810	818	238.622	479	262.958	674
221.811	818	238.785	442	262.959	674
221.812	818	238.842	675	263.256	667
221.813	818	238.948	481	263.489	674
221.814	818	238.949	481	263.490	674
222.451	480	238.950	481	263.491	674
222.458	486	239.478	664	263.492	674
222.459	486	239.479	664, 683	263.493	674
222.460	486	239.480	664, 683	263.494	674
222.461	486	240.104	481	263.627	674
222.779	636	240.105	481	263.935	667
222.981	790	240.106	481	265.707	677
222.982	790	240.107	481	265.708	677
222.983	790	240.109	675	265.709	677
222.984	790	240.110	675	265.710	677
222.985	790	240.111	675	265.711	677
222.986	790	240.112	675	265.712	677
222.987	790	240.354	442	265.713	677
222.988	790	240.357	442	265.714	677
223.066	469, 483	240.997	34	265.715	677
223.536	661, 662, 681	240.998	34	265.816	672
224.613	663, 664, 681	241.142	481	267.379	39
224.829	788	241.143	481	267.582	674
224.830	788	241.144	481	267.583	674
225.103	790	241.634	19	267.548	674
225.104	790	241.820	481	267.585	674
225.155	441, 442	241.821	481	269.482	664
225.337	663, 681	241.822	481	269.496	39
226.180	802	241.823	481	270.035	670
227.070	470	242.605	481	270.447	672
228.440	480	243.599	675	270.448	672
230.904	441	243.600	675	270.449	672
231.424	480	243.779	675	270.527	22
231.425	480	243.780	675		
232.277	441	243.781	675		

C

Seite

E

Seite

Emulphor OL öllöslich	I.G.	596
Emulphor ON	G.D.C.	594
Emulphor O 2	Sinnova	590
Emulphor SL	I.G.	6, 233
Emulphor STS	I.G.	447, 604
Emulphor STT	Farbwerke Höchst	604
Emulphor STX	I.G.	390
Emulsene O	Sav. Fournier-Cimag	594
Emulsene OR, OR 326	Sav. Fournier-Cimag	590
Emulser CF	Arkansas	610
Emulsifiant W 763 A	J.W.C.	560
Emulsion AEM	I.G.	151
Emulsion ASN konz.	Sandoz	690
Emulsion MV 1	I.G.	75, 131, 151
Emulsogen A, EL	Anorgana	445, 590
Emulsogen O	Anorgana	445, 594
Emulsogen P, OT, SG	Anorgana	445
Emulsol	Ets. Despé, Haat	572
Emulsol 606	Emulsol Co.	568, 711, 752
Encorin	Chem. Fabr. Biesinger	645
Enerpon O, OL	Chimiotechnic	352, 520
Enerpon V	Chimiotechnic	526
Enretex OAG	Belgotex	596
Entbastungsöl	Dr. A. Schmitz	308
Epalin	Oranienburger Chem. Fabr.	310, 488
Epichlorhydrin		825
Epiphasol		401
E.R.C.E.-Glyzerinersatz	Lixuranwerke Reimann & Co., Oldendorf a. M.	645
Erdwachs		237, 250
Erinoid	Erinoid Ltd., England	114
Eriopon AC	Geigy	550
Eriopon GA	Geigy	360, 530
Eriopon RS	Geigy	544
Erkantol BX	Farbenfabr. Bayer	387
Erkaryl	Kuhlmann	554
Eropal SZ	Röhm u. Haas	96, 198
Erucasäure		253
Erythrodextrin		23
Eskuletin		656
Eskulin		656
Estamit 302	Böhme-Fettchemie	530, 624
Estamit CV	Böhme-Fettchemie	628
Estamol T	Böhme-Fettchemie	496
Estolid		306
Estosan T	Böhme-Fettchemie	496
Estralene LA, LS Paste	Stockport	528
Estralene SA Paste	Stockport	534
Estramine 95	Onyx	522
Estrol WS	Stockport	544
Ethocel	Dow Chem. Co.	222
Ethylcetab	Rhodes Chem. Co.	564
Ethyldecab	Rhodes Chem. Co.	564
Eufullon SK	Flesch-Werke	534
Eulan AL, BL	I.G., G.D.C.	768, 785, 790, 827, 835, 842
Eulan AWA extra konz.	Farbenfabr. Bayer	838
Eulan BLN	Farbenfabr. Bayer	842
Eulan CN	I.G., G.D.C.	767, 827, 835, 840
Eulan CN extra	I.G.	787, 827, 840
Eulan CN neu	I.G.	840

G

L

M

N

O

Q

S

Berichtigungen und Ergänzungen.

S. 6	Abs. 3, Z. 2	lies Emulphor EL	statt FL
S. 6	Abs. 3, Z. 2	lies Cemulsol B	statt L
S. 19	Abs. 6, Z. 1	lies Found	statt Fonnd
S. 42	Formel v. u.	ergänze II	
S. 144	Abs. 2, Formel	lies $CH_2{=}CH{-}O{-}CO{-}CH_3$ lies $CH_2{-}CH{-}C\diagup{}^{\!O}\diagdown O{-}CH_3$	statt $-CH_2{=}CH{-}O{-}CO{-}CH_3$ statt $-CH_2{-}CH{-}C\diagup{}^{\!O}\diagdown O{-}CH_3$
S. 147	Abs. 3, Z. 4	lies Perspex	statt Perpex
S. 155	Abs. 3, Z. 10	lies Rhonit 470 u. 480	
S. 156	Abs. 2, Z. 2	lies Arquad 2 HT	statt Arquard 2 HT
S. 199	Kol. 1, Abs. 1, Z. 5	lies les Textiles	statt le Textile
S. 200	Kol. 1, Abs. 1, Z. 3	lies Rhonit 470 u. 480	
S. 206	Kol. 1, Abs. 4, Z. 7	lies Melopas M	statt Melopas
S. 208	Kol. 1, Abs. 2, Z. 14	lies Gobinyl Latex C	statt Gobinyle Latex C
S. 208	Kol. 1, Abs. 3, Z. 3 v. u.	lies Vinamul N-9106	statt 2106
S. 210	Kol. 1, Abs. 1, Z. 3	lies Ahco P 1225	statt P 225
S. 210	Kol. 1, Abs. 1, Z. 11	lies Darex Polymer X 56 L, 52 L	statt X 562, X 522
S. 218	Kol. 1, Abs. 2, Z. 2 v. u.	lies Perspex	statt Perpex
S. 221	Kol. 1, Abs. 2, Z. 1	lies Brit. P. 563.707 bis 563.713	
S. 222	Kol. 1, Abs. 1, letzte Zeile	lies Cellosize Hydroethyl Cellulose NS	statt Cellosize Hydroethyl-zellulose NS
S. 247	Abs. 2 Z. 2, v. u.	lies monostearat	statt monstearat
S. 250	Kol. 2, Abs. 4	lies Kerotinsäure	statt Cerotinsäure
S. 250	Kol. 2, Abs. 6	lies $C_{25}H_{51}$	statt $C_{25}H_{31}$
S. 341	Fussnote 1, Z. 2	lies amer. P. 1.918.373	statt 1.918.363
S. 344	Fussnote 1, Abs. 2 letzte Zeile	lies Cyclopon	statt Cyclapon
S. 353	Z. 12	lies Xynomine BM u. SF	statt SP
S. 355	Fussnote 2, Z. 3 v. u.	lies Maywood	statt May Wood
S. 387	Z. 4 v. o.	lies Vatsol OS	statt Vatsolos
S. 388	Abs. 2 v. u.	lies Alkanol HGN	statt GN
S. 388	Fussnote 2, Z. 2 v. u.	lies amer. P. 2.330.922	statt 2.230.922
S. 401	Seitentitel	lies Sulfurierte Naphten-säuren	statt Naphtensäure
S. 438	Abs. 5, Z. 3	lies Onyxsan entspricht dem Alkylimidazolinazetat, im Handel sind mehrere Marken, Onyxsan S, S-50, HSB, AD, XR, LD, 200 A vorhanden.	
S. 446	Z. 5 v. u.	lies Katapol	statt Katepol

S. 464	Abs. 3, Z. 4	lies Borglin	statt Borghin
S. 490	Kol. 1, Abs. 2	lies Arctic Crystal Soap Flakes	statt Arctic Crystal Flakes
S. 492	Kol. 1, letzte Zeile v. u.	lies Turkey Red Oil A und F	statt P
S. 502	Kol. 1, Abs. 1	lies Ronopole Oil	statt Ronopol Oil
S. 504	Kol. 1, Abs. 7	lies Emkafol OT	statt CT
S. 510	Kol. 2, Abs. 1, Z. 3	lies Nat. Oil Prod. Co.	statt Nat. Oil Prod.
S. 511	Kol. 1, Abs. 2	Ergänzung: Solanos AD der P.C.M.N. entspricht einer Emulsion des Monoglyzerids des Talges mit Fettalkoholsulfat.	
S. 532	Kol. 1, Abs. 3	lies Mapro Degum Powder and Scour	statt Mapro Degum and Scour
S. 539	Kol. 1, Abs. 2	lies M. Briscoe	statt Briscol
S. 550	Kol. 1, Abs. 3	lies Protex Gel	statt Protexgel
S. 552	Kol. 1, Abs. 1	lies Palatin Fast Salt N	statt Palatin Salt N
S. 568	Kol. 1, Abs. 1	lies Paramine TA	statt Paramine
S. 569	Kol. 1, Abs. 1	Ergänzung: Amer. P. 2.525.771	
S. 580	Kol. 1, Abs. 5	lies Clavodene 100	statt Clavodrene
S. 584	Kol. 1, Abs. 6	lies Chenol	statt Chenal
S. 595	Kol. 1, Abs. 3	lies amer. P. 1.970.578	statt 1.970.758
S. 624	Kol. 1, Abs. 1	lies Impregnole AF u. 10 Warwirk Chem. Co.	
S. 690	Kol. 1, Abs. 3	lies Onyxsan	statt Onyxan
S. 747	Kol. 1, Abs. 3	lies amer. P. 2.353.725	statt 2.253.725
S. 758	Kol. 3, Abs. 6	lies 9-Phenylmercuri-10-azetoxyoktadecansäure (Stearinsäure)	statt 10-azetoxyoktadekan

Formel

$$CH_3{-}(CH_2)_6{-}CH{-}CH{-}(CH_2)_8{-}COOH$$

$$CH_3{-}CO{-}O \qquad Hg{-}C_6H_5$$

S. 766	Seitentitel	lies Mottenschäden	statt Mottenschaden
S. 768	Z. 2 v. u.	lies Stereoisomerer	statt Stereoisomer
S. 874		lies Cassurit MKF	statt MFK